Andre Schneider

**Kundenakquise in Social-Media-Netzwerken**

**Bibliografische Information der Deutschen Nationalbibliothek**
Die Deutsche Nationalbibliothek verzeichnet diese Publikation in der Deutschen Nationalbibliografie; detaillierte bibliografische Daten sind im Internet über http://dnb.d-nb.de abrufbar.

1. Auflage 2013

© 2013 Wiley-VCH Verlag & Co. KGaA, Boschstr. 12, 69469 Weinheim, Germany

**Satz** inmedialo Digital- und Printmedien UG, Plankstadt
**Druck und Bindung** CPI – Ebner & Spiegel, Ulm
**Umschlaggestaltung** init – Büro für Gestaltung, Bielefeld

**ISBN:** 978-3-527-50725-2

# Inhaltsverzeichnis

# Vorwort

Lieben Sie die Neukundenakquise? Oder stehen jeden Tag viele Menschen vor Ihrem Unternehmen Schlange und sagen »Bitte, bitte lass mich heute Dein Kunde werden«?

Wenn Ja, dann sollten Sie dieses Buch sofort zur Seite legen. Es könnte nämlich passieren, dass Sie nach dem Lesen noch mehr oder sogar noch einfacher die passenden Neukunden gewinnen.

Wenn die Neukundenakquise aber noch nicht zu Ihrer Lieblingsbeschäftigung zählt oder die Schlange vor Ihrem Unternehmen gar nicht vorhanden ist, dann heiße ich Sie herzlich willkommen in einer neuen Welt: der Welt der Kundengewinnung in Social-Media-Netzwerken.

## Kennen Sie diesen Traum?

Sonntagmorgen, 7.30 Uhr. Sie sind gerade mal 11 Jahre alt. Die ersten drei Wochen der großen Ferien verbringen Sie, wie jedes Jahr, bei Ihren Großeltern. Doch dieses Jahr ist alles anders. Gestern haben Sie, als Oma und Opa beim Einkaufen waren, heimlich auf dem Dachboden herumgeschnüffelt. Die große Truhe interessiert Sie schon lange. Als Sie Opa das letzte Mal fragten, was in der Truhe ist, hat er so komisch reagiert. Sie wussten: Es muss etwas Besonderes in der Truhe sein. Aber das hatten Sie nicht erwartet. Sie denken: Ich kann es kaum glauben. Aber es ist wahr. Sie halten tatsächlich eine Schatzkarte in Ihren Händen. Genauso eine Karte, wie Sie sie am vergangenen Mittwoch in dem spannenden Film *Der Goldschatz der Piraten* gesehen haben.

Die Karte zeigt die genaue Beschreibung zum Fundort eines unermesslich wertvollen Schatzes. Der Schatz ist so wertvoll, dass Sie sich alle Wünsche erfüllen können. Er reicht auch für alle Wünsche von Oma und Opa, Ihren Eltern und sogar von all Ihren Freunden. Und dann steht da noch, dass dieser Schatz niemals weniger wird. Der Schatz ist nämlich eine Quelle. Eine Quelle, aus der fortwährend immer genügend Gold für die Erfüllung all Ihrer Wünsche sprudelt.

Nur eines verstehen Sie nicht. Auf der Karte sind viele Zeichen, die Sie noch nie gesehen haben. Es ist zwar eingezeichnet, in welcher geheimen Höhle der Schatz verborgen ist, aber der Weg dorthin ist voller unbekannter Zeichen. Er sieht so aus wie ein Pfad durch einen Dschungel voller Gefahren. Nun ist guter Rat teuer.

20 Jahre später. Sie sind Unternehmer, Selbstständig oder für die Kundengewinnung verantwortlich. Ihren Kindheitstraum haben Sie lange vergessen. Dafür träumen Sie immer mal wieder von einer anderen Quelle. Einer Quelle aus der automatisch und regelmäßig, also niemals zu viele aber auch niemals zu wenige, neue Kunden oder Aufträge sprudeln.

Ja so eine Schatzkarte, wie in dem Traum, das wäre was. Eine Karte, die Ihnen den Weg zu einer regelmäßig sprudelnden Neukundenquelle zeigt. Eine Quelle, die jede Woche genügend potenzielle Kunden zu Ihnen führt, die sagen: »Bitte, bitte lass mich heute dein Kunde werden.«

Es gibt diese Quelle. Nur der Weg dorthin scheint vielen Unternehmen und Selbstständigen verborgen. Selbst diejenigen, die diesen Weg erkannt haben, gehen ihn noch sehr selten. Sie haben Angst vor den Gefahren. Sie fürchten, sich im Dschungel der Möglichkeiten zu verlaufen.

Dieses Buch ist Ihr Wegweiser zu einer Neukundenquelle. Es zeigt Ihnen den richtigen Weg durch den Dschungel der Social-Media-Netzwerke. Es hilft Ihnen Gefahren frühzeitig zu erkennen und zu vermeiden. Folgen Sie mir also in unbekanntes Gelände. Mit meiner Hilfe bestehen Sie das Abenteuer Kundengewinnung in Social-Media-Netzwerken.

Mit einer Schritt-für-Schritt-Anleitung zeigt dieses Buch Verkäufern, Selbstständigen, Beratern sowie Klein- und Mittelständischen Unternehmen, wie Sie die Quelle der verschiedenen Social-Media-Netzwerke anzapfen. Es ist ein Wegweiser voller praktischer Hinweise. Viele der in diesem Buch vorgestellten Methoden helfen Ihnen auch außerhalb von Social-Media-Netzwerken, leichter und schneller die passenden Kunden zu gewinnen. So profitieren Sie doppelt. Ich wünsche Ihnen eine spannende Reise in die neue Welt der Social-Media-Netzwerke.

Aus Gründen der Vereinfachung, nutze ich in diesem Buch überwiegend die männliche Formulierungsweise. Selbstverständlich sollen sich alle Leserinnen genauso wertschätzend angesprochen fühlen.

# Die Social-Media-Revolution

## Wie konnte denn das passieren?

*»Regierung mithilfe von Social-Media-Netzwerken gestürzt«*, so oder ähnlich hätte die Schlagzeile am 11. Februar 2011 lauten können. Tatsächlich haben Social-Media-Netzwerke beim Sturz des ägyptischen Diktators Mubarak bewiesen, welche Macht Menschen durch Vernetzung erlangen. Trotz des massiven Drucks der ägyptischen Regierung auf Netzbetreiber wie Vodafone, über die Handynetze in Ägypten staatliche Propaganda per SMS zu verbreiten, konnte der Sturz der Regierung Mubarak nicht verhindert werden.

Auch wenn der Anteil von Social-Media-Netzwerken an der ägyptischen Revolution nicht genau beziffert werden kann, ist unverkennbar: Diese Netzwerke haben den Ägyptern geholfen, sich in ihrem Widerstand zu organisieren.

## Die Macht der Nutzen in Social-Media-Netzwerken

Vielen ist das noch nicht bewusst oder sie verdrängen es. *»Social Media, das sind doch nur neue Plattformen im Internet«*, denken viele Unternehmen immer noch. *»Wir haben doch eine Webseite, das reicht«*, lautet die weit verbreitete Meinung. Warum fällt es so schwer, die rasanten Veränderungen durch Social-Media-Netzwerke zu erkennen und anzunehmen? Eine Ursache dürfte das menschliche Gehirn sein. Veränderungen und die Abkehr von Gewohntem sind die Höchststrafe für unser Gehirn. Jeder, der sich schon mal zu Silvester vorgenommen hat, eine der typischen geliebten Gewohnheiten abzulegen, weiß wie schwer das ist.

Wie lange es seit der Erfindung des Internets Anfang der 1990er Jahre gedauert hat, bis Unternehmen die Möglichkeiten des Internets erkannt haben, zeigt dies genauso eindrucksvoll. So textete die Zeitung *DIE WELT* am 24.03.2001: »*Das Internet wird kein Massenmedium, weil es in seiner Seele keines ist.*«

Hinzu kommt die rasante Geschwindigkeit der Veränderungen. Während das Radio 38 Jahre brauchte bis es weltweit 50 Millionen Nutzer gab, hat es das Internet in 4 Jahren geschafft. Das Social-Media-Netzwerk Facebook hat dazu gerade mal sechs Monate gebraucht. Facebook hat Ende 2012 eine Milliarde Menschen als Nutzer gewonnen.. Ein Siebtel der Weltbevölkerung ist in einem einzigen Social-Media-Netzwerk Mitglied. Allein das verdient die Bezeichnung revolutionär.

### Wieso nutzen so viele Menschen Social-Media-Netzwerke?

Eine der entscheidenden Ursachen dürfte die Erkenntnis der modernen Neurowissenschaften sein. »*Das Gehirn ist ein soziales Organ.*« Die weitreichende Bedeutung dieser zentralen Erkenntnis ist aber, außer in den Köpfen der Neurowissenschaftler, in kaum einem Unternehmerkopf angekommen. So lässt sich heute nachweisen, dass soziale Isolation oder das Ignorieren eines Menschen die gleichen Areale im Gehirn aktiviert wie die für Schmerz durch körperliche Gewalt zuständigen. Offenbar lässt auch unsere genetische Programmierung darauf schließen, dass wir alles daran setzen, nicht aus der *Herde* ausgeschlossen zu werden. Zu Zeiten der Urmenschen war nämlich der Ausschluss aus der Gemeinschaft das sichere Todesurteil.

Es ist ein tief verwurzeltes Motiv des Menschen, sich sozial zu vernetzen. Dabei ist soziale Vernetzung von Menschen so alt wie die moderne Menschheit selbst. Die Geschichte der Menschen ist geprägt von sozialen Netzwerken. Angefangen von Jesus und seinen Jüngern über die Tempelritter und Freimaurer-Logen bis hin zu politischen Parteien und Tausenden von Vereinen. Die Prinzipien sozialer Netzwerke sind also uralt. Zwei entscheidende Sachen unterscheiden diese sozialen Vernetzungen aber grundlegend von den heutigen Social-Media-Netzwerken. Die Art und Weise sowie die Geschwindigkeit der Kommunikation untereinander.

# Der Paradigmenwechsel der Informationsverbreitung

Über zweitausend Jahre hinweg waren die sozialen Vernetzungen der Menschen auf einfachste Kommunikationsmittel beschränkt. Die Überlieferung von Informationen auf Steintafeln oder Papyrus- bzw. Pergamentrollen oder das Weitererzählen der Geschichten von Mund zu Mund. Die Folge davon: Nur wenige, häufig elitäre Kreise hatten Zugang zu den Informationen. Der Machtmissbrauch durch den Besitz der Informationshoheit und die Jahrhunderte dauernde Unterdrückung schlecht informierter Menschen im Mittelalter ist ein dunkles Kapitel der Menschheitsgeschichte.

Die weltweite und massenhafte Verbreitung von Informationen war in diesem Zeitalter genauso unvorstellbar, wie die Vorstellung, dass die Erde nicht der Mittelpunkt des Sonnensystems ist.

Selbst nach Erfindung des Buchdrucks um 1450 durch Gutenberg hat es noch Jahrhunderte gedauert, bis diese Technologie für die massenweise Verbreitung von Informationen verwendet werden konnte.

Noch im letzten Jahrhundert waren nur wenige in der Lage, ein weltweites Informationsnetzwerk aufzubauen. Zu Beginn waren es landesweit nur einige Radio- oder Fernsehsender. Erst mit Beginn der globalen Verbreitung dieser Medien via Satellit war es möglich, Menschen weltweit zu erreichen. Trotzdem stand diese Technologie zur aktiven Verbreitung von gezielten Informationen wieder nur wenigen, besonders finanzstarken Unternehmen zur Verfügung. Andererseits zeigt die weltweite Verbreitung von Informationen über diese Medien, wie damit sogar länderübergreifende Trends gesetzt werden können. Radio- und Fernsehsender haben den Musik- und Modegeschmack von Millionen beeinflusst.

Der Konsument war dabei aber immer auf die Rolle des Empfängers beschränkt. Mitbestimmung? Fehlanzeige!

Der entscheidende Unterschied in der heutigen Kommunikation über Social-Media-Netzwerke ist das als *user generated content* bezeichnete Phänomen. Zum ersten Mal in der Geschichte der Menschheit ist jeder Mensch, der Zugang zu einem Internetanschluss hat, in der Lage, die Inhalte des Internets mitzubestimmen und seine Informationen weltweit zu verbreiten. Ein immer größer werdender Teil aller Inhalte des Internets werden nicht mehr von Unternehmen bereitgestellt sondern von Usern. Mit Facebook, YouTube, Wikipedia, Twitter und Linkedin liegen fünf Social-Media-Netzwerke mit *User generated content* unter den ersten 13 der weltweit am häufigsten besuchten Webseiten.[1]

So schaffen es regelmäßig selbst einfachste Videos in YouTube Millionen von Zuschauer zu erreichen. Der private YouTube-Videokanal »Fred« gilt als einer der weltweit am häufigsten angesehen Videokanäle. 1,9 Millionen User haben den Kanal abonniert. Die Videoveröffentlichungen von Fred erreichen Spitzenwerte von über 50 Millionen Klicks. Die Videos in seinem Kanal sind zusammengerechnet über 900 Millionen Mal angeklickt worden. Eine Reichweite, von der selbst große Fernsehsender träumen.[2]

2009 hat der bis dahin nahezu unbekannte Sänger Dave Caroll durch ein YouTube-Video weltweite Berühmtheit erlangt. Dabei singt sich Dave in dem Musikvideo lediglich seinen Frust als Kunde der amerikanischen Airline »*United Airlines*« von der Seele. Diese hatte bei einem Flug die Konzertgitarre von Dave beschädigt. Dave reklamiert und stößt auf taube Ohren. Sein Video auf YouTube ist bis heute über zwölf Millionen Mal angeklickt worden.[3] In Folge dieser Bekanntheit ist er in zahlreiche, großen Fernseh-Talkshows eingeladen worden. Unter dem Motto »*The power of one voice in the age of social media*« tritt er heute zusätzlich als Speaker auf. Im Mai 2012 hat er dazu sogar ein Buch veröffentlicht.

Sogar der Deutsche *Stern*-Jahresrückblick beschäftigt sich mit dem Phänomen Social Media. In der Hitliste der meistgesehenen YouTube-Videos, steht im *Stern*.de-Jahresrückblick 2011 auf Platz eins das schlechteste Musikvideo aller Zeiten. Trotzdem schaffte es die dreizehnjährige Rebecca Black mit 167 Millionen Klicks auf Platz eins der meistgesehenen YouTube-Videos in 2011.[4]

Woran liegt es, dass selbst einfachste Videos oder Botschaften diese gigantischen Reichweiten erzielen? Eine entscheidende Ursache ist der sogenannte virale Effekt in weltweit vernetzten Systemen. Erfüllen Inhalte gewisse Voraussetzungen (die uns weiter unten noch

---

1 Quelle: Alexa.com Stand Juli 2013
2 Quelle: http://www.youtube.com/user/Fred/
   videos?sort=p&view=0
3 Quelle: http://www.youtube.com/watch?v=5YGc4zOqoz0
4 Quelle: http://www.stern.de/panorama/jahresrueckblick/
   jahresrueckblick-2011/jahresrueckblick-2011-die-
   meistgesehenen-youtube-videos-1765687.html

beschäftigen), werden Sie in den Netzwerken von Tausenden Usern an wiederum Tausende andere User weitergegeben. Zu Beginn des Internetzeitalters in den 90-er Jahren haben wir das elektronische Phänomen der »*Empfehlung 1.0*« erlebt. Sie haben eine interessante Information gefunden und waren in der Lage, diese in wenigen Sekunden per E-Mail an einige ausgewählte Empfänger zu versenden. Kein Mensch wäre damals auf die Idee gekommen, diese Information an all seine Kontakte per E-Mail zu schicken. Heute passiert das jeden Tag millionenfach. Die Evolution der klassischen One-to-one-Empfehlung ist die »*Empfehlung 2.0*«. Statt den Link zu dem interessanten Video in YouTube in ein E-Mail zu kopieren, wird dieser in einem Social-Media-Netzwerk gepostet. Die Folge: Alle Kontakte des Nutzers sehen diese Empfehlung beispielsweise in Facebook. Gefällt einigen diese Information, wird sie mit einem Klick in den kompletten Kontaktnetzwerken der ursprünglichen Empfehlungsempfänger weiter empfohlen. Jeder Facebook-Nutzer kennt diese als *like* oder *gefällt mir* bezeichnete Funktion. In Facebook werden Informationen weltweit 3,2 Milliarden Mal pro Tag weiterempfohlen. Hinzu kommen täglich über 5 Milliarden Klicks auf den *Google +1* Button, der eine ähnliche Empfehlungsfunktion wie der *gefällt mir* Button in Facebook hat.[5]

## Der Verlust der Informationshoheit

Über mehr als hundert Jahre waren es Unternehmen gewohnt, linear im klassischen Sender-Empfänger Modell mit ihren Kunden zu kommunizieren. Unternehmen und deren Marketing- und PR-Abteilungen haben bestimmt, was Kunden über das Unternehmen, seine Produkte und Dienstleistung wissen sollten. Der Kunde war zur passiven Rolle des Empfängers verdammt. *Konsumiere oder bleib dumm*, ist das vielfach zu vermutende Motto. Hinzu kommt, dass der Inhalt der Informationen häufig unternehmensmotiviert ist. Unternehmen senden Informationen und Werbung, um dadurch für sich eigene Vorteile zu erzielen. Kritische Informationen sind in dieser klassi-

---

5 Quelle: http://www.personalizemedia.com/garys-
social-media-count/

schen Kommunikation seltener zu finden. Die Werbung gaukelt uns das Bild einer heilen Welt der Produktvorteile vor.

Diese Informationshoheit verlieren immer mehr Unternehmen durch den Einfluss von Social-Media-Netzwerken. Kunden und Verbraucher tauschen sich öffentlich und völlig ungeniert über ihre Erfahrungen mit den Produkten oder Dienstleistungen der Unternehmen aus. Vor 15 Jahren hat sich ein unzufriedener Kunde bestenfalls beim Unternehmen beschwert oder es am Stammtisch erzählt. Heute veröffentlicht dieser Kunde, seine Erfahrung in einem passenden Verbraucherforum wie www.ciao.de oder www.holidaycheck.de oder stellt seine Rezension gleich direkt in das Shoppingportal ein, wo er den Artikel erworben hat.

Das Phänomen dabei: Diesen weltweit abrufbaren Online-Kundenbewertungen vertrauen 64 % der Verbraucher, wie die am 10.April 2012 vorgestellte Nielsen Studie zeigt. Der Paradigmenwechsel dabei: Verbraucher vertrauen den Aussagen von völlig unbekannten Fremden mehr als den Informationen der Unternehmen. Den Aussagen der klassischen Markenwebseiten vertrauen nämlich nur 36 % der Befragten. Das Vertrauen der klassischen Werbung gegenüber beträgt lediglich noch 26 %.[6] Für die Kundengewinnung und Umsatzgenerierung bedeutet das, die von Nutzern im Internet bereitgestellten Inhalte sind doppelt so wirksam wie die Unternehmensinformationen, im positiven, wie im negativen Sinn.

Das bedeutet: Immer mehr der für die Kaufentscheidung relevanten Informationen, werden also nicht mehr von den Unternehmen sondern von den Nutzern bereitgestellt. Für Unternehmen bedeutet das den Verlust der Informationshoheit.

Unternehmen versuchen diesen Verlust an Wirkung mit einer Zunahme an Werbung auszugleichen. Von 1990 bis 2000 ist das Budget an Werbung um 175 % gestiegen. Konsumenten sind heute durchschnittlich 3 000 Werbebotschaften pro Tag ausgesetzt. Trotz der Zunahme an Werbebotschaften nimmt deren Wirkung seit Jahren dramatisch ab. Lag die durchschnittliche Erinnerung an Werbespots 1985 noch bei 18 % ist sie bis 2002 bereits auf 8 % gesunken. Die modernen Neurowissenschaften haben dafür eine einfache Erklärung.

6 Quelle: http://nielsen.com/de/de/insights/presseseite/
2012/vertrauen-in-werbung-bestnoten-fuer-
persoenliche-empfehlung-und-online-bewertungen.html

Informationen werden vom Gehirn nur dann verarbeitet, wenn folgende Kriterien erfüllt sind: *neu, bedeutsam, wichtig, sinnvoll, interessant, glaubwürdig*. Sind diese Kriterien nicht erfüllt, werden die Informationen vom Hippocampus (eine Art Neuigkeitsdetektor im Gehirn) blockiert. Das Problem dabei: 95 % aller Werbeinformationen erreichen den Empfänger zu einem Zeitpunkt, zu dem er kein Interesse daran hat.[7]

## Die neue Chance für Unternehmen

Informationen in Social-Media-Netzwerken werden von Kunden aber häufig mit den Attributen *neu, bedeutsam, wichtig, sinnvoll, interessant, glaubwürdig* belegt. Das ist die Chance, die Unternehmen heute geschickt nutzen können. Das bedeutet allerdings nicht, dass Unternehmen die neuen Social-Media-Netzwerke als neue Werbekanäle benutzen können. Der Hauptfehler in der Nutzung von Social-Media-Netzwerken zur Kundengewinnung ist die Anwendung der herkömmlichen Werbemethoden in diesen Netzen. Das Motto »Alter Wein in neuen Schläuchen« funktioniert hier nicht.

Es reicht nicht, eine große Anzahl Abonnenten in einem YouTube-Kanal aufzubauen, um damit eine große Reichweite für die eigenen Werbebotschaften zu erzielen. Große Reichweiten in Social-Media-Netzwerken lassen sich nur mit viralen Weiterempfehlungseffekten erzielen. Die Macht über diese Empfehlungen liegt aber beim Kunden. Er entscheidet ob er den *gefällt mir* Button klickt oder nicht. Das tut er aber bei klassischer Werbung kaum.

## Die Aufgabe: Werben ohne zu werben

Da Kunden schon auf genügend anderen Kanälen mit bis zu 3 000 Werbebotschaften pro Tag befeuert werden, wird klassische Werbung in Social-Media-Netzwerken kaum akzeptiert. Wollen Sie als Unternehmer Social-Media-Netzwerke zur Kundengewinnung nutzen, müssen Sie zunächst eine neue Kunst der Kommunikation lernen. Sie müssen lernen zu werben, ohne es wie Werbung aussehen zu las-

---

**7** Quelle: Akademie für neurowissenschaftliches Bildungsmanagement deren Mitglied der Autor ist

sen. Sobald der Hippocampus eines Social-Media-Nutzers eine Information als Werbung enttarnt, wird diese nicht mehr als bedeutsam oder interessant eingestuft. Die Wirkung geht verloren. Um diese neue Kommunikationskunst zu erlernen, müssen Sie verstehen, was die Menschen motiviert in Social-Media-Netzwerken zu kommunizieren. In Social-Media-Netzwerken geht es um den Menschen. Das hört sich zunächst simpel an. So hatten schließlich schon die Kannibalen das Motto: *»Bei uns steht der Mensch im Mittelpunkt.«* Manch Kunde kommt sich auch heute noch so vor.

*Es geht um den Menschen* bedeutet für Unternehmen zunächst nicht, das es um sie, um ihre Produkte oder Dienstleistungen geht. Spätestens jetzt bleibt bei einigen Unternehmen nicht mehr viel zu kommunizieren übrig. *Wenn wir nicht über uns und unsere Produkte sprechen können, über was dann,* lautet die ratlos gestellte Frage häufig. Eine Möglichkeit wäre zum Beispiel über das zu reden, was die Menschen in den Social-Media-Netzwerken interessiert. Wissen Sie, was die Menschen in Social-Media-Netzwerken, die potenziell Ihre Kunden sein können, wirklich interessiert? Wenn nicht, wäre das eine erste Aufgabe, es herauszufinden. Allgemein interessieren sich Menschen in Social-Media-Netzwerken dafür, was andere Menschen interessiert. Die Erkenntnis der Neurowissenschaften *»Das Gehirn ist ein soziales Organ«,* bedeutet für Ihre Kommunikation und Werbung in Social-Media-Netzwerken: Werbung wird hier nur funktionieren, wenn sie das Gehirn als soziales Organ berücksichtigt. Was das genau bedeutet und welche Methoden dafür in Social-Media-Netzwerken geeignet sind, wird uns im Laufe des Buches noch genau beschäftigen.

Die gute Botschaft lautet: Auch in Social-Media-Netzwerken wird nach direkten Informationen über Unternehmen gesucht. Allerdings weniger direkt nach Firmen, Produkten oder Marken sondern eher nach Lösungen oder Erfahrungsberichten. So wird beispielsweise in YouTube, heute die zweitgrößte Suchmaschine der Welt, weniger nach dem Webevideo des nächsten Urlaubshotels gesucht, sondern eher nach Videoberichten von Kunden, die schon im Hotel waren. Es wird weniger nach den Firmen sondern eher nach den Menschen gesucht. Sind Sie als Selbstständiger, Berater, Trainer oder Dienstleister tätig? Dann ist das Ihre Chance. In diesem »Mensch zu Mensch«-Geschäft liefern Ihnen Social-Media-Netzwerke den entscheidenden Rückenwind.

## Die Kommunikation in Social-Media-Netzwerken

Nachdem Sie nun wissen über was und wie Sie in Social-Media-Netzwerken nicht hauptsächlich kommunizieren sollten, stellt sich die Frage: Wie geht es denn nun richtig? Wie verpacke ich eine Werbung so, dass sie nicht wie klassische Werbung aussieht, sondern von den Nutzern begeistert aufgenommen und sogar noch tausendfach viral verbreitet wird?

### Betrachten wir dazu das Fallbeispiel eines Küchengeräteherstellers.

Nehmen wir an, Sie sind der Geschäftsführer eines Küchengeräteherstellers. Sie möchte das neue Produkt, den »*Super-Küchenmixer 2000+*« bewerben. Klassische Werbeaussagen würden sich sinngemäß wie folgt anhören: »*Der 2000+ ist zuverlässig und stark, der Super-Küchenmixer mixt alles, was Sie hineintun zuverlässig, der Mixer hält ein Leben lang …*« – bla bla bla, denkt sich der Kunde. Das behaupten alle anderen Küchengerätehersteller auch. Und schon wäre der Hippocampus aktiviert und würde diese Werbeaussagen als nicht interessant und wenig bedeutsam blockieren.

Nun lautet Ihre Aufgabe wie folgt: Entwickeln Sie eine Werbung, die nicht wie klassische Werbung klingt, damit sie nicht vom Hippocampus blockiert wird. Gestalten Sie die Werbung so, dass sie freiwillig millionenfach von den Nutzern in Social-Media-Netzwerken viral verbreitet wird und wählen Sie dafür ein passendes Format. Gleichzeitig aktivieren Sie die, für den Kauf passenden Emotionen und platzieren die wichtigsten Produkteigenschaften wie Stärke und Zuverlässigkeit. Das Ziel: Zehn Millionen Empfänger sollen diese Werbung (die nicht wie klassische Werbung aussehen darf) sehen. Ihr Budget dafür: 5 000,- €.

Denken Sie jetzt: Gegen diese Aufgabe war die Quadratur des Kreises ein Kinderspiel? Unlösbar?

Schauen wir uns ein reales Beispiel dazu an. Der amerikanische Küchengeräteherstellers Blendtec® hat genau das geschafft. Am 10.07.2007 ist von der Firma Blendtec® in deren YouTube-Kanal dieses Video hochgeladen worden: www.youtube.com/watch?v=qg1ckCkm8YI.

(Alternativ können Sie in der YouTube Suche auch die Begriffe *Will it Blend? – iPhone* eingeben.) In dem Video wird ein Smartphone von einem Blendtec®-Mixer zerkleinert. Das Video ist über elf Millionen Mal angesehen worden (Stand 06/2013). Die Firma Blendtec® ist für diese virale Kampagne unter anderem mit dem Communicator Award in Gold, dem Award of Excellence für das beste virale Marketing Video, dem .net Award für das beste virale Video ausgezeichnet worden.

Inzwischen haben die Videos der Firma Blendtec® nahezu Kultstatus erreicht. Angefangen mit iPhone, iPod und iPad ist mittlerweile alles was Rang und Namen hat in den Mixer von Blendtec® gesteckt worden. Selbst Facebook ist nicht verschont geblieben.

Über 460 000 Abonnenten folgen freiwillig den Veröffentlichungen auf dem YouTube-Kanal. Die Videos der Firma Blendtec® sind inzwischen über 240 Millionen Mal angesehen worden.[8] Wie das Unternehmen berichtet, ist der Umsatz für dieses Produkt seit der Veröffentlichung des ersten Videos um 700 % gestiegen.

**Wagen wir eine Erfolgsbewertung:**

Die Idee von Blendtec® zur Umsetzung der Vorgaben ist einfach wie genial und besteht aus zwei Teilen.

1. Nutze die »6A-Marketingmethode«: angenehm, anders, als, alle anderen arbeiten.
2. Nutze einen Mainstream oder eine Modeerscheinung aus.

Blendtec® hat also nicht, wie alles anderen Hersteller Obst oder Gemüse in den Mixer getan, sondern etwas das gerade in Mode ist: Das iPhone. Das sorgt im Hippocampus schon mal für die Attribute *neu* und *interessant*. Gleichzeitig sorgt das mixen des iPhones für die Produktaussagen Stärke und Zuverlässigkeit ohne sie im Stil der klassischen Werbung hinauszuposaunen. Das sorgt im Hippocampus zusätzlich für das Attribut glaubwürdig. Wirksame Werbung per excellence, die ankommt ohne wie klassische Werbung zu klingen. Der Erfolg gibt Blendtec® Recht. 197 Millionen Zuschauer mit einem klassischen Werbespot zu erreichen, hätte Millionen verschlungen.

Die vielen weiteren Ideen, was im Mixer von Blendtec® noch alles gemixt werden soll, stammen übrigens von den Kunden und Fans

---

8 Quelle: http://www.youtube.com/blendtec

der Firma. Blendtec® hat in den verschieden Social-Media-Netzwerken dazu aufgefordert, neue Ideen einzureichen. Das ist wertschätzender Dialog in Social-Media-Netzwerken.

Wollen Sie die Idee von Blendtec® auf Ihr Unternehmen adaptieren? Dann arbeiten Sie die Kernstärken Ihrer Produkte oder Dienstleistungen heraus, finden einen Mainstream oder eine Modeerscheinung, der oder die Ihnen Rückenwind geben und finden eine Verbindung zwischen beiden. Das wird nicht immer gelingen. Deshalb stelle ich Ihnen in den folgenden Kapiteln weitere Methoden vor, wie Sie auch als Selbstständiger oder mittelständisches Unternehmen, mit geringem Budget und mit Hilfe von Social-Media-Netzwerken in Ihrer Zielgruppe bekannt werden wie ein bunter Hund.

Wie kommunizieren Sie aber in Social-Media-Netzwerken mit potenziellen Kunden, wenn Sie weder Küchengeräte herstellen noch an einen Mainstream andocken können? Hier ein paar generelle Erfolgstipps:

1. Reden Sie mit den Menschen über die Dinge, die Menschen bewegen (Sorgen, Nöte, Probleme, Bedürfnisse).
2. Bieten Sie wertvolle und nützliche Tipps zur Lösung der in Punkt eins genannten Dinge.
3. Zeigen Sie Wertschätzung durch echtes Interesse. Hören Sie hin und zeigen Sie Verständnis.
4. Berichten Sie mehr über die Menschen im Unternehmen (Mitarbeiter, Kunden) als über das Unternehmen.

Je mehr Sie zum wertschätzenden Dialog anregen, desto eher werden Ihre Informationen von den Nutzern weitergetragen. Beachten Sie die 90/10 Regel. Sie besagt, dass 90 % Ihrer in Social-Media-Netzwerken veröffentlichten Informationen diesen Kriterien entsprechen müssen. Dann wird es von Nutzern in Social-Media-Netzwerken im Allgemeinen auch akzeptiert, dass 10 % Ihrer Informationen direkte Werbung für relevante Themen sind. Sie geben also zuerst etwas Wertvolles. Allein die Berücksichtigung dieses Prinzips bedarf in vielen Unternehmen eines erheblichen Umdenkens. Wie Sie das in den einzelnen Social-Media-Netzwerken für Ihr Unternehmen konkret umsetzen und weitere Erfolgsbeispiele, zeigen die folgenden Kapitel in diesem Buch.

Bitte bedenken Sie grundsätzlich, dass Informationen und Dialoge in den meisten Social-Media-Netzwerken öffentliche Informationen sind. Das heißt, auch Nichtmitglieder können diese Informationen mitlesen und sich ein Urteil über Sie bilden. Allein schon die Tatsache, dass Sie in einem von Ihrer Zielgruppe genutzten Social-Media-Netzwerk gar nicht präsent sind, kann ausreichen um eine entsprechende Beurteilung à la *»Wahrscheinlich interessiert sich das Unternehmen hier nicht für uns«* zu bekommen. Das ist die Chance für die Selbstständigen und Unternehmen, die das rechtzeitig erkennen. Es gilt, in der aktuellen Goldgräberstimmung in den passenden Social-Media-Netzwerken seinen Claim abzustecken.

### Der Suchmaschinenkrake *Google*

Über allen Social-Media-Netzwerken thront der Suchmaschinenkrake Google, immer auf der Suche nach relevanten Inhalten zu den eingegebenen Suchanfragen. Aus Sicht von Google werden Inhalte und Diskussionen in Social-Media-Netzwerken immer relevanter. Das bedeutet: Je mehr über Ihre Webseite, Ihre Produkte oder Angebote und Ihre Person in Social-Media-Netzwerken gesprochen wird, desto besser für Ihr Suchmaschinenranking. Gleichzeitig beeinflussen Sie die immer wichtiger werdende Online-Reputation positiv. In einem Kapitel weiter hinten im Buch zeige ich Ihnen noch eine Methode, wie Sie mit gezielt und an den passenden Stellen veröffentlichten Inhalten mit Hilfe der richtigen Social-Media-Netzwerke in kurzer Zeit kostenlos unter die TOP10 der Google Suchergebnisse kommen.

### Fremdsprachenunterricht: Die neue Sprache von Social Media

2007 wurde ein Marketingvorstand im Rahmen einer Podiumsdiskussion auf einer Marketingmesse in Frankfurt/M. befragt, warum sich sein Unternehmen nicht in Social-Media-Netzwerken engagiere. Seine Antwort: *»Die Sprache in diesen Social-Media-Netzwerken gleicht der Sprache der Schmierereien in der Kloake einer Dorfkneipe.«*
Ich glaube, er wollte damit ausdrücken, dass die Menschen in Social-Media-Netzwerke so reden, wie ihnen der Schnabel gewachsen ist.

Und wenn sie einen über Monate angestauten Frust, zum Beispiel über ein Produkt oder ein Unternehmen haben, dann verschaffen sie sich schon mal lautstark Luft. Das Problem dabei: Bisher passierte das bestenfalls in der Reklamationsabteilung. Heute nutzen frustrierte Kunden, die keinen wertschätzenden Kanal für Ihre Beschwerde finden, schnell *das Schwert der öffentlichen Kritik in Social-Media-Netzwerken*. Das passt aus Sicht einiger Marketingstrategen nicht zur heilen Welt des positiven Unternehmensimages. Kritik wird nicht öffentlich diskutiert.

Je mehr Sie den Wunsch der Menschen in Social-Media-Netzwerken unterdrücken, mit Ihnen als Unternehmen so zu reden, wie die Menschen sich das wünschen, desto höher die Gefahr, dass die *Frustrationsbombe* explodiert. Der einfachste Weg öffentliche Kommunikation in Social-Media-Netzwerken so zu führen, dass Sie mehr Nutzen als Nachteile davon haben, ist so zu reden, wie die Menschen sich das wünschen. Reden Sie von Mensch zu Mensch und nicht von Unternehmen oder Anbieter zu Kunde. Kommunikation auf Augenhöhe bedeutet zuallererst Wertschätzung zu zeigen. Auch wenn das in einigen Unternehmen immer noch ein Fremdwort zu sein scheint, ist es leichter als vielfach gedacht wird. Wertschätzung zeigen Sie, indem Sie das Ohr an die Masse legen, hinhören und die Sorgen und Probleme Ihrer (potenziellen) Kunden annehmen. Vermitteln Sie das Gefühl, dass Sie der beste Zuhörer für diese Themen sind. Dieses, in einem späteren Kapitel noch als »KBF-Methode« beschriebene Prinzip, sorgt für eine sehr starke Attraktivität Ihrer Angebote oder von Ihnen als Person. Es ist eine wichtige Grundlage für das später noch beschriebene »Magnetische Marketing«, das neue Kunden von allein anzieht.

Im Allgemeinen dürfen Sie sich in Social-Media-Netzwerke also trauen, offener und auch etwas lockerer zu kommunizieren. Das sogenannte Marketingdeutsch der Hochglanzbroschüren ist hier eher fehl am Platz.

### Umgang mit öffentlicher Kritik

Wenn Sie in Social-Media-Netzwerken agieren, werden Sie öffentlich wahrgenommen. Sicher mehr als bisher. Sie demonstrieren mit Ihren Auftritten in den verschiedenen Social-Media-Netzwerken

Kommunikationsbereitschaft. Immer mehr Menschen äußern ihre Erfahrungen mit einem Unternehmen öffentlich. Bewertungsmöglichkeiten finden Sie heute nicht nur in den Social-Media-Netzwerken sondern auch in den verschiedenen Bewertungsportalen. Allein diese Tatsache lässt den Paradigmenwechsel und die zunehmende Macht der Nutzer erkennen. Noch vor wenigen Jahren war es selbstverständlich, dass nur der Chef seine Mitarbeiter bewertet. Heute können das Angestellte in öffentlichen Bewertungsportalen, wie zum Beispiel www.kununu.com auch mit ihren Firmen tun. Selbst in einer Google-Suche nach einer passenden Firma können direkt die Meinungen und Bewertungen der Kunden eingegeben werden.

Es macht also sehr viel Sinn, die öffentliche Meinung zu ihrem Unternehmen zu überwachen. Nutzen Sie das für die Suchmaschine Google und legen Sie Suchaufträge an. Geben Sie dazu unter http://www.google.de/alerts als Suchbegriff Ihr Unternehmensnamen und alle anderen relevanten Suchbegriffe ein. Zusätzlich können Sie speziell für die Social-Media-Netzwerke die Suchmaschine http://socialmention.com nutzen.

### 1. Tipp: Reagieren Sie zeitnah

Kunden, die öffentliche Kritik äußern, machen das nicht um Sie zu ärgern. Sie wollen damit Ihrem Frust Ausdruck verleihen. Häufig passiert das, weil der Kunde keinen anderen Kanal findet. Ein reklamierender Kunde ist der beste Unternehmensberater. Lösen Sie das Problem des Kunden zeitnah, sind diese häufig treuere Kunden und sogar eher bereit, Sie zu empfehlen. Das zeitnahe Reagieren zeigt Wertschätzung. Reagieren Sie auch inhaltlich, wenn es der Inhalt der Kritik zulässt, öffentlich. Wenn Sie das gut und richtig machen, verbessern Sie damit Ihre Online-Reputation. Falls Sie das Problem nicht sofort lösen können, versprechen Sie eine sofortige Prüfung oder geben einen Zwischenbescheid.

### 2. Tipp: Nehmen Sie die Kritik an

Ihre erste Reaktion sollte das Annehmen der Kritik sein. Vielfach wird das Annehmen der Kritik mit Rechtgeben verwechselt. Reklamierende Kunden wollen vor allem verstanden werden. Signalisieren Sie Verständnis und bedanken Sie sich für die öffentliche Äußerung. Führen Sie keine Gegenangriffe nach dem Motto: *Sie sind ja selbst*

*Schuld an dem Problem.* Gehen Sie sachlich auf die Kritik ein. Rechtfertigen Sie keinesfalls irgendetwas, selbst wenn die Verantwortung bei Dritten liegt.

### 3. Tipp: Geben Sie keine vorschnellen Versprechen ab

Können Sie das Problem nicht sofort lösen, versprechen Sie, dass Sie sich in annehmbarer Zeit darum kümmern. Dauert die Lösung länger, geben Sie nachvollziehbare Gründe an und halten regelmäßig auf dem Laufenden. Falls das Problem in der vom Kunden geforderten Art nicht lösbar ist, liefern Sie sachliche Gründe und bieten eine gleichwertige Alternative an.

# Überblick über die wichtigen Social-Media-Netzwerke

Die Vielfalt der verschiedenen Social-Media-Netzwerke und deren Möglichkeiten gleicht einem Dschungel, in dem man schnell vom richtigen Weg abkommen kann. Zusätzlich lauern an vielen Stellen unbekannte Gefahren. In diesem Kapitel zeige ich Ihnen, welches Social-Media-Netzwerk für die Kundengewinnung in Ihrer Branche am besten geeignet ist. Die folgende Betrachtung richtet sich vor allem an Selbstständige (Einzelkämpfer) sowie Klein- und Mittelständische Unternehmen. Insbesondere wenn Sie Produkte oder Dienstleistungen verkaufen, die stark erklärungsbedürftig sind, ein hohes Maß an Vertrauen benötigen oder bisher noch ziemlich unbekannt sind, helfen Ihnen Social-Media-Netzwerke dabei, neue Kunden oder Aufträge zu gewinnen. Lassen Sie sich nicht von der weit verbreiteten Meinung »in Social-Media-Netzwerken funktioniert Werbung oder Kundengewinnung nicht« abschrecken. Es funktioniert auch für Sie, wenn Sie wissen wie.

Die nachfolgenden Angaben zu den einzelnen Social-Media-Netzwerken basieren auf dem Stand 07/2013.

## Das Videoportal YouTube

YouTube wurde im Februar 2005 von den drei ehemaligen PayPal Mitarbeitern Chad Hurley, Steve Chen und Jawed Karim gegründet. Obwohl das Unternehmen weder große Umsätze schrieb noch Gewinn abwarf, wurde es bereits im Frühjahr 2006 auf 600 Millionen US-Dollar bewertet.

Der Suchmaschinenriese Google hat YouTube am 9. Oktober 2006 zu einem Preis von 1,6 Milliarden US-Dollar gekauft. Ein cleverer Schachzug, wie sich heute herausgestellt hat. YouTube ist im Ranking der weltweit am häufigsten besuchten Webseiten auf Platz drei. Die Inhalte von YouTube werden überwiegend von den Usern gestaltet. Kommentar und Bewertungsfunktionen zu den einzelnen Videos machen YouTube zu einem interaktiven Social-Media-Netzwerk. Täglich wird YouTube von einer Milliarde Nutzern aufgerufen und vier Milliarden Videos werden pro Tag angesehen.[9]

Neben den gigantischen Besucherströmen, die täglich auf YouTube zu finden sind, folgt diese Plattform dem neuen Megatrend *Video* im Internet. Ich schätze, dass erst ca. zehn Prozent der Unternehmen diesen Megatrend für die Kundengewinnung erkannt haben. Das ist die Chance, besonders auch für Selbstständige und kleine Unternehmen.

## Ein Bild sagt mehr als tausend Worte, der Film erzählt die gesamte Geschichte.

Die modernen Neurowissenschaften bestätigen: Unser Gehirn hat keine Lust auf Anstrengungen. Es versucht möglichst oft in eine Art »Stand by Modus« zu verfallen. Das ist auch gut, denn es dient unserem eigenen Schutz. Unser Gehirn würde in permanenter Volllast einfach zu viel Energie verbrauchen. Was bedeutet das für Ihre Kundengewinnung? Wenn Sie auf Ihrer Webseite oder in Social-Media-Netzwerken, die für die Kundengewinnung relevanten Informationen immer nur in Textform präsentieren, signalisieren Sie den Gehirnen Ihrer potenziellen Kunden: *Das wird anstrengend werden, den langen Text zu lesen.* Das Gehirn sendet dann Botenstoffe aus, die letztendlich die Motivation reduzieren. Die Folge davon: Ihre Texte werden nicht gelesen.

Anders, wenn Sie ein Video präsentieren. Videos signalisieren dem Gehirn schon vor dem Betrachten: »Hier kannst du dich zurücklehnen und passiv, also ohne Anstrengung konsumieren.« Das steigert die Motivation. Ihre Botschaft kommt an. Gleichzeitig können Sie in einem Video die für eine Entscheidung so wichtigen Emotionen leichter und besser vermitteln.

---

**9** Stand 07/2013 http://youtube-global.blogspot.de/2013/03/
onebillionstrong.html

Die grundsätzliche Empfehlung für eine Kundengewinnung in Social-Media-Netzwerken lautet: Nutzen Sie so oft es Ihnen möglich ist, Videos als Kommunikationsinstrument.

In YouTube können Sie sich einen eigenen Kanal anlegen. In diesem Kanal werden dann alle Ihre Videos platziert. Diesen Kanal können Nutzer abonnieren. Jedes Mal, wenn Sie dann ein neues Video einstellen, werden Ihre Abonnenten darüber informiert. Wenn es Ihnen gelingt, Ihre potenziellen Kunden als Abonnenten Ihres YouTube Kanals zu gewinnen, ist das ein hervorragendes Instrument diese regelmäßig zu informieren, Vertrauen aufzubauen und virale Empfehlungen zu initiieren. Wie Sie am Beispiel der Firma Blendtec® gesehen haben, ist es möglich über 400 000 Abonnenten zu gewinnen.

### Beispiele für die Nutzung von YouTube

Lassen Sie Ihre Kunden zu Wort kommen und per Video darüber berichten, wie sie Ihre Produkte oder Dienstleistungen einsetzen. Am besten lassen Sie darüber berichten, welche Erfolge Ihre Kunden damit erzielen.

Berichten Sie selbst regelmäßig darüber, wie Ihre Kunden Ihre Produkte oder Dienstleistungen am besten einsetzen können. Geben Sie besondere Tipps, die einen unmittelbaren Nutzen bringen. Berichten Sie weniger über Ihre Angebote selbst, sondern mehr über die erfolgreiche Anwendung.

Geben Sie regelmäßig einen Experten-Videonewsletter heraus. Wenn Sie beispielsweise Unternehmensberater mit Schwerpunkt Führung und Mitarbeitermotivation sind, können Sie konkrete Tipps geben, wie junge Nachwuchsführungskräfte in der neuen Rolle bestehen. Je besser diese Tipps sind, desto eher werden diese auch weiterempfohlen. Zusätzlich werden Sie als Experte für die Unternehmensberatung im Bereich Mitarbeiterführung bekannt.

Wenn Sie Versicherungsmakler sind, könnten Sie über die 10 fatalsten Fehler, die bei der Auswahl der falschen Versicherung viel Geld kosten, berichten. Wenn Sie Ihr Unternehmen präsentieren wollen, zeigen Sie eher Ihre (hoffentlich) zufriedenen Mitarbeiter und lassen diese bei deren Arbeit zu Wort kommen.

Auch in YouTube sollten Sie die *90/10 Regel* beachten. 90 Prozent Ihrer Videoinhalte sollten sich an den Nutzer wenden und diesem einen Nutzen bieten. Zehn Prozent dürfen Werbung und Produktvorstellungen sein.

## Die Vor- und Nachteile von YouTube

| Vorteile | Nachteile |
| --- | --- |
| Sie nutzen den Megatrend Video. | Sie haben kaum weitere, für die Kundengewinnung wichtige Angaben über Ihre Abonnenten. |
| Videos werden leichter und schneller in Social-Media-Netzwerken weiterempfohlen. | Sie können nur sehr schwer direkt und pro aktiv neue Abonnenten ansprechen und gewinnen (Keine Suchfunktion nach Zielgruppenkontakten). |
| Videos machen Lust darauf, die Informationen aufzunehmen. | Die Produktion von Videos ist etwas aufwändiger als das Schreiben eines Textes. |
| YouTube ist kostenfrei nutzbar. | Selbstdarstellung für den guten ersten Eindruck über die Gestaltung des Accounts selbst ist nur eingeschränkt möglich. |
| Sie sind in der zweitgrößten Suchmaschine der Welt präsent. | |
| Mit guten und häufig kommentierten Videos unterstützen Sie Ihre Suchmaschinenplatzierung in Google. | |
| Videos erzeugen leichter die passenden Emotionen. | |
| YouTube-Videos können leicht in anderen Social-Media-Netzwerken und Webseiten eingebunden werden. | |
| Sowohl für die Privatkunden- als auch für die Geschäftskundengewinnung einsetzbar. | |

**Tabelle 1:** YouTube Vor- und Nachteile

## Facebook

Facebook ist weltweit das am schnellsten wachsende soziale Netzwerk. Mit aktuell über einer Milliarde Mitgliedern ist es auch das größte, international tätige Social-Media-Netzwerk. Deutschland befindet sich mit 25 Millionen Nutzern auf Platz zehn im Ranking der Länder mit den meisten Facebook-Nutzern.[10]

Facebook ist längst nicht mehr nur ein Netzwerk für Jüngere. Die aktuell am stärksten wachsende Zielgruppe ist die Gruppe der 35- bis 54-Jährigen. In Deutschland liegt das Durchschnittsalter der Facebook-Nutzer bei 35 Jahren. Immerhin nutzen 37 Prozent aller Internetnutzer Facebook.[11] Allein diese große Reichweite ist ein gewichtiger Grund sich mit Facebook zu beschäftigen.

### Marketing unter Freunden

In Facebook wird überwiegend über die sogenannten Pinnwände auf den Profilen der einzelnen Nutzer kommuniziert. Im Grunde kann auf die Pinnwand eines Profils (abhängig von den persönlichen Einstellungen) jeder seine Informationen veröffentlichen. Sowohl der Profilbesitzer, als auch jeder, der das Profil besucht. Das ist vergleichbar mit dem schwarzen Brett in der Mensa. Der entscheidende Unterschied zum schwarzen Brett in der Mensa ist, dass einem Facebook-Nutzer sofort angezeigt wird, wenn ein anderer Nutzer, mit dem man verbunden ist, auf seiner Pinnwand etwas veröffentlicht hat. Diese Funktion ist die Grundlage der für das Marketing und die Kundengewinnung so wichtigen viralen Empfehlungen. Richtig eingesetzt können Sie damit auf Knopfdruck Tausende Empfehlungen aussprechen lassen.

Das Problem dabei: Der Informationsaustausch in Facebook ist überwiegend privater Natur. Facebook-Nutzer interessieren sich eher dafür, was ihre Freunde auf Facebook gerade tun oder wofür diese sich interessieren, als für (Werbe-)Informationen eines Unternehmens. Die besondere Herausforderung für Unternehmen in der

10 Quelle: http://www.socialbakers.com/facebook-statistics/
11 Quelle: http://www.socialbakers.com/facebook-statistics/
germany

Kundengewinnung lautet also, in diesen Strom der privat motivierten Nachrichten hineinzukommen. Das geht vor allem für Produkte und Dienstleistungen, die gut zu diesem privaten Charakter passen und sich auch direkt an den Endverbraucher richten. Das trifft überwiegend auf Mode und Lifestyle, Freizeitangebote, Dienstleistungen und alle sonstigen Produktangebote an private Kunden zu. Besonders wirksam ist Marketing in Facebook, wenn sich Ihre Angebote gut mit Emotionen versehen lassen.

Die größte Chance, die Facebook Ihnen für Ihre Kundengewinnung bietet, ist die massenhafte Verbreitung Ihrer Informationen. Die 100 000-Dollar-Frage lautet also: Wie müssen von Ihnen veröffentliche Unternehmensinformationen gestaltet sein, dass diese von Facebook-Nutzern weiterempfohlen werden? Eine mögliche Antwort finden Sie, wenn Sie sich diese Frage selbst stellen. Wie müsste eine Information, die ich als Kunde eines Unternehmens bekomme, beschaffen sein, dass ich diese selbst an meine Kontakte weiterempfehle?

Die meisten würden jetzt sicher sagen: »Sie müsste außergewöhnlich, exklusiv, bedeutsam oder neu sein. Sie müsste etwas wirklich Nützliches beinhalten.«

Fragen Sie sich doch einfach, ob die Werbeinformationen, die Sie bisher in die Welt hinaus schicken, alle diesen Kriterien entsprechen. Wenn nicht, wissen Sie jetzt, dass diese Art Informationen für Ihre Kundengewinnung in Facebook weniger geeignet ist.

Achtung! Als Unternehmen sind Sie verpflichtet, Facebook über eine offizielle Unternehmensseite (Fanpage) zu nutzen. Die Nutzung privater Profile zu geschäftlichen Zwecken ist nach dem AGB von Facebook verboten.

### Beispiele für die Nutzung von Facebook

Sie können Ihre bestehenden Kunden in die Entwicklung neuer Produkte und Dienstleistungen einbeziehen. Fordern Sie zum Beispiel im Rahmen eines Kreativwettbewerbes dazu auf, neue Vorschläge zu Layout, Produktbezeichnungen oder ähnlichen Neuentwicklungen einzubringen. Das aktiviert den Spieltrieb und sorgt für virale Verbreitung. Der Armaturenhersteller Grohe hat so im April 2010 die Facebook-Gemeinde dazu aufgerufen, sich als Duschbotschafter für einen neuen Brausekopf zu bewerben.[12]

Geben Sie Tipps zur Anwendung Ihrer Produkte und lassen Sie die Nutzer der Fanpage darüber berichten, was passiert, wenn sie diese Tipps angewendet haben (Dialog führen). So könnte ein Fischladen zum Beispiel saisonal passende Rezepte veröffentlichen. Zusätzlich könnten Sie auffordern, weitere Rezepte durch die Nutzer zu veröffentlichen. Lassen die die Nutzergemeinde abstimmen, welches Rezept am besten ankommt. Das bringt eine große Reichweite für Ihre Fanpage. Denn jedes Mal wenn ein Nutzer ein Rezept an seiner Pinnwand empfiehlt, sieht das jeder seiner Kontakte. Der durchschnittliche Facebook-Nutzer hat 130 eigene Kontakte. Haben Sie 1 000 Nutzer Ihrer Fanpage (sogenannte Fans), erzielen Sie eine theoretische Reichweite von 130 000 Empfehlungen. Das erhöht Ihre Bekanntheit und beeinflusst Ihre Online-Reputation positiv.

### Sieben Tipps für Ihre Facebook-Fanpage

1. Vermitteln Sie mit der optischen Gestaltung Ihrer Fanpage einen außergewöhnlich guten ersten Eindruck.
2. Treten Sie mit Ihren (potenziellen) Kunden in einen wertschätzenden Dialog ein.
3. Machen Sie Ihre Kunden zu Botschaftern und animieren Sie diese, über ihre Erlebnisse mit Ihnen und Ihren Angeboten zu berichten.
4. Beweisen Sie Wertschätzung, indem Sie exklusive Informationen nur für Nutzer der Fanpage bereitstellen.
5. Veröffentlichen Sie regelmäßig wertvolle Tipps für Ihre Zielgruppe.
6. Berichten Sie über die Menschen (Kunden und Mitarbeiter) im Unternehmen.
7. Nutzen Sie den Spieltrieb aus und veranstalten ein Quiz oder Foto- oder Videowettbewerbe.

---

12 Quelle: http://www.pressebox.de/pressemeldungen/grohe-ag/boxid/340903

## Vor- und Nachteile von Facebook

| Vorteile | Nachteile |
| --- | --- |
| Größtes Social-Media-Netzwerk weltweit. | Misstrauen der Nutzer aufgrund der ständigen Datenschutzdiskussion. |
| Große Reichweite durch virale Effekte. | Manchmal sind Angaben der Nutzer gefälscht. |
| Tausende externe Applikationen stehen zur Verfügung. | Keine direkte Funktion um nach Zielgruppenkontakten zu suchen. |
| Schnittstelle (API) für eigene Anwendungen vorhanden. | Für die direkte B2B Kundengewinnung nur bedingt geeignet. |
| Hoher Aktivitäts- und Nutzungsgrad. | Regelmäßige Pflege der Fanpage erforderlich (Zeitaufwand). |
| Gute Vernetzung zwischen eigener Homepage oder Blog und Fanpage möglich (Social Plug-Ins). | Kaum weitere, für die Kundengewinnung wichtige Informationen über die Kontakte Ihrer Fanpage. |
| Zielgerichtete Werbung mit Anzeigen auf Erfolgsbasis möglich. | |
| Selbstdarstellung für den guten ersten Eindruck über die Gestaltung der Fanpage über Applikationen sehr gut möglich. | |

**Tabelle 2:**  Facebook Vor- und Nachteile

## Twitter

Das Social-Media-Netzwerk Twitter nimmt aufgrund der geringen Funktionsvielfalt und der Begrenzung der Nachrichtenlänge eine gewisse Sonderstellung ein. Das auch als Microblogging-System bezeichnete Social-Media-Netzwerk, lässt pro veröffentlichter Meldung maximal 140 Zeichen zu. Trotzdem hat es das im März 2006 gegründete Netzwerk geschafft, weltweit etwa 2 290 Millionen Nutzer zu gewinnen. Deutschlandweit sind ca. 4 Millionen Nutzer registriert (Stand 12/2012).

Die hauptsächlich genutzte Funktion in Twitter ist das Veröffentlichen von aktuellen Kurznachrichten durch einen Nutzer (*Twitterer*). Diese können von anderen Twitter-Nutzern abonniert werden. Dazu wird man *Follower* des Accounts von einem anderen Twitter-Nutzer.

Dadurch entsteht in gewissen Maß eine soziale Vernetzung. Empfängt ein Follower eine Nachricht, die er für empfehlenswert hält, kann er diese, mit der *Retweet* genannten Funktion, an seine Twitter-Kontakte weiterempfehlen. Dadurch können theoretisch erhebliche Reichweiten und virale Effekte entstehen. Twitter hat allerdings eine erhebliche Zahl inaktiver Nutzer. 56 Millionen Twitter-Nutzer haben keine Follower. 90 Millionen Twitter-Nutzer folgen keinem anderen Account.[13] Aufgrund dieser Fakten ist zweifelhaft, ob Twitter überhaupt als bidirektionales Social-Media-Kommunikationsinstrument angesehen werden kann. Die hauptsächliche Nutzung in Twitter ist die Verbreitung aktueller Nachrichten. Schon das Fehlen einer direkten Kommentarfunktion schränkt den so wichtigen Dialog ein. Trotzdem gibt es Twitter-Nutzer, die dieses Netzwerk offenbar erfolgreich auch für Marketingzwecke nutzen. So hat die schrille Pop Ikone *Lady Gaga* 39 Millionen Follower in Ihrem Twitter Account versammelt.[14] Auf der Top 10-Liste der Twitter-Nutzer mit den meisten Followern finden sich viele bekannte Stars. US Präsident Barack Obama belegt mit 34 Millionen Followern Platz vier (Stand 07/2013).

## Vor- und Nachteile von Twitter

| Vorteile | Nachteile |
| --- | --- |
| Geeignet für die Verbreitung aktueller Informationen (News Channel). | Begrenzung auf 140 Zeichen pro Nachricht. |
| Gute Vernetzung zwischen eigener Homepage, Blog und Facebook-Fanpage und Twitter Account möglich (Social Plug-Ins). | Keine direkte Einbindung von Fotos oder Videos möglich. |
| | Keine sinnvolle direkte Funktion, um nach Zielgruppenkontakten zu suchen |
| | Versendete Nachrichten gehen im Strom tausender anderer Nachrichten schnell unter. |

13 Quelle: http://t3n.de/news/twitter-facts-viele-aktive-user-hat-twitter-wirklich-304322/
14 Quelle: http://www.socialbakers.com/twitter/

| Vorteile | Nachteile |
|---|---|
| | Selbstdarstellung für den guten ersten Eindruck über die Gestaltung des Accounts ist nur eingeschränkt möglich. |
| | Kaum weitere, für die Kundengewinnung wichtige Informationen über die Kontakte, die einem Twitter Account folgen. |

**Tabelle 3:** Twitter Vor- und Nachteile

Twitter eignet sich für die meisten Unternehmen nicht für die zielgruppengerechte Neukundengewinnung.

## Das Businessnetzwerk XING

Das heute unter dem Namen XING bekannte deutsche Netzwerk ist 2003 als Open BC (Open Business Club) gegründet worden. Mit knapp über 13 Millionen Nutzern weltweit, ist XING ein vermeintlich kleines Netzwerk. 6,3 Millionen (ca. 45 Prozent) der Nutzer kommen aus Deutschland, Österreich und der Schweiz (Stand 06/2013). Trotz der scheinbar geringen weltweiten Nutzerzahl, bietet XING viele Möglichkeiten und sinnvolle Funktionen für die direkte Kundengewinnung.

Die Motivation Social-Media-Netzwerke zu nutzen, ist in vielen Netzwerken eher privater Natur. XING ist dagegen eher als geschäftliches oder Karrierenetzwerk bekannt und wird hauptsächlich für berufliche Kontakte genutzt. Aufgrund dieser Ausprägung wird es manchmal nicht als klassisches Social-Media-Netzwerk angesehen. Dabei bietet es neben den typischen Funktion sozialer Netzwerke wie Vernetzung, Austausch, kommentieren und empfehlen, innovative Funktionen wie das Sichtbarmachen der Vernetzungen: *Wer ist mit wem über welche Kontakte verbunden.*

Viele Funktionen und die daraus erwachsenen Möglichkeiten sind im Vergleich zu anderen Social-Media-Netzwerken konkurrenzlos. Aufgrund dieser Sonderstellung werden im weiteren Verlauf dieses Buches die direkten Möglichkeiten der Kontaktgewinnung in Social-Media-Netzwerken am Beispiel von XING erläutert. Sofern einzelne Möglichkeiten in ähnlicher Form auch in anderen Social-Media-Netzwerken vorhanden sind, zeige ich Ihnen, wie Sie diese dort anwenden.

Aufgrund der vertrauensvollen Datenschutzpolitik von XING geben Nutzer dieses Netzwerkes auf ihren persönlichen Profilen bereitwillig und wahrheitsgemäß Auskunft über Ihren Werdegang, Ihre privaten wie geschäftlichen Interessen, Angebote und Gesuche. Die Datenqualität ist um ein vielfaches zutreffender als beispielsweise in Facebook. Daraus lassen sich in XING sehr viel genauere Angaben über die Nutzerstruktur und die Demografie ableiten. So sind nach Angaben der XING AG 80 Prozent der Mitglieder vollbeschäftigt, 53 Prozent in einer Führungsposition tätig und 70 Prozent haben einen höheren Bildungsabschluss als Realschule. Auch die Altersstruktur der XING-Nutzer entspricht eher den meisten Zielgruppendefinitionen: 80 Prozent der XING-Nutzer sind zwischen 27 und 50 Jahren alt. Auch die wirtschaftliche Potenz der XING-Nutzer unterscheidet sich positiv. 46 Prozent der XING-Nutzer verfügen über ein monatliches Haushaltsnettoeinkommen von über 3 000 Euro. Die XING AG hat es aufgrund der nützlichen Funktionen, neben LinkedIn (dem internationalen Pendant von XING), als einziges Social-Media-Netzwerk geschafft ein tragfähiges Geschäftsmodell aufzubauen, das nicht aus der Penetrierung der Nutzer mit Werbung besteht.

## Vor- und Nachteile von XING

| Vorteile | Nachteile |
| --- | --- |
| Direkte und komfortable Suchfunktion, um zielgruppengerechte Kontakte zu finden. | Für die Kundengewinnung wichtige Funktionen stehen erst ab der kostenpflichtigen Premium Mitgliedschaft (ab 4,85 € / Monat) zur Verfügung. |
| Vertrauensvolles Image bezüglich Datenschutz. | |
| Hohes Bildungsniveau der Nutzer. | |
| XING ist für viele Zielgruppen sehr gut für die direkte Neukundengewinnung geeignet (Privat- und Unternehmenskunden). | |
| Die Selbstdarstellung für den guten ersten Eindruck über die Gestaltung des persönlichen Profils und (optional) des Unternehmensprofils ist sehr gut möglich. | |

| Vorteile | Nachteile |
|---|---|
| Alle Kontakte der XING-Datenbank, können im Rahmen der AGB für die Kundengewinnung genutzt werden. | |
| Suchaufträge automatisieren die Gewinnung zielgruppengerechter Kontakte. | |
| Über das Marketing in XING-Gruppen können Sie sich in Ihrer Zielgruppe als Experte positionieren. | |
| Zielgruppengerechte Bewerbung Ihrer Veranstaltung mit dem (AdCreator) möglich. | |

**Tabelle 4:** XING Vor- und Nachteile

## Das internationale Businessnetzwerk LinkedIn

LinkedIn wurde 2003 in Kalifornien (USA) gegründet. Es ist wie XING ein Business- und Karrierenetzwerk. Auch wenn beide Netzwerke direkt nichts miteinander zu tun haben, ähneln viele, der in LinkedIn vorhandenen Funktionen und Möglichkeiten denen in XING. LinkedIn ist international gesehen mit über 178 Millionen Mitgliedern das größte Business- und Karrierenetzwerk. In der D-A-CH-Region erreicht LinkedIn mit 3 Millionen Nutzern[15] nicht annähernd die Nutzerzahlen von XING. Besonders stark ist LinkedIn In den USA (78 Millionen Nutzer), Indien (20 Millionen Nutzer) und Großbritannien (11 Millionen Nutzer) vertreten (Angaben Stand 07/ 2013). Für die Kundengewinnung aus einem in Deutschland, Österreich oder der Schweiz ansässigen Unternehmen ist LinkedIn überwiegend für englischsprachige Zielkunden, besonders in Amerika relevant. Ein größerer Teil der deutschsprachigen LinkedIn-Nutzer ist in der Konzernwelt beheimatet.

Wenn das Ihrer Zielgruppendefinition entspricht, werden Sie in ·LinkedIn sicher viele, für Ihre Kundengewinnung geeignete Kontakte finden. Die in den folgenden Kapiteln vorgestellte Strategie für die Kundengewinnung in Social-Media-Netzwerken am Beispiel von XING, ist in vielen Funktionen direkt auf LinkedIn übertragbar.

15 Quelle: http://www.socialbakers.com/linkedin-statistics

## Vor- und Nachteile von LinkedIn

| Vorteile | Nachteile |
| --- | --- |
| Größtes internationales Business- und Karrierenetzwerk. | Für die Kundengewinnung wichtige Funktionen stehen erst ab der kosten-pflichtigen Mitgliedschaft (ab 14,70 € / Monat) zur Verfügung. |
| LinkedIn ist für internationale (englisch-sprachige) Zielgruppen gut für die direk-te Neukundengewinnung geeignet. | In Deutschland, Österreich und Schweiz eher geringe Verbreitung. |
| Kontakte der LinkedIn-Datenbank, kön-nen im Rahmen der Mitgliedschaft für die Kundengewinnung genutzt werden. | Selbstdarstellung über das persönliche Profil optisch nicht so gut wie im ver-gleichbaren XING-Profil. |
| Die Expertenpositionierung in Gruppen ist möglich. | Das Vertrauen in die Datensicherheit ist im Vergleich zu XING nicht so groß (Passwörter sind nur leicht verschlüsselt). |

**Tabelle 5:**   LinkedIn Vor- und Nachteile

## Das optimale Netzwerk für die Kundengewinnung

Social-Media-Netzwerke sind enorm dynamische Systeme. Ständig kommen neue Funktionen dazu. Neue Netzwerke versuchen in der Social-Media-Goldgräberzeit die Gunst von Millionen Nutzern zu ero-bern. Bestes Beispiel dafür ist Google mit seinem eigenen Social-Media-Netzwerk Google+. Auch wenn Google aufgrund seiner Vor-machtstellung im Internet eine gute Ausgangsposition hat, bleibt ab-zuwarten ob diese Shootingstars eine dauerhafte Akzeptanz finden. Obwohl Google+ als der schärfste Konkurrent von Facebook gilt und bereits ein Jahr nach der Gründung (Juni 2011) 250 Millionen Nutzer verzeichnet, ist fraglich, ob dieses Netzwerk für die Kundengewin-nung erhebliche Relevanz gewinnen wird. In Deutschland gibt es Stand 07/2013 nur 4 Millionen Nutzer. 46 Prozent der deutschen Google+-Nutzer sind im Alter von 18 bis 24. So ist es kaum verwun-derlich, dass ca. 23 Prozent der Deutschen Google+-Nutzer Studen-ten sind.[16]

16 Quelle: http://www.plusdemographics.com/country_re-
port.php?cid=Germany

Wie die Übersicht in Tabelle 6 zeigen wird, ist für die Kundengewinnung nicht nur die Anzahl der Mitglieder entscheidend, sondern auch die für die Kundengewinnung nutzbaren Funktionen. Darüber hinaus ist auch der Aktivitätsgrad, und die Art und Weise der Nutzung wichtig. Hier ist beispielsweise beim Shootingstar Google+, trotz der hohen Nutzerzahl, noch kein so hoher Nutzergrad zu erkennen, wie in anderen Netzwerken (Stand 07/2013). Das kann sich aber schon zum Zeitpunkt der Veröffentlichung dieses Buches geändert haben. Google hat immer wieder verlauten lassen, dass es Aktivitäten in Social-Media-Netzwerken stärker in die Bewertung der Suchergebnisse einfließen lassen will. Ob das aber beispielsweise zu einer besseren Bewertung von Webseiten führt, die über einen Google +1 Button und vielen Klicks darauf verfügen, bleibt abzuwarten.

Von vielen Unternehmen und Selbstständigen hört man in Bezug auf Google+ und andere neue Social-Media-Netzwerke aktuell oft den Kommentar: *»Nicht noch ein neues Netzwerk, wir haben kaum Zeit für Facebook und Co.«*

Wollen Sie schnell und zuverlässig das für Ihre Kundengewinnung am besten geeignete Netzwerk erkennen? Dann nutzen Sie einfach die folgende Checkliste. Je mehr der für Ihre Kundengewinnung wichtigen Kriterien von einem Social-Media-Netzwerk erfüllt werden, desto besser ist es dafür geeignet.

| Beurteilungskriterium | Erfüllt (Ja/Nein) |
|---|---|
| Gibt es zuverlässige demografische Angaben, die zeigen, ob Sie in diesem Netzwerk die passenden Zielgruppenkontakte finden? | |
| Sind die Ihrer Zielgruppendefinition entsprechenden Kontakte in ausreichender Anzahl in diesem Netzwerk vorhanden? | |
| Nutzen die vorhandenen Zielgruppenkontakte das Netzwerk regelmäßig? | |
| Entspricht das allgemeine Image des Netzwerkes den Erwartungen der Zielgruppe? | |
| Haben Sie ausreichende Möglichkeiten der Selbstdarstellung in dem Netzwerk, um einen guten ersten Eindruck zu vermitteln (Textliche und grafische Möglichkeiten auf dem Profil bzw. Account)? | |

| Beurteilungskriterium | Erfüllt (Ja/Nein) |
|---|---|
| Erhalten Sie über die vorhandenen Zielgruppenkontakte in dem Netzwerk wichtige, für die Kundengewinnung relevante Informationen (zum Beispiel Kontaktdaten, persönliche Interessen, beruflicher Werdegang, geschäftliche Bedürfnisse)? | |
| Gibt es eine komfortable Suchfunktion, mit der Sie nach verschiedenen Zielgruppenkriterien neue Kontakte finden (zum Beispiel Position, Branchenzugehörigkeit, regionale Zuordnung)? | |
| Gibt es direkte Funktionen, die virale Effekte unterstützen (Feedback-, Kommentar- oder Empfehlungsfunktionen)? | |
| Gibt es im Netzwerk Gruppen, in denen sich Ihre Zielgruppe untereinander austauscht (Fach- und Branchengruppen)? | |
| Sind in den vorhandenen Fach- und Branchengruppen genügend Mitglieder vorhanden? | |
| Gibt es in den in den vorhandenen Fach- und Branchengruppen regelmäßige Aktivitäten und wird die jeweilige Gruppe von den Mitgliedern auch genutzt? | |
| Gibt es eine Funktion, um sich ein Netzwerk an passenden Zielgruppenkontakten aufzubauen? | |
| Können Sie im Netzwerk aufgebaute Kontakte exportieren, um diese zu sichern oder für andere Zwecke zu verwenden? | |
| Werden Sie automatisch über Veränderungen oder News auf den Profilen Ihrer Kontakte informiert? | |

**Tabelle 6:** Checkliste für das optimale Social-Media-Netzwerk

# Die fünf fatalsten Fehler in Social-Media-Netzwerken

Sie haben bisher einen ersten Eindruck davon bekommen, was das Wesen von Social-Media-Netzwerken ist und wie dort kommuniziert werden muss. Wollen Sie Social-Media-Netzwerke erfolgreich für die Kundengewinnung einsetzen, müssen Sie dazu noch spezielle Methoden kennen. Die herkömmlichen Marketingmethoden funktionieren in Social-Media-Netzwerken kaum. Das ist die Hauptursache, warum viele Selbstständige und Unternehmen trotz hohem Aufwand in Social-Media-Netzwerken kaum neue Kunden gewinnen. Bevor ich Ihnen in den nächsten Kapiteln dieses Buches Schritt für Schritt zeige, wie Sie Ihre ersten Kunden in Social-Media-Netzwerken gewinnen, möchte ich Sie vor den typischen Fallen im Dschungel der Social-Media-Netzwerke bewahren.

Die fünf fatalsten Fehler bei der Kundengewinnung in Social-Media-Netzwerken sorgen mit an Sicherheit grenzender Wahrscheinlichkeit dafür, dass Sie viel Zeit vergeuden, viel Geld verschwenden und am Ende überwiegend Frust ernten. Nach dem Motto »Das Leben ist viel zu kurz, um jeden Fehler selbst zu machen« überlassen Sie diese Fehler am besten denjenigen, die Sie schon für Sie gemacht haben. Als ich 2007 als einer der deutschen Pioniere in der systematischen und aktiven Kundengewinnung in Social-Media-Netzwerken angefangen habe, gab es kaum repräsentative Erfahrungen. Die folgenden fünf fatalsten Fehler habe ich alle zur Genüge selbst gemacht. Wenn Sie bisher schon aktiv in Social-Media-Netzwerken unterwegs sind und noch keinen einzigen neuen Kunden oder Auftrag gewonnen haben, dann kann ich Ihren Frust also sehr gut nachvollziehen. Wahrscheinlich liegt es an einem oder mehreren dieser fünf Fehler, die Sie (unwissend) gemacht haben.

*Kundenakquise in Social-Media-Netzwerken* Andre Schneider
Copyright © 2013 WILEY-VCH Verlag GmbH & Co. KGaA, Weinheim

## Fehler Nummer eins: Kein guter erster Eindruck

Für den guten ersten Eindruck gibt es keine zweite Chance. Das gilt in Social-Media-Netzwerken umso mehr. Wie Sie schon wissen, können Sie Social-Media-Netzwerke nicht im klassischen Sinn für Ihre Werbebotschaften nutzen. Hier zählt der Mensch. Sie sind also, mit dem Eindruck, dem man auf den ersten Blick über Sie als Mensch gewinnt, der entscheidende Werbeträger. Sie müssen also zuerst als Mensch überzeugen. Das ist der Paradigmenwechsel in der Kundengewinnung für alle diejenigen, die denken: *»Ich muss doch Werbebotschaften aussenden, um neue Kunden zu gewinnen.«* Aus diesem Grund eignen sich die in diesem Buch vorgestellten Methoden der Kundengewinnung in Social-Media-Netzwerken auch eher für Selbstständige, Freiberufler und mittelständische Unternehmen. Sie sind immer dann besonders gut geeignet, wenn eine oder mehrere konkrete Personen Botschafter der Leistungen oder Angebote sind. Fehlt diese wichtige Brücke, müssen Methoden zur Kompensation eingesetzt werden. Große Konzerne oder Markenartikler versuchen dies in jüngster Zeit über die Personifizierung der Werbung. Ein bekannter, nicht ganz glücklicher Versuch ist die Werbekampagne von 1&1 mit Marcell D'Avis, dem Leiter Kundenzufriedenheit.

Ihren guten ersten Eindruck vermitteln Sie, abhängig von den konkreten Möglichkeiten des jeweiligen Social-Media-Netzwerkes, über Ihr persönliches Profil. Ihr Profil ist von der Wirkung vergleichbar mit dem Schaufenster eines klassischen Ladengeschäftes.

Stellen Sie sich folgende Situation vor. Es ist Dienstagnachmittag, 15.30 Uhr. Sie sind im Stress und haben wenig Zeit. Auf dem Weg zu Ihrem nächsten Termin fahren Sie wutentbrannt in die Stadt. Angeblich hätten Sie Fahrerflucht begangen. Das können Sie natürlich nicht auf sich sitzen lassen, schließlich sind Sie von Ihrer Unschuld überzeugt. Sie suchen also einen kompetenten, auf das Verkehrsrecht spezialisierten Rechtsanwalt. In dem Stadtviertel angekommen von dem Sie wissen, dass sich hier viele Anwälte niedergelassen haben, schauen Sie suchend die Schilder und Schaufenster der verschiedenen Anwälte an. Das erste Schaufenster glänzt mit der Aufschrift *»Ich verklage jeden, egal auf welchem Rechtsgebiet.«* Ist das schon der passende Anwalt für meinen Fall, fragen Sie sich, während Sie gleichzeitig denken: Das Schaufenster ist bestimmt schon zwei Jahre nicht mehr geputzt worden. Würden Sie sich die Mühe machen, diese Kanzlei zu betreten, um herauszufinden ob dieser Anwalt geeignet ist? Kaum. Warum auch? Denn ein Schaufenster weiter steht mit großen Lettern: *Fachanwalt für Verkehrsrecht, Spezialisierung Fahrerflucht.* Darunter die Telefonnummer einer 24 Stunden Hotline für besonders dringend Fälle. Abgerundet wird das Schaufenster mit einem ca. zwei Meter großen Bild eines sympathischen, ca. 45 Jahre alten, an den Schläfen schon leicht ergrauten Mannes im dunkelgrauen Anzug. Darunter lesen Sie: *Ich helfe Ihnen gern, besonders wenn es darauf ankommt.*

Wir müssen kein Prophet sein, um in dieser Situation vorauszusagen, für welches Schaufenster Sie sich entscheiden, oder? Tritt also ein potenzieller Kunde mit einem konkreten Bedarf oder der Suche nach einer Problemlösung vor Ihr Schaufenster (besucht das erste Mal Ihr Social-Media-Profil) und erkennt in der Auslage nicht sofort und eindeutig, dass Sie genau derjenige sind, den dieser potenzielle Kunde sucht, ist er schnell wieder weg. Das nächste Profil ist ja nur einen Mausklick entfernt.

Es reicht also nicht, mit einem Profil präsent zu sein, es reicht auch nicht, ein gutes Profil zu haben, sondern Sie benötigen ein außergewöhnlich gutes Profil im passenden Social-Media-Netzwerk.

## Fehler Nummer zwei: Verkaufen verboten

Diesen, sehr häufig gemachten Fehler zu vermeiden, ist nicht leicht. Sind Sie selbst von Ihrem Produkten, Angeboten und Dienstleistungen überzeugt oder sogar begeistert? Dann wird es Ihnen besonders schwerfallen, diesen Fehler zu vermeiden. Warum? Schon in der »normalen Welt« von Marketing und Verkauf, also außerhalb von Social-Media-Netzwerken, reden wir allzu gern überwiegend von uns, unseren tollen Angeboten, warum der Kunde diese kaufen soll und bestenfalls noch ein wenig vom Nutzen dieser Angebote. Was bleibt oft auf der Strecke? Das, was landläufig als die Beziehung bezeichnet wird. Wenn ein potenzieller Kunde am Ende Ihrer Angebotspräsentation sagt: »*das überlege ich mir jetzt mal noch in Ruhe und vergleiche Ihr Angebot mit dem Wettbewerb*« ist eine häufige Ursache, das (noch) nicht genügend große Vertrauen zu Ihnen als Person besteht. Daher werden Ihre Aussagen prüfend auf die Goldwaage gelegt.

Hinzu kommt, dass die Person, die eine Entscheidung für Ihr Angebot treffen muss, zwingend eine große Menge Sicherheit braucht. *»Was ist, wenn ich mich für das erstbeste Angebot entscheide und sich dieses später als das Falsche herausstellt?«*, sind typische Gedankengänge in den Köpfen Ihrer Kunden. Ihre Kunden wollen heute immer weniger das Gefühl ertragen müssen, dass ihnen etwas verkauft wird. Zu viele Kunden erleben zu viele Verkäufer, die immer wieder betonen: *»Lieber Kunde, ich will doch nur ihr Bestes.«* Der Kunde denkt sich dabei: *»Der will doch wieder bloß nur mein Geld.«*

Daher tun Sie schon in der »normalen Welt« von Marketing und Verkauf sehr gut daran, sich zunächst zu positionieren und Vertrauen aufzubauen. In Social-Media-Netzwerken fehlt scheinbar eine wichtige Komponente für den Vertrauensaufbau: der persönliche Kontakt. Vertrauen entsteht, so die weit verbreitete Meinung, wenn man sich persönlich kennt, die Chemie stimmt und im Laufe der Zeit ein gutes Gefühl füreinander entwickelt. Deswegen bedarf es in Social-Media-Netzwerken anderer Methoden, um Vertrauen aufzubauen. In den nächsten Kapiteln lernen Sie diese Methoden kennen. Halten Sie sich also mit frühzeitigen Versuchen, Ihren Kontakten in Social-Media-Netzwerken etwas zu verkaufen, zurück. Bauen Sie zunächst eine Beziehung zu den Kontakten auf. Positionieren Sie sich lieber als Mensch im rechten Licht und bauen damit eine Grundlage für das so wichtige Vertrauen auf. Sie wissen: In Social-Media-Netzwerken geht es um den Menschen. »Verkaufen verboten« heißt allerdings nicht, dass Sie in Social-Media-Netzwerken keine neuen Kunden gewinnen können. Ganz im Gegenteil. Allerdings nicht mit den klassischen Verkaufsmethoden.

### Fehler Nummer drei: Drauf los Kontakten

Ich bekomme jede Woche mindestens eine Anfrage dieser Art: *»Wie kann man auf unserer Fanpage in Facebook oder unserem Profi in XING innerhalb von vier Wochen 10 000 Kontakte aufbauen?«* Planlose Aktionen mit dem Ziel möglichst schnell, möglichst viele Kontakte zu sammeln bringen kaum nachhaltigen Erfolg. In Facebook wird dafür immer wieder gern der Klassiker *Gewinnspiel* genommen. Da werden iPhones und iPad verlost und Facebook-Nutzer nur mit dem

Gewinnspiel geködert. Das Problem dabei: Diese so gewonnen Kontakte interessieren sich nur für den Preis des Gewinnspiels, nicht für das Unternehmen, die Menschen oder die Angebote selbst. Provokant ausgedrückt werden diese neu gewonnenen Kontakte bestochen, auf den »gefällt mir« Button zu klicken.

Hartnäckig hält sich die weit verbreitete Ansicht, die Anzahl der in Social-Media-Netzwerken gesammelten Kontakte oder Fans ist ein wichtiger Erfolgsfaktor. Die Anzahl der Kontakte ist nur dann ein zuverlässiger Erfolgsfaktor, wenn die Qualität stimmt. Sie brauchen also die passenden Kontakte. Passende Kontakte sind diejenigen, die zu Ihrer Zielgruppe gehören oder gehören könnten, als potenzielle Multiplikatoren in Frage kommen oder sogar direkten Bedarf haben. Sie können mit 250 Kontakten dieser Qualität, zu denen Sie eine gute Beziehung in Social-Media-Netzwerken aufgebaut und sich entsprechend positioniert haben, mehr Umsatz generieren, als mit 10 000 Fans auf Ihrer Fanpage in Facebook.

## Fehler Nummer vier: Worthülsenrhetorik

Damit Sie schon beim ersten Kontakt einen bleibenden guten Eindruck hinterlassen, brauchen Sie spannende Botschaften, die Menschen bewegen. In vielen Social-Media-Netzwerken wird vorwiegend schriftlich kommuniziert. Wie Sie weiter oben schon gelesen haben, ist eine Ihrer wichtigen Aufgaben, sich als Mensch und als Fachexperte für Ihre Themen zu positionieren. Da Ihnen dafür hauptsächlich die Worte als Kommunikationsinstrument zur Verfügung stehen, müssen Sie auf diese besonderes Augenmerk legen. Leider findet man gerade hier besonders viele Worthülsen. Was ist eine Worthülse? Das sind leere, weil wirkungslose Worte oder Formulierungen. Schauen wir uns ein paar weit verbreitete Beispiele an.

### 1. Worthülsenbeispiel

*»Wir konzentrieren uns in unseren Projekten am Bedarf unserer Kunden.«* Das klingt doch schlau und intelligent, denken Sie? Nun der Leser, der ja ein potenzieller Kunde sein könnte, denkt sich: *»An was wollen die sich denn sonst orientieren, wenn nicht an meinem Bedarf?«* Hinzu kommt, dass die inhaltliche Nutzenaussage viel zu unspezifisch ist. Welcher Bedarf genau wird hier befriedigt?

### 2. Worthülsenbeispiel

»*Wir arbeiten ziel- und erfolgsorientiert.*« Sie ahnen es schon? *Ja, wie denn sonst,* denkt der potenzielle Kunde. Hinzu kommt die Gefahr, dass der potenzielle Kunde den Eindruck gewinnen könnte: *Haben die nicht mehr zu bieten, wenn die solche allgemeinen Floskeln besonders betonen?*

### 3. Worthülsenbeispiel

»*Wir optimieren Ihre Prozessabläufe und Schnittstellendefinitionen.*« Das Problem bei dieser Art Aussage ist, dass Sie im Kopf des Lesers keine geistigen Bilder erzeugen. Wenn der Leser keine Bilder entwickeln kann, fällt es sehr schwer, diese Informationen zu verarbeiten. Erschwerend kommt hinzu, dass kaum Emotionen entstehen, wenn Sie solch kompliziert klingende Aussagen lesen. Wie wichtig aber diese Emotionen sind, wird uns in einem späteren Kapitel noch beschäftigen.

### 4. Worthülsenbeispiel

»*Wir haben ein optimales Preis- und Leistungsverhältnis.*« Das ist der Klassiker unter allen Worthülsen. Unspezifisch, abgedroschen und nichtssagend. Auch hier fehlen die Bilder.

Diese Art Worthülsen sind völlig ungeeignet einen guten ersten Eindruck von Ihnen zu erzeugen. Der Besucher Ihres Profils denkt sich sinngemäß: »*Schon wieder so ein langweiliges Marketing-Blabla.*« Außerdem sendet der Neuigkeitsdetektor (Hippocampus) im Kopf des Lesers sofort die Signale: uninteressant und nicht bedeutsam. Was das bedeutet, haben Sie sicher schon im Abschnitt »Der Verlust der Informationshoheit« gelesen.

Sie brauchen also spannende, neugierig machende und wirksame Formulierungen, die einladen sich mit Ihnen und Ihrem Profil zu beschäftigen. Dazu stelle ich Ihnen hier in diesem Buch noch mehrere Methoden vor. Unter anderem die „6A-Marketingmethode".

## Fehler Nummer fünf: Fehlende Kontaktpflege

Haben Sie sich im Vorwort zu diesem Buch auch vom Gedanken an Ihre Neukundenquelle inspirieren lassen. Wenn Sie beim Lesen gedacht haben: »*Ja das wäre toll, wenn es das gäbe*«, verrate ich Ihnen jetzt wie Sie diese Quelle für sich erschaffen. Vermeiden Sie einfach den Fehler Nummer fünf. Die Neukundengewinnung läuft in vielen Unternehmen so zielorientiert ab, dass vielfach das eigentliche Ziel aus den Augen gerät. Diese Zielorientierung läuft häufig in den Dimensionen: So viel neue Kontakte ergeben so viele neue Präsentationen, ergeben so viele neue Kunden oder Aufträge. Will der Kunde aktuell nicht kaufen, wird er häufig in einem CRM-System abgelegt. Dort wird er dann in die typischen A-, B- und C-Kategorien degradiert und bestenfalls über Produktneuerungen informiert. Informationen an den Kunden beziehen sich überwiegend auf die Sachebene. Was wird vergessen? Die Beziehung zu den Menschen. *Was soll ich denn machen, ich kann doch nicht alle potenziellen Kunden regelmäßig besuchen,* denken viele Unternehmer an der Stelle. Das ist einer der vielfach unerkannten Vorteile von Social-Media-Netzwerken. Sie bieten die Möglichkeit, ein Netzwerk von Tausenden Kontakten von Mensch zu Mensch so zu pflegen, dass die mentale Vertrauensverankerung entsteht. Das große Problem in der Kundengewinnung ist, dass wir oft nicht wissen, wann im Kopf eines Kontaktes der Gedanke an die Lösung eines Problems und damit Bedarf entsteht. Der Einzige, der das weiß, ist der potenzielle Kunde selbst. Daher lautet Ihre Aufgabe, sich so vertrauensvoll in den Kopf Ihrer Kontakte einzunisten, dass wenn der Bedarf entsteht, Ihr Kontakt sofort an Sie denkt. Das ist die mentale Vertrauensverankerung. Deswegen müssen Sie die Pflege der Kontakte in Ihren Social-Media-Netzwerken vor allem dazu nutzen, um das Vertrauen zu Ihnen stufenweise auszubauen. Ein so gut gepflegtes Netzwerk an passenden Kontakten in den geeigneten Social-Media-Netzwerken entwickelt sich nach einer gewissen Zeit zu genau dieser, regelmäßig sprudelnden Neukundenquelle. In der Praxis bedeutet das, Kunden kommen von allein auf Sie zu und Sie werden öfter weiterempfohlen.

Daher lassen Sie uns nun beginnen, diese Quelle für Sie aufzubauen.

# Der Social-Media-Schlüssel für die Kundengewinnung

Die faszinierenden Wachstumszahlen der großen Social-Media-Netzwerke zeigen, dass die Menschen sich gern vernetzen. In den für Ihre Kundengewinnung geeigneten Social-Media-Netzwerken, müssen Sie sich an einer gut sichtbaren, zentralen Stelle platzieren. Von dort aus halten Sie die Fäden in der Hand und pflegen die Verbindung zu den Kontakten.

Alles, was Sie für die erfolgreiche Kundengewinnung in Social-Media-Netzwerken brauchen, finden Sie in dieser Formel:

**Der Social-Media-Schlüssel für die Kundengewinnung =**
**Exp × (GeE + dEP + K) × V**

Sieht die Formel in Ihren Augen kompliziert aus? Ist sie auch, zumindest so lange, wie Sie Ihnen nicht in Fleisch und Blut übergegangen ist.

**ExP** steht für Ihre Expertenpositionierung.

**GeE** steht für Guter erster Eindruck.

**dEP** steht für den digitalen Elevator Pitch.

**K** steht für passende Kontakte.

**V** steht für Vertrauen.

Wie Sie am Aufbau der Formel erkennen, nützen Ihnen weder viele Kontakte noch ein guter erster Eindruck allein, wenn diese Kontakte Ihnen nicht vertrauen. Ein wesentliches Element für den Vertrauensaufbau ist Ihr Expertenstatus. In den folgenden Kapiteln nehme ich Sie mit auf eine spannende Reise durch den Dschungel der neuen Möglichkeiten und zeige Ihnen, wie Sie jeden einzelnen Bestandteil der Formel für sich nutzen und in den für Sie relevanten Social-Media-Netzwerken umsetzen.

## Ihre Expertenpositionierung (ExP)

Die wichtigste Grundlage für die Kundengewinnung in Social-Media-Netzwerken ist eine wirksame Positionierung. Sie ist wie das Fundament bei einem Hausbau. Nach Fertigstellung ist es nicht mehr zu sehen, hat aber eine tragende Rolle. So ist Ihre Positionierung auch Grundlage für die Vermittlung des guten ersten Eindrucks bei Ihren potenziellen Kunden.

Bei allen Aktivitäten zur Kundengewinnung dürfen wir das Grundmotiv der Menschen in Social-Media-Netzwerken nie außer Acht lassen: Menschen wollen sich mit anderen interessanten Personen vernetzen. Dieses Vernetzungsmotiv ist so alt wie die Menschheit selbst. Schon die Urmenschen haben sich in Höhlen zu sozialen Gruppen vernetzt. Der Ausstoß aus einer Gruppe und der Höhle bedeutete den sicheren Tod. Selbst wenn die Gefahren heute nicht mehr so groß sind, ist das Motiv im Prinzip noch das Gleiche. Dieses Urmotiv führt auch heute noch zur Gründung von Vereinen und Stammtischen.

Social-Media-Netzwerke machen dies nun in der virtuellen Welt, in deutlich größerem Umfang möglich. Jeder Selbstständige kann heute ein Netzwerk von über 50 000 Kontakten knüpfen und pflegen. Diese Dimensionen sind mit herkömmlichen Mitteln kaum realisierbar. Kein Selbstständiger kann 50 000 persönliche Gespräche führen, um neue Kontakte zu gewinnen und sich potenziellen Kunden vorzustellen. Erst Recht ist nicht daran zu denken, 50 000 Kontakte mit herkömmlichen Mitteln zu pflegen.

Wie gewinnen Sie so ein großes Netzwerk an potenziellen Kunden in Social-Media-Netzwerken? Die Grundlage dafür ist, dass Sie aus Sicht der Kontakte, die Sie gewinnen wollen, auf den ersten Blick als interessant gelten. Das aktiviert das Motiv, sich mit Ihnen zu vernetzen. Gelten Sie als interessant, werden Sie öfter weiterempfohlen. In Social-Media-Netzwerken folgt die Empfehlung anderen Regeln, als wir das aus dem herkömmlichen Marketing kennen. Wahrscheinlich denken Sie auch, dass ein Kunde Sie nur dann empfehlen würde, wenn er Ihre Leistungen schon genutzt hat und sehr zufrieden ist. In Social-Media-Netzwerken steht der Vernetzungsgedanke mit interessanten Personen im Vordergrund. Empfehlungen werden hier eher für interessante Kontakte ausgesprochen. Diese Dynamik sorgt für ein schnelleres Wachstum Ihres Netzwerkes.

Was müssen Sie nun tun, um aus Sicht der Kontakte, die Sie gewinnen wollen, auf den ersten Blick als interessant wahr genommen zu werden? Machen Sie es anders, angenehm anders, als alle anderen in Ihrer Branche. Das ist die 6A-Marketingmethode (angenehm anders, als alle anderen arbeiten), um herauszustechen.

Sind Sie in der paradiesischen Situation, dass Sie der einzige Anbieter von Ihren Produkten oder Leistungen in Ihrer Branche sind? Wenn nicht, müssen Sie sich immer und überall gegen Ihre Wettbewerber durchsetzen. Soll sich ein Kunde für Sie entscheiden, braucht er klar erkennbare Kriterien. Wenn Sie diese nicht liefern, sucht sich der Kunde selbst welche. Oft ist dann der Preis das klar erkennbarste Kriterium. Das ist der Anfang des ungeliebten Preiskampfes.

Da Sie auch außerhalb von Social-Media-Netzwerken eine klar erkennbare Positionierung benötigen, wollen wir uns nun etwas intensiver mit Ihrer Positionierung beschäftigen. Denn eine klar erkennbare und gute Positionierung hilft Ihnen, in Social-Media-Netzwerken auf den ersten Blick als interessant wahrgenommen zu werden. Sie gibt Ihnen Rückenwind in allen Phasen der Kundengewinnung.

### Die Wahrnehmungsfalle

Machen wir ein kleines Experiment. Sie werden in den nächsten Zeilen einige ganz bekannte Sprüche und Weisheiten lesen, die Sie sicher schon tausendmal wahrgenommen haben. Lesen Sie es bitte und versuchen auf einen Blick und ganz spontan zu erfassen, was da steht.

*Der frühe Vogel*
*fängt den fetten Wurm.*

*Die dümmsten Bauern*
*ernten die größten Kartoffeln.*

*Der Spatz in der*
*der Hand ist besser*
*als die Taube auf dem Dach.*

Sicher haben Sie die Sprüche sofort wiedererkannt, oder? Auch die Bedeutung ist Ihnen klar. Das menschliche Gehirn ist so programmiert, dass es immer versucht die anstehenden Aufgaben mit dem kleinsten Energieeinsatz zu bewältigen. Erkennt das Gehirn etwas, dass schon mehrfach wahrgenommen und abgespeichert wurde, macht es sich nicht die Mühe, das tatsächlich dort stehende zu verarbeiten. Stattdessen präsentiert es Ihnen die Inhalte, die schon abgespeichert waren. Das bedeutet, Sie nehmen bewusst gar nicht wahr, was dort real zu lesen ist, sondern werden Opfer der Wahrnehmungsfalle. Haben Sie wirklich das gelesen, was in den bekannten Weisheiten steht? Lesen Sie es bitte nochmal. Wenn Ihnen der Schreibfehler in der letzten Weisheit bisher nicht aufgefallen ist, sind Sie gerade selbst Opfer der Wahrnehmungsfalle geworden.

Aufmerksamkeit ist ein sehr scheues und schnell verschwundenes Reh. Durch die massiv zunehmende Reizüberflutung mit Informationen über alle Kanäle, sind wir heute gezwungen, Informationen schneller zu filtern und effizienter zu verarbeiten. Informationen in Social-Media-Netzwerken werden überwiegend am Bildschirm wahrgenommen. Für das menschliche Auge ist es ungleich schwerer, komplexe Informationen auf Bildschirmen zu erfassen. Die Aufmerksamkeit lässt um ein vielfaches schneller nach.

Wenn Sie von einem potenziellen Kunden auf den ersten Blick als etwas erkannt werden, das dieser schon von Hunderten Ihrer Wettbewerber kennt, haben Sie folgendes Problem. Ihre Informationen, die Sie verwenden, um als interessant zu wirken, werden wahrscheinlich gar nicht richtig wahrgenommen. Ihre Präsentation wird Opfer der Wahrnehmungsfalle bei Ihren potenziellen Kunden. Deswegen müssen Sie herausragend anders sein. Die gute Botschaft lautet: Sie müssen weder herausragend besser noch herausragend billiger sein als Ihre Wettbewerber. Es reicht, wenn Sie als andersartig wahrgenommen werden.

### Der Weg zur Andersartigkeit, Ihre ideale Positionierung

Warum ist die Positionierung so unverzichtbar wichtig? Sie führt Sie zu der, in Social-Media-Netzwerken so wichtigen, interessanten Darstellung Ihrer Person oder Ihres Unternehmens. Besondere Menschen oder Menschen, die etwas Besonderes machen, sind immer interessanter und werden schneller bekannt. Die Menschen, die das machen, was alle anderen auch tun, die kennt man kaum. Im deutschsprachigen Raum gibt es Hunderte sehr gute Bergsteiger. Aber nur einer ist nahezu jedem bekannt. Warum ist Reinhold Messner so bekannt? Er hat etwas anders gemacht. Er ist als erster ohne Sauerstoff auf den höchsten Berg der Welt geklettert. Er hat als erster Bergsteiger alle 14 Achttausender ohne Sauerstoff bestiegen. Er hat es anders gemacht, als alle vor ihm und er hat es als Erster gemacht. Das ist für Ihre Positionierung der Idealfall. Können Sie etwas anders machen, was keiner Ihrer Wettbewerber vorher gemacht hat? Wenn Sie das noch nicht können, dann finden Sie vielleicht einen Weg, um so etwas zu entwickeln.

Das ist der erste Schritt auf dem Weg zu Ihrer idealen Positionierung. Analysieren Sie Ihre Branche und Ihre Wettbewerber. Sicher werden Sie schnell feststellen, dass es sehr viele Gemeinsamkeiten gibt. Ähnliche Ideen führen zu ähnlichen Angeboten, die im schlimmsten Fall noch zu ähnlichen Preisen verkauft werden. Versuchen Sie etwas zu finden, dass in Ihrer Branche noch nicht gemacht wird. Sind Sie mutig und fangen Sie an zu spinnen. Setzen Sie sich für eine Stunde hin und lassen mal jede verrückte Idee zu. Begrenzen Sie sich in dieser Phase nicht durch Gedanken wie diese: Das macht ja noch keiner, das glaubt uns keiner, das ist noch nie so gemacht worden, das ist ja total durchgeknallt, das wird nie funktionieren. Reinhold Messner wäre niemals als Erster auf dem Mount Everest angekommen, wenn er im Basislager gedacht hätte: »Das wird nie funktionieren.«

Finden Sie keine passende Idee? Anregungen finden Sie auch in anderen Branchen. Was ist in anderen Branchen schon üblich, was in Ihrer Branche noch nicht gemacht wird? Das müssen nicht immer die Produkte oder Dienstleistungen selbst sein. Suchen Sie zum Beispiel danach, wie diese ausgeliefert werden, wie diese mit anderen passenden Lösungen kombiniert werden können.

Verzweifeln Sie aber nicht, wenn Ihnen im ersten Anlauf nichts Brauchbares einfällt. Sammeln Sie alle Ideen und nehmen sich immer mal wieder eine Stunde Zeit, um weitere Ideen zu sammeln. Wenn Sie das regelmäßig einplanen, verändert sich Ihre Wahrnehmung. Je öfter Sie neue und vielleicht sogar verrückte Ideen sammeln, desto mehr wird Ihr Bewusstsein in diese Richtung geprägt. Die Folge davon: Sie sind offener für neue und ungewöhnliche Denkweisen. Sie nehmen neue Ideen aus anderen Branchen schneller und leichter wahr. Es fällt Ihnen leichter, aus diesen Ideen andere Anregungen für Ihre Angebote zu adaptieren.

Es wäre zwar der Idealfall, dass Sie der Erste sind, der diese neue Idee hat. Das ist aber nicht zwingend. Viel wichtiger ist, dass Sie der Erste sind, der diese Idee in Ihrer Branche einsetzt.

Onlineseminare und e-Learning gibt es in der Weiterbildungsbranche schon lange. Das wird bereits bei vielen Kunden eingesetzt. Es gibt sogar eine eigene Messe für das Thema e-Learning. Das Thema ist also an sich nicht neu.

Genauso wenig sind klassische Seminare zum Thema Verkauf, Kommunikation und Kundengewinnung neu. Es gibt Tausende, kaum zu überblickende Angebote.

Der erste der daraus einen mehrteiligen Onlinekurs zum Thema Marketing und Kundengewinnung gemacht hat, bin ich. In dem Marktsegment des Verkaufs- und Kommunikationstrainings war das im Herbst 2010 total neu. Seitdem haben über 700 Teilnehmer diesen Kurs besucht. Das neue an diesem andersartigen Angebot ist die Kombination aus zwei grundsätzlich vorhandenen Angeboten.

Wie bin ich auf diese neue Idee gekommen und wie schaffen auch Sie das? Die 16 Fragen zur Positionierung, die Sie etwas weiter hinten im Buch kennenlernen, zeigen Ihnen den Weg. Dort erläutere ich Ihnen auch, wie ich mit Hilfe dieser 16 Fragen auf die Idee mit diesem Onlinekurs gekommen bin.

Trotzdem wird es nicht immer gelingen, dass Sie mit einer Idee oder einer neuen Kombination der Erste in Ihrer Branche sind. Verzagen Sie nicht. Das ist zwar der Idealfall, aber nicht zwingend notwendig. Die schon angedeutete Andersartigkeit ist allerdings zwingend notwendig, um aus der Schar der Wettbewerber herauszuragen. Anders bedeutet aber nicht zwingend der Erste sein zu müssen. Anders bedeutet vor allem, dass Sie sich positionieren. Positionierung bedeutet vor allem, dass Ihre potenziellen Kunden auf den ersten Blick wahrnehmen, wofür Sie stehen und warum dieser Kunde Sie beauftragen soll.

Machen wir jetzt einen kleinen Selbsttest. Keine Angst, er dauert nur eine Minute. Damit Ihnen der Test eine wertvolle Erkenntnis bringt, handeln Sie jetzt spontan. Antworten Sie also auf die folgende Frage, ohne erst lange darüber nachzudenken. Nehmen wir an, Sie haben einen Interessenten, der sich mit dem Gedanken trägt, Ihr Kunde zu werden oder Ihre Angebote zu kaufen. Dieser stellt nun folgende Frage: »Warum genau soll ich mich für Sie entscheiden?« Jetzt antworten Sie, spontan und ohne lange nachzudenken.

Haben Sie erst überlegen müssen, was Sie antworten? Haben Sie dann so oder ähnlich geantwortet: weil ich gute Angebote habe, weil ich sehr kompetent bin, weil ich 20 Jahre Branchenerfahrung habe, weil ich die beste Lösung biete? Dann sind Sie in guter Gesellschaft. Herzlich willkommen im Club der Unternehmen, die nicht wirksam positioniert sind. Kunden dieser Unternehmen zeichnen sich übrigens dadurch aus, dass sie Angebote lange vergleichen, häufig nach Rabatten fragen und dann doch woanders kaufen. Gefällt Ihnen das? Wenn Sie dieses Problem lösen wollen, kündigen Sie als Erstes Ihre Mitgliedschaft im Club der schlecht oder gar nicht positionierten Unternehmen.

Solche Antworten locken nämlich keinen Kunden hinter dem Ofen hervor. Warum? Das behaupten Ihre Wettbewerber nämlich auch, dass sie die besten oder erfahrensten sind. Ihr Kunde denkt sich unbewusst: »Schon wieder so ein Langweiler, der das gleiche Bla Bla erzählt, wie alle anderen.« Sie wirken aus Sicht des Kunden nicht interessant. In Social-Media-Netzwerken wird sich so kaum ein Kunde mit Ihnen beschäftigen wollen. Diese Frage stellen sich übrigens alle interessierten Kunden, die Ihr Profil in einem Social-Media-Netzwerk gezielt besuchen, um sich über Ihre Angebote zu informieren. Wie Sie schon erfahren haben, ist diese Frage eine der typischen unausgesprochenen Leserfragen.

Außerdem fehlen in den Antworten auf diese Frage Ihres Kunden zwei wichtige Teile. Ihr Kunde erfährt nicht, was Sie von anderen Anbietern unterscheidet. Ihr Kunde benötigt aber zwingend diese Unterscheidungskriterien, um sich für Sie zu entscheiden. Außerdem fehlt Ihrem Kunden etwas, was ihn noch viel mehr als Antwort interessiert: Wo konkret und was genau ist mein Nutzen? Die Aussage, dass Sie 20 Jahre Branchenerfahrung haben, ist nämlich aus Sicht Ihres Kunden kein Nutzen. Auch Angebotsdetails, die herausragend sind, stellen oft noch keinen Nutzen dar. Wenn Sie beispielsweise antworten: »Unsere Bohrmaschine hat die stärkste Motorleistung unter allen Angeboten«, ragt das zwar heraus, ist aber noch kein Nutzen. Der Nutzen für den Kunden folgt nämlich erst aus dieser Eigenschaft. Ihr Kunde könnte zum Beispiel schneller und mehr Löcher bohren. Dann könnten Sie auf die oben gestellte Frage antworten: »Unsere Bohrmaschine hat die stärkste Motorleistung im gesamten Markt. Das bedeutet, Ihre Mitarbeiter können in der gleichen Zeit doppelt so viele Löcher bohren. Sie sparen Zeit und Lohnkosten. Ihr Kunde ist begeistert, weil die Bauarbeiten 2 Tage eher fertig sind.« Diese Antwort bedarf aber einem Bewusstsein für Ihre Positionierung.

Wenn Sie mit Ihrem Unternehmen beispielsweise Bohrmaschinen herstellen, sind Sie einer von vielen Wettbewerbern. Wenn Sie sich stattdessen als Experte für das schnelle Anfertigen und Bohren von Löchern im Baugewerbe spezialisieren, werden Sie nicht mehr als einer von vielen Herstellern angesehen und verglichen. Sie werden als Experte wahrgenommen. Das hat den Vorteil, dass Sie einen viel größeren Vertrauensvorschuss genießen. Kunden vertrauen Experten. Experten sind interessanter als Hersteller von Bohrmaschinen.

Außerdem hat so eine Spezialisierung für Sie einen gewaltigen Vorteil. Sie bringt Ihnen schneller neue Ideen, auf die Ihre Wettbewerber noch nicht gekommen sind. Wenn Sie sich auf die Lösung eines dringenden Problems spezialisieren, in unserem Beispiel das schnellere Anfertigen von Löchern, dann kommen Sie vielleicht auf die Idee, dass die Lösung gar nicht in der Entwicklung von immer stärkeren Bohrmaschinen liegt, sondern in der Entwicklung eines neuen Bohrers. Die Ursache dieser neuen und herausragenden technologischen Fortschritte ist die Positionierung als Spezialist für die Lösung dieses Problems.

Es gibt sogar Unternehmen, die sich darauf spezialisiert haben, immer als erste die Lösung für neue Probleme zu haben. Das bringt eine herausragende Positionierung. Welcher Markenname fällt Ihnen ein, wenn Sie an einen Dübel denken? Ist Ihnen die Firma »Fischer Dübel« eingefallen? Die Entwickler dieses Unternehmens arbeiten nach dem Motto »Wir finden Lösungen für Probleme, auf die unsere Kunden noch gar nicht gekommen sind.«

**Die 16 Fragen für eine gelungene Positionierung**

Die Positionierung als Experte in Ihrer Branche ist die wirksamste Marketingmethode für Selbstständige und mittelständische Unternehmen. Die folgenden Fragen helfen Ihnen diese Positionierung zu entwickeln. Die Fragen bauen aufeinander auf. Manche mögen Ihnen doppelt vorkommen. Das hat seinen Sinn. Bitte nehmen Sie sich etwas Zeit und beantworten Sie alle Fragen der Reihe nach. Beantworten Sie die Fragen bitte schriftlich. Das zwingt zur Klarheit. Erst dann, wenn Sie die Antworten auch schriftlich formulieren können, haben Sie die nötige Klarheit. Außerdem können Sie so die Antworten leichter reflektieren, weiterentwickeln und mit der alten Version vergleichen. Sie machen so Ihre Fortschritte sichtbar. Das motiviert auf einem Weg zur leichteren Gewinnung der passenden Kunden, der vielleicht sogar völlig neu für Sie ist. Es kann sein, dass Ihnen dieser Weg zu Ihrer Positionierung lang, verworren und voller unbekannter Dinge vorkommt. Haben Sie im Vorwort die Geschichte mit der Schatzkarte gelesen? Dieses Buch ist der Führer durch diesen Dschungel. Vertrauen Sie Ihrem fachkundigen Führer.

1. **Wofür stehen meine Dienstleistung oder meine Angebote genau?** Beschreiben Sie Ihre Angebote so, als ob Sie diese einem Kunden vorstellen würden. Daraus gewinnen Sie einen Blick aus Sicht des Kunden auf Ihre Angebote.

2. **Was genau ist der Nutzen aus meinen Angeboten für den Kunden?** Sammeln Sie zunächst alle Dinge, von denen Sie glauben, dass diese einen Nutzen für den Kunden haben. Bitte vergleichen Sie später die hier gewählten Nutzenformulierungen mit dem, was Sie im Kapitel Nutzenargumentation noch zu diesem Thema lernen.

3. **Warum sollten Kunden ausgerechnet mich oder mein Unternehmen buchen bzw. beauftragen?** Diese Frage stellt sich jeder Ihrer potenziellen Kunden. Je besser, klarer und frühzeitiger Sie diese Fragen beantworten können, desto schneller gewinnen Sie neue Kunden. Sammeln Sie zunächst alle Argumente, die dafür sprechen, dass Sie für den Kunden genau der Richtige sind. Wir werden das später noch verfeinern.

4. **Warum und wodurch unterscheide ich mich so klar von meinen Mitbewerbern, dass meine Kunden dies sofort wahrnehmen?** Auch diese Frage stellt sich Ihr potenzieller Neukunde. Er sucht nach Kriterien, die es ihm leicht machen, sich zu entscheiden. Wenn Sie hier keine wirksamen Antworten haben, fällt es Ihrem Kunden schwer, sich für Sie zu entscheiden. Sammeln Sie hier zunächst alle Argumente, die Ihnen einfallen.

5. **Was ist genau der Nutzen dieser Unterschiede?** Diese Frage dient der Vertiefung von Frage Nr. 4. Haben diese Unterscheidungsmerkmale keinen Nutzen, bringen Sie kaum neue Kunden. Gleichen Sie die, hier gefundenen Nutzen mit dem ab, was Sie im Kapitel Nutzenargumentation noch zu diesem Thema lernen.

6. **Welches Problem wird in meiner Zielgruppe als brennend empfunden? Hier geht es um das subjektive Empfinden der Zielpersonen.** Finden Sie den KBF, den Kittel-Brenn-Faktor. Der KBF ist ein von Ihrem potenziellen Kunden als emotional belastend empfundenes Problem. Wenn Sie Ihrem Kunden klar aufzeigen, dass Sie seine Probleme lösen, wirken Sie attraktiv und interessant. Der erste Vorteil bei der Suche nach den Kittel-Brenn-Faktoren Ihrer Kunden ist: Jeder potenzielle Kunde hat einen oder sogar mehrere KBF. Zweiter Vorteil: Die meisten potenziellen Kunden wollen ihren KBF schnell loswerden. Es steckt also in jedem KBF ein Handlungsmotiv drin. Suchen Sie nach dem stärksten KBF, den Sie am schnellsten lösen können. Das ist ein entscheidender Teil auf dem Weg zu einer hervorragenden Positionierung. Das wird uns an verschiedenen Stellen hier im Buch noch intensiver beschäftigen.

7. **Welche Problemlösung hätte für meine Zielgruppe den größten Wert?** Das Problem, dessen Lösung den größten Wert hat, sollten Sie in Ihrer Kommunikation zur Kundengewinnung besonders betonen. Wenn Sie in der Frage 6 mehrere KBF's gefunden haben, helfen Ihnen die Antworten auf diese Frage hier, den besten KBF und die Lösung dafür auszuwählen.

8. **Gibt es eine Zielgruppe, in der diese Probleme am größten sind, wenn ja welche?** Suchen Sie weniger nach einer klassischen Zielgruppendefinition, sondern eher nach einer Leidenszielgruppe. Wenn diese Zielgruppe groß genug ist und Sie die

Frage Nr. 9 auch positiv beantworten können, dann spricht vieles dafür, sich auf diese Zielgruppe zu spezialisieren.

9. **Zu welchen Zielgruppen besteht eine besondere Affinität?** Die hier gefundenen Zielgruppen haben den Vorteil, dass sie Ihnen automatisch mehr vertrauen. Zu affinen Zielgruppen haben Sie einen leichteren Zugang. Sie sprechen deren »Sprache« oder kennen deren Besonderheiten besser.

10. **Welche Zukunftspotenziale bietet meine Positionierung und Spezialisierung?** Haben Sie eine erste Idee von einer möglichen Positionierung? Da hilft Ihnen diese Frage, die Zukunft dieser Positionierung sicher zu stellen. Ist Ihr Angebot von einer technologischen Weiterentwicklung betroffen oder ist diese absehbar? Es macht keinen Sinn sich zu spezialisieren, wenn Ihr Angebot in absehbarer Zeit bereits überholt ist.

11. **Welchen Bedarf in der gewählten Zielgruppe kann ich gut befriedigen?** Haben Sie in Frage 8 und 9 Ihre Zielgruppe gefunden, suchen Sie mit dieser Frage nach weiteren Spezialisierungen innerhalb der Zielgruppe. Spitz statt breit, lautet die Devise. Diese Frage ergänzt die Ideen, die Sie in den Antworten auf die Frage Nr. 7 gefunden haben. Falls Sie Ihre Zielgruppe in Frage 8 und 9 noch nicht gefunden haben, formulieren Sie die Frage um und fragen: Welchen Bedarf anderer Zielgruppen kann ich besonders gut bedienen?

12. **Gibt es etwas, was Kunden nur bei mir bekommen, wenn ja was?** Diese Frage hilft Ihnen die Frage 13 besser zu beantworten.

13. **Was ist meine besondere Alleinstellung und was macht diese für die Zielgruppe unwiderstehlich?** Das ist eine sehr herausfordernde Frage. Sie dient einer ersten Überprüfung der Antworten und der daraus entwickelten Positionierung. Nicht immer werden Sie sofort gute Antworten finden. Wenn Ihnen das noch nicht gelingt, suchen Sie insbesondere auf die Fragen Nr. 6, 7 und 11 neue oder ergänzende Antworten. Erst dann, wenn Sie auf diese Frage eine gute Antwort haben, werden Sie schneller und leichter die passenden Kunden gewinnen. Falls es auch dann noch nicht gelingt, gute Antworten zu finden, fragen Sie, ob es andere Zielgruppen gibt, wo Ihnen das leichter fällt.

14. **Welchen genauen Wert wird ein Entscheider aus der Zielgruppe meinen Angeboten beimessen?** Suchen Sie über die Antworten aus Frage 5 hinaus Argumente, die für Ihre Angebote sprechen.
15. **Was könnte die Zielgruppe davon abhalten, meine Angebote anzunehmen?** Diese Kaufwiderstände gibt es in jeder Branche und Zielgruppe. Sie können die Kontakte fragen, warum diese nicht bei Ihnen gekauft haben.
16. **Unter welchen Umständen würde die Zielgruppe mein Angebot auf jeden Fall annehmen?** Hier finden Sie Lösungen für die Antworten aus Frage 15. Suchen Sie solange, bis Sie wirksame Antworten darauf haben. Finden Sie keine wirksamen Antworten, ist Ihre Positionierung noch nicht optimal.

### Die verschiedenen Arten der Positionierung

Was machen Sie jetzt mit den Antworten auf die 16 Fragen. Ihre Aufgabe lautet: Entwickeln Sie eine wirksame Positionierung. Für die meisten Selbstständigen und mittelständischen Unternehmen kommt eine Positionierung in Form einer Spezialisierung in Frage. Nimmt Ihr potenzieller Kunde Sie als Spezialist wahr, erhalten Sie von Beginn an mehr Vertrauen. Die wirksame Kommunikation Ihrer Spezialisierung ist der einzige Weg um Vertrauen zu erhalten, obwohl der Kunde Sie noch nicht kennt. Angenommen, Sie haben eine schwierige und nicht ganz ungefährliche Operation am Herzen vor sich. Wem würden Sie mehr vertrauen? Dem Chirurgen aus dem örtlichen Krankenhaus, der Erfahrung mit sehr vielen verschiedenen Operationen gesammelt hat? Oder würden Sie dem Herzspezialisten aus der Uniklinik vertrauen, der seit seiner Facharztausbildung ausschließlich Herzoperationen durchgeführt hat, dafür aber wenig Erfahrung mit der Darmchirurgie hat? Bedenken Sie bei Ihrer Entscheidung, dass Sie beide Ärzte nicht kennen. Sie können die Qualität Ihrer Arbeit nicht beurteilen, es sein denn, Sie sind selbst Herzchirurg. Sie waren auch noch nie zu einer Operation bei einem diesen beiden Ärzte.

Wenn Sie sich jetzt für den Herzspezialisten der Uniklinik entscheiden, machen Sie genau das, was Ihre Kunden auch tun. Insbesondere in der Neukundengewinnung, hat Ihr potenzieller Kunde das gleiche Problem, wie Sie bei der Auswahl des Arztes. Ihr Kunde kennt Sie noch nicht, er hat keine Erfahrungen mit Ihnen und er weiß nicht, ob Sie wirklich so gute Angebote haben, wie Sie verprechen. Eine Fehlentscheidung möchte er genauso vermeiden wie Sie bei der Wahl des Arztes. Hinzu kommt, dass Spezialisten auch öfter weiterempfohlen werden. Was würden Sie denn selbst tun, wenn Sie tatsächlich auf der Suche nach einem sehr guten Herzspezialisten wären? Würden Sie Ihren Hausarzt, Freunde und Bekannte nach einer Empfehlung fragen? Wahrscheinlich würde Ihnen dann einer Ihrer Kontakte eine Empfehlung aussprechen, weil er von einem anderen Freund gehört hat, dass dessen Freund eine schwierige Herzoperation hatte und von diesem Spezialisten erfolgreich operiert wurde.

Die Antworten auf die 16 Fragen helfen Ihnen, eine optimale Spezialisierung zu finden. Eine der drei folgenden Arten sich zu spezialisieren, dürfte auch für Sie und Ihre Angebote ein guter Weg sein.

### 1. Die Basisspezialisierung

Die Basisspezialisierung ist eine besonders einseitige oder sehr enge Positionierung. Sie kann dann in Frage kommen, wenn Sie eine besondere Technologie oder Methode entwickelt haben, auf die Sie sich spezialisieren wollen. Es kann aber auch sein, dass Sie sich auf die Herstellung oder den Vertrieb von nur einem oder einigen wenigen verwandten Produkten spezialisieren wollen. Eine Basisspezialisierung kann sich aber auch auf ein spezielles Wissen oder eine besondere Dienstleistung beziehen.

Wie man sich mit einer Basisspezialisierung auf eine spezielle Trainingsmethode eindrucksvoll positionieren kann, zeigen die Beispiele von Hans-Uwe Köhler und Martin Limbeck. Beide sind Verkaufstrainer. Das ist ein Markt mit einer unüberschaubaren Anzahl an Wettbewerbern. Mindestens 20 000 andere Trainer buhlen um die Gunst der Kunden. Beide haben ähnliche Zielgruppen. Kommt Ihnen das bekannt vor? Ist das in Ihrem Markt ähnlich?

Beide Trainer haben mit den von ihnen entwickelten Methoden eine sehr gute Positionierung in einem starken Wettbewerbsmarkt erreicht. Damit haben beide eine sehr gute Andersartigkeit erreicht, obwohl sie im Grunde das Gleiche anbieten. Beide Trainer bieten Verkaufstrainings an.

Hans-Uwe Köhler hat die Methode LoveSelling entwickelt. Das Credo der Methode: »Wer sich verlieben kann, kann auch verkaufen«. Martin Limbeck hat eine gänzlich andere Methode, das neue Hardselling®, entwickelt und sich darauf spezialisiert. Schon der Name der Methode zeigt, dass er einem anderen Ansatz folgt.

Beide haben mit der Spezialisierung auf Ihre jeweiligen Methoden und der daraus entwickelten Positionierung großen Erfolg. Beide gehören zu den bekanntesten Verkaufstrainern in Deutschland. Sie ragen andersartig aus der Masse der Wettbewerber heraus.

### Tipps für eine Basisspezialisierung

Geben Sie der Methode oder der Technologie, die Grundlage für Ihre Basisspezialisierung ist, einen markanten Namen. Der Name sollte auf das hinweisen, was die Methode leistet. Beide Trainer haben das Wort »Selling« im Namen der Methode verwendet. Dieser Name sollte einzigartig sein. Das legt die Vermutung nahe, dass auch die Methode einzigartig ist. Dadurch heben Sie sich leichter von den Wettbewerbern ab. Bei beiden Verkaufstrainern bekommen Teilnehmer ihrer Trainings-Methoden vermittelt, die es auch bei anderen Trainern gibt. Es muss also nicht die ganze Dienstleistungs- oder Angebotspalette der Methode neu oder anders sein, es reicht, wenn Sie einige passende Methoden oder Technologien zusammenfassen und dem Kind einen neuen Namen geben.

Bei allem Erfolg dieser beiden Trainer wollen wir die Nachteile einer Basisspezialisierung nicht verschweigen. Die Basisspezialisierung ist eine besonders enge Spezialisierung. Kunden suchen aber zur Lösung ihrer Probleme nicht immer nach einer speziellen Methode. Oft kennen sie diese Methode ja noch gar nicht. Kunden suchen Lösungen für ihr Problem. Angenommen ein Personalentwicklungsleiter eines Unternehmens bekommt den Auftrag, einen Trainer für die Steigerung der Verkaufsumsätze im Außendienst zu finden. Vermutlich wird er weder nach LoveSelling noch nach Hardselling® suchen. Im Grunde dürfte es ihm sogar egal sein, wie die Methode heißt, Hauptsache das Problem wird gelöst. Wenn die gewählte Methode oder Technologie starken oder schnellen Entwicklungen unterliegt, ist eine Basisspezialisierung darauf nicht dauerhaft von Erfolg gekrönt. Wenn sich ein Unternehmen heute auf die Herstellung von CD-Rohlingen spezialisiert, kann es schnell von der Weiterentwicklung der Speichertechnologien oder der Änderung des Nutzerverhaltens überholt werden. Jugendliche kaufen heute schon weniger Musik-CDs. Sie laden ihre Musik einfach aus dem Internet runter.

## 2. KBF-Spezialisierung

Die Nachteile der Basisspezialisierung führen uns zur Spezialisierung auf die Lösung eines oder mehrerer brennender Probleme, der Kittel-Brenn-Faktoren Ihrer Kunden. Diese Spezialisierung positioniert Sie als Experten für die Lösung der Kundenprobleme. Das bringt zwei entscheidende Vorteile. Erstens bringen Ihre Kunden den Wunsch und damit das Motiv, Sie zu beauftragen, schon mit. Der Kunde will sein Problem gelöst haben. Zweitens genießen Sie aus Sicht des Kunden mehr Vertrauen, wenn Sie sich auf die Lösung seines konkreten Problems spezialisiert haben. Ein Beispiel macht das deutlich. Nehmen wir an, dass der Personalentwicklungsleiter für die Verkäufer seines Unternehmens ein Verkaufstraining sucht. Dieses Unternehmen verkauft technologisch anspruchsvolle Investitionsgüter. Daher sind alle Verkäufer des Unternehmens Ingenieure. Wer hat wohl die besseren Chancen den Trainingsauftrag zu bekommen? Der Loveseller, der Hardseller oder der Verkaufstrainer, der sich auf die Probleme im Verkauf durch Ingenieure im Bereich Investitionsgüter spezialisiert hat?

Der bekannteste Feuerwehmann der Welt, der Texaner Red Adair hat sich auf das Problem der Löschung von komplizierten Großbränden spezialisiert. Seine Methoden waren so speziell, dass er immer dann gerufen wurde, wenn die örtlichen Feuerwehren keinen Ausweg mehr fanden. Bekannt wurde er 1962 erstmalig, als er die bereits sechs Monate brennende Gasquelle in der algerischen Sahara löschte[17]. Infolge dessen wurde er weltweit immer dann gerufen, wenn es im wahrsten Sinn des Wortes ein brennendes Problem gab.

### Tipps für eine KBF-Spezialisierung

Wenn Sie in der Frage 6 und 7 der weiter vorn beschriebenen 16 Fragen zur Positionierung einen weit verbreiteten Kittel-Brenn-Faktor herausgearbeitet haben, dann ist das sicher ein erster guter Ansatz, eine Spezialisierung auf die Lösung dieser Probleme zu ent-

---

[17] http://de.wikipedia.org/wiki/Paul_Neal_Adair

wickeln. Provokant formuliert: Ihre Kunden wollen lediglich ihre Probleme gelöst haben, die Methode ist sekundär. Stellen Sie fest, dass Ihre Kunden mehrere ähnliche Probleme haben, dann fassen Sie diese zusammen. Sie spezialisieren sich dann auf die Lösung dieser Problemgruppe. Um nicht an Glaubwürdigkeit zu verlieren, sollten die Probleme in Ihrer Spezialisierung aber zusammen passen. Geben Sie Ihrer Spezialisierung dann einen markanten Namen, der auf die Lösung der Probleme schließen lässt.

### 3. Die Zielgruppen KBF-Spezialisierung

Diese Form der Spezialisierung ist eine besonders spitz auf einen Punkt gerichtete Positionierung. Sie beinhaltet einerseits die Spezialisierung auf die Lösung eines oder mehrerer brennender Probleme. Andererseits fokussiert sie sich zusätzlich auf eine oder wenige Zielgruppen, die diese Probleme am stärksten haben. Diese Spezialisierung ist in vielen Fällen die wirksamste. Ein Beispiel: Nehmen wir an, ein Steuerberater aus München sucht eine Agentur, die ihm hilft, seine Webseite in Google besser zu platzieren. Sein Problem lautet: Mehr Kunden über das Internet gewinnen. Er sucht im Internet nach passenden Agenturen und zieht zwei in die engere Wahl. Die erste ist eine große Werbeagentur mit mehreren Niederlassungen in allen großen deutschen Städten. Diese Agentur beschäftigt über 300 Mitarbeiter und bietet neben der Webseitenprogrammierung auch Grafikdienstleistungen für Flyer und Visitenkarten, PR-Beratung und auch Suchmaschinenoptimierung an. Das alles bietet diese Agentur sowohl kleinen und mittelständischen Unternehmen, als auch internationalen Konzernen an. Die andere Agentur, die unser Steuerberater gefunden hat, besteht nur aus zwei Mitarbeitern. Auf der Webseite dieser Agentur ist zu lesen, dass Sie nur für Steuerberater und Rechtsanwälte arbeitet und deren Webseiten optimiert. Sie sorgt dafür, dass die Webseiten der betreuten Steuerberater und Rechtsanwälte in Google unter die Top 10 kommen und dort dauerhaft bleiben. Zusätzlich optimiert diese Agentur die Webseiten von Steuerberatern so, dass nicht nur mehr Besucher auf diese Seite kommen, sondern auch mehr Auftragsanfragen daraus entstehen. Dann ist da noch zu lesen, dass diese Agentur in München ein Büro hat und seit 10 Jahren nur für Kunden aus München und dem Umland arbeitet. Welche Agentur hätte in diesem Beispiel die besseren Chancen, diesen Auftrag zu bekommen? Die große international tätige oder die Münchner Agentur, die auf Steuerberater in München spezialisiert ist?

Selbst wenn die Leistungen der großen Agentur besser sein sollten, wird sich der Steuerberater vermutlich für die kleine Agentur entscheiden.

### Tipps für eine Zielgruppen KBF-Spezialisierung

Wenn Sie eines oder mehrere brennende Probleme gefunden haben, dann fragen Sie einfach: In welcher Zielgruppe sind diese Probleme am stärksten oder am weitesten verbreitet? Schauen Sie dazu am besten in die Antworten zu den Fragen 6, 9 und 11 der 16 Fragen zu Ihrer Positionierung. Speziell dann, wenn es mehrere Zielgruppen gibt, die diese Probleme haben, sollten Sie eine Zielgruppe herausarbeiten, die folgende Kriterien erfüllt: 1. Sie haben eine gute Affinität zur Zielgruppe. 2. Die Zielgruppe ist groß genug. 3. Das Problem ist auf lange Sicht in der Zielgruppe vorhanden. 4. Die Zielgruppe kann und will sich eine Lösung leisten.

## Befürchtungen und Ängste bei einer Spezialisierung

Spezialisierung bedeutet vielfach, sich von gewohnten Zielgruppen, eingefahrenen Wegen und bisherigen Methoden zu verabschieden. Wenn Sie bisher viele Angebote für sehr viele verschiedene Zielgruppen hatten, kann das schnell ein ungutes Gefühl, auch ein bisschen Angst auslösen, wenn Sie sich von einigen trennen müssen. Werde ich noch genügend Aufträge gewinnen, wenn ich nur noch wenige Zielgruppen bediene? Diese Befürchtungen sind nachvollziehbar, aber in den meisten Fällen unberechtigt. Die meisten Unternehmen sind in Ihrer Angebotspalette zu breit aufgestellt. Das Motto lautet dann: Je größer die Angebotspalette, desto mehr Kunden kommen in Frage. Genau das Gegenteil ist sehr oft der Fall.

Für die Kundengewinnung in Social-Media-Netzwerken ist eine gelungene Positionierung unverzichtbar wichtig. Sie wirken umso interessanter, wenn Sie klar erkennbar und konsequent spezialisiert sind.

Außerdem bedeutet Spezialisierung vor allem die Fokussierung in Ihrer Kommunikation nach außen. Ihre Kunden müssen Sie als Experte, als Spezialist wahrnehmen. Das heißt nicht, dass Sie Ihren neuen Kunden, die Sie schneller und leichter über eine gelungene Positionierung gewinnen, auf deren Nachfrage oder bei Bedarf nicht ein paar Ihrer anderen Angebote vorstellen. Haben Sie das Vertrauen eines Kunden erst gewonnen, leidet die Glaubwürdigkeit durch eine breitere Angebotspalette nicht mehr so sehr.

Das Motto lautet: Nach außen spitz, nach hinten breit.

## Das Ziel: Ihre Marketing-Speerspitze

Im Marketing und der Kundengewinnung gibt es in allen Unternehmen begrenzte Mittel und Ressourcen. Wie setzen Sie diese so ein, dass Sie den größten Nutzen, die besten Aufträge und Kunden gewinnen? Indem Sie einen großen Teil dieser Mittel und Ressourcen auf einen Punkt konzentrieren. Wie bei einem Speer wird die ganze Kraft auf die Spitze geleitet. Damit hat der Speer bessere Chancen, einen Widerstand zu überwinden als eine Keule. Die meisten Unternehmen schwingen aber im Marketing die große Keule der breiten Angebotspalette und erschlagen damit im übertragenen Sinn viele potenzielle Kunden. Derartig erschlagene Kunden verabschieden sich dann aus einer Präsentation oft mit Aussagen wie: »Das überlegen wir nochmals in Ruhe.« Oder etwas deutlicher: »Wir werden das jetzt erst noch mit ein paar anderen Angeboten vergleichen.« Schon sind Sie in der Vergleichbarkeitsfalle gefangen.

In jedem Markt, in jeder Zielgruppe und in jedem Kundengewinnungsprozess gibt es Widerstände zu überwinden. In Social-Media-Netzwerken können Sie oft nur schriftlich kommunizieren. Sie haben hier weniger Möglichkeiten zu überzeugen, als in einer persönlichen Präsentation. Umso wichtiger ist es hier auf den Punkt zu kommen. Ihre Spezialisierung ist Ihre Marketing-Speerspitze. Mit dieser setzen Sie idealerweise an den brennenden Problemen Ihrer Zielgruppe an und haben durchschlagenden Erfolg.

## Die Vorteile einer Spezialisierung

Haben Sie sich bisher noch nie mit dem Marketing und der Kundengewinnung über eine Positionierung als Spezialist beschäftigt?

Dann fragen Sie sich vielleicht, ob dies wirklich eine so gute Möglichkeit der Kundengewinnung ist.

Ich darf an dieser Stelle einen Experten für das Thema Positionierung zitieren. Peter Sawtschenko sagt: *Wem die Kunden noch nicht von alleine nachlaufen, ist falsch positioniert.*

Wenn Sie also davon träumen, endlich von dieser oft als lästig empfundenen Akquise wegzukommen, dann ist der Weg zu einer gelungenen Positionierung der beste. Er ist gleichzeitig eine wichtige Grundlage, um mit Hilfe von Social-Media-Netzwerken diese Quelle an regelmäßig sprudelnden neuen Aufträgen zu erschaffen.

**1. Vorteil:** Je besser Sie im Vergleich zu Ihren Wettbewerbern sind, desto eher kaufen Kunden bei Ihnen. Wenn Sie sich spezialisieren, arbeiten Sie nur noch in wenigen Bereichen. Sie sammeln mehr Erfahrungen und lernen auf Ihrem Spezialgebiet schneller hinzu. Da Sie sich nur noch mit wenigen Methoden, Problemen oder Technologien beschäftigen, bleibt mehr Zeit, diese intensiver weiter zu entwickeln, als wenn Sie gleichzeitig in dreißig Bereichen dazu lernen müssen. Im Laufe der Zeit werden Sie automatisch immer besser.

**2. Vorteil:** Je besser Sie sind, desto schneller können Sie die Probleme Ihrer Kunden lösen. Sie sparen Zeit. Mit weniger Zeiteinsatz realisieren Sie die gleichen Preise. Sie verdienen mehr Geld.

**3. Vorteil:** Je schneller Sie die Probleme Ihrer Kunden lösen, desto begeisterter sind diese. Ihre Kunden vergleichen Sie immer mit dem Wettbewerb. In jeder Branche gibt es allgemeine bekannte Standards. Die Erfüllung dieser Standards wird vom Kunden erwartet. Bekommt Ihr Kunde genau das, was er erwartet, ist er zufrieden. Bekommt er mehr, ist er sicher begeistert. Wenn das Kundenproblem durch Ihre Spezialisierung schneller oder besser gelöst wird, ist das mehr als Ihr Kunde erwartet. Begeisterte Kunden kommen wieder, lösen Folgeaufträge aus und empfehlen Sie weiter.

**4. Vorteil:** Wenn Sie Ihre Spezialisierung konsequent weiter entwickeln, werden Sie unweigerlich zu den Besten Ihrer Branche gehören. Manchmal gelingt es sogar, der Beste der gesamten Branche zu werden. Sind Sie als Bester bekannt, ist der Kunde gern bereit, Ihnen mehr Honorar, einen höheren Preis zu bezahlen. Kunden wissen, dass sie von den Besten auch die besten Leistungen bekommen. Je stärker das Problem für den Kunden, je besser Ihre Spezialisierung auf die Lösung, desto höher der Preis. Ein gutes Beispiel ist Red

Adair. Er war zu seiner Zeit der Beste der Welt für das Löschen von komplizierten Großbränden. Red Adair ist aber nicht auf die Welt gekommen mit dem Talent, brennende Ölquellen zu löschen. Er hat sich dieses Wissen im Laufe seiner Spezialisierung erarbeitet. Er hat solange neue Erfahrungen gesammelt, bis er der Beste seiner Branche weltweit wurde. In der Situation, dass eine Gasquelle bereits 6 Monate brennt und buchstäblich jede Sekunde Tausende Dollar verbrannt werden, kann er jeden Preis verlangen, den er für angemessen hält. Für den Besitzer der brennenden Gasquelle ist jeder Preis besser, als das Problem zu behalten. Das Problem zu beseitigen hatte er ja bereits 6 Monate lang erfolglos versucht. Die Spezialisierung auf die Lösung genau dieses brennenden Problems bringt dem Besitzer der Ölquelle eine höhere Sicherheit, dass Red Adair diesen Problem löst. Deswegen sind Kunden in so einer Situation gern bereit, einen hohen Preis zu bezahlen.

Wenn es über eine konsequente Weiterentwicklung Ihrer Spezialisierung gelingt, der beste Anbieter in Ihrer Branche zu werden, haben Sie keine Konkurrenz mehr. Sie können Wunschpreise erzielen. Ihre Kunden wissen, entweder ich nehme den Besten oder ich bekomme eine schlechtere Leistung beim Zweitbesten. Das sorgt im Laufe der Zeit für eine neue Qualität an Kunden. Das sind die Kunden, die Ihre hohe Qualität wertschätzen, weil sie ihnen wichtig ist. Die üblichen Widerstände in der Kundengewinnung, mit denen sich Ihre Wettbewerber noch rumplagen, haben Sie dann endlich hinter sich gelassen.

### Ihre Stärken, der Turbo für die Spezialisierung

Je konsequenter Sie an der Weiterentwicklung Ihrer gefundenen Spezialisierung arbeiten, desto besser werden Sie. Noch schneller gelangen Sie zu echter Meisterklasse, wenn Sie eine Spezialisierung finden, die Ihren Stärken und Talenten entspricht. Talente sind die angeborenen oder anerzogenen Gaben und Dinge, die Sie besonders gern oder besonders gut machen. Stärken sind die, meistens auf Ihren Talenten beruhenden, Fähigkeiten, die Sie besonders oft trainiert oder eingesetzt haben. Die schnellste Entwicklung vollziehen Sie dann, wenn Sie bereits auf einer guten Grundlage aufbauen und nicht bei Null anfangen müssen. Ihre Talente und Stärken sind diese Grundlage. Es ist also ein guter Ansatz, die gefundenen Ideen für Ihre mögliche Spezialisierung mit Ihren Stärken und Talenten abzugleichen. Haben Sie mehrere Möglichkeiten der Spezialisierung gefunden, die ähnliche Chancen bieten, sollten Sie sich für die Spezialisierung entscheiden, die am besten Ihren Stärken und Talenten entspricht. Führen Sie den Spezialisierungsprozess für Ihr Unternehmen durch, dann analysieren Sie die Stärken des Unternehmens und die Talente Ihrer Mitarbeiter.

Sollte es Ihnen nicht gelingen mit den 16 Fragen Ihre Positionierungsidee zu finden, können Sie es über den Weg Ihrer Stärken und Talente versuchen. Es kann sein, dass Sie dann ein wirklich ausgeprägtes Talent in sich entdecken, das Sie bisher einfach noch nicht oft einsetzen konnten. Dann ist es durch mangelnde Anwendung noch nicht zu einer Stärke geworden. Stärken sind gut erkennbar, ungenutzte Talente schlummern oft im Verborgenen.

Wie finden Sie Ihre Stärken und Talente heraus? Vielen Menschen fällt es schwer, die eigenen Talente und Stärken zu erkennen. Einerseits liegt das an der Erziehung und gesellschaftlichen Normen. Redewendungen wie: »Eigenlob stinkt« drücken tief verwurzelte Denkblockaden aus. Andererseits sind insbesondere die verborgenen Talente nicht ohne Hilfsmittel zu entdecken. Ähnlich wie der Spiegel im Badezimmer etwas zeigt, was Sie ohne dieses Hilfsmittel nicht sehen, braucht es für das Erkennen von verborgenen Talenten ähnliche Hilfsmittel. Zwei mögliche Hilfsmittel lernen Sie im Folgenden kennen.

### 1. Machen Sie eine gedankliche Lebensreise

Nehmen Sie sich eine Stunde Zeit und begeben sich an einen Ort wo Sie absolut ungestört sind. Schaffen Sie dort eine für Sie angenehme Wohlfühlatmosphäre. Vielleicht wollen Sie schöne Musik auflegen oder sich vor den knisternden Kamin setzen. Legen Sie Stift und Papier zurecht. Am besten Sie kaufen sich ein leeres Notizbuch für Ihre Lebensreise. Legen Sie mehrere Seiten mit je einer zweispaltigen Tabelle an. Wenn Sie so richtig entspannt sind und sich wohl fühlen, gehen Sie in Gedanken Ihr ganzes Leben nochmals durch. Beginnen Sie mir Ihrer Schulzeit. Sicher haben Sie schon dort einige, vielleicht auch nur kleine Erfolge erzielt. Waren Sie besonders gut in

Deutsch oder lag Ihnen Mathe mehr? Was ist Ihnen leichter gefallen als andere Sachen? Gehen Sie alle Bereiche und Aspekte des jeweiligen Zeitabschnittes durch. Nicht nur die fachlichen oder schulischen Bereiche, sondern auch die sozialen Bereiche. Fiel es Ihnen beispielsweise leicht, in der Klassengemeinschaft einen Streit zu schlichten? Waren Sie Klassensprecher und konnten andere gut von Ihren Ideen überzeugen? Immer dann, wenn Ihnen in der Rückschau betrachtet etwas gut gelungen ist, schreiben Sie es auf. Achten Sie besonders auch auf kleinere Erfolge. Dinge, die Sie heute vielleicht gar nicht als einen richtigen Erfolg ansehen würden. Schreiben Sie alle auf. Dazu verwenden Sie jeweils die linke Spalte der angelegten Tabelle. Diese bekommt den Titel: meine Erfolge. Wenn Sie dann nach der Schule, dem Abitur, Ihre Lehrausbildung oder Studienzeit durchgehen, werden Sie viele kleine und große Erfolge aufschreiben. Schreiben Sie lieber ein paar mehr auf. Am besten, Sie schreiben wirklich alle Erfolgserlebnisse auf. Winzige, bedeutungslose und banale genauso wie spektakuläre und herausragende Erfolge.

So gehen Sie jetzt jede einzelne Station in allen Bereichen Ihres Lebens durch. Alle beruflichen und alle privaten Stationen. Berücksichtigen Sie auch Ihre Hobbys, Ehrenämter oder Nebenjobs. Denken Sie dabei nicht nur an materielle Erfolge. Sicher gab es auch ideelle Erfolge. Waren Sie beispielsweise in der Lage, sich gegen alle Vorurteile für etwas Wichtiges zu entscheiden? Sicher ist auch das ein kleiner Erfolg. Haben Sie alle großen und kleinen Erfolge aus allen Lebensbereichen aufgeschrieben? Dann haben Sie sicher ein gutes Gefühl dabei. Sie machen sich Ihrer vergangenen Erfolge bewusst. Allein das hilft Ihnen heute bei Ihrer Entscheidung für Ihre neue Positionierung. Es bringt Mut und Selbstvertrauen. Davon kann man ja kaum zu viel haben.

Der wichtigste Punkt dieser Lebensreise kommt aber erst noch. Jetzt gehen Sie die Tabelle mit Ihren Erfolgen Zeile für Zeile durch. Fragen Sie sich beim Betrachten jedes einzelnen Erfolges, was die Ursache für diesen Erfolg war. Welche persönliche Eigenschaft hat Ihnen geholfen, den jeweiligen Erfolg zu erzielen? Die Antworten tragen Sie in die zweite Spalte jeweils neben dem Erfolg ein. Wenn Sie so jeden einzelnen Erfolg Ihres Lebens analysiert haben, stellen Sie in der zweiten Spalte wahrscheinlich eine Häufung von persönlichen Eigenschaften fest. Gibt es einige Eigenschaften, die besonders häufig vorkommen? Vielleicht ist das auf den ersten Blick noch nicht so klar erkennbar. Dann versuchen Sie die verschiedenen Eigenschaften oder Erfolgsfaktoren zusammenzufassen. Bilden Sie Gruppen oder Kategorien. So wird das Bild immer klarer. Diese Tabellen sind dann der Spiegel Ihrer Talente. Häufungen von erfolgsrelevanten Eigenschaften deuten immer auf vorhandene Talente hin. So machen Sie diese sichtbar. Genauso, wie diese Talente Ihnen in der Vergangenheit geholfen haben, werden Sie Ihnen auch in einer neuen Spezialisierung Rückenwind geben. Passen Ihre Talente zu der gewählten Spezialisierung? Das ist der Idealfall. Wenn das noch nicht der Fall ist, dann haben Sie vielleicht noch nicht die richtigen Stärken entdeckt oder Ihre Spezialisierung passt nicht optimal zu Ihren Stärken.

### 2. Führen Sie ein Erfolgstagebuch

Wenn Sie Freude an der Übung mit der Lebensreise hatten, können Sie die Übung mit einem Erfolgstagebuch fortführen. Die mag für manch gestandenen Unternehmer ein bisschen ungewohnt klingen. Dabei ist das Erfolgstagebuch nichts weiter als ein Hilfsmittel, um die Stärken und Talente sichtbar zu machen, die noch im Verborgenen liegen. Kein vernünftiger Mensch käme auf die Idee den Spiegel im Bad abzuschaffen, nur weil er sich einmal erfolgreich rasiert hat.

Was schätzen Sie? Wenn Sie alle Informationen, die Sie täglich konsumieren, zusammen nehmen, alle Medien, alle Gespräche, alle sonstigen Informationen, sind diese inhaltlich überwiegend positiv oder negativ? Lesen Sie beispielsweise in der Zeitung überwiegend Erfolgsmeldungen von Unternehmen oder wird mehr über Pleiten, Pech und Krisen berichtet? Der Alltag der meisten Unternehmer, ist überwiegend von Sorgen, Problemen und negativen Informationen geprägt. Das versperrt uns oftmals den Blick auf die wichtigen, die erfolgreichen Dinge. Dazu gehört auch ein klares Bewusstsein über Ihre Stärken. Glücklicherweise sind diese alle vorhanden, wir erkennen Sie nur nicht so klar. Wenn in Personalauswahlgesprächen Bewerber nach den drei größten Stärken und Schwächen gefragt werden, fällt es den meisten leichter ihre Schwächen zu benennen. Wie geht es Ihnen? Könnten Sie ohne die Lebensreiseübung auf Anhieb, ohne lange darüber nachzudenken, ihre drei größten Stärken nennen? Versuchen Sie es doch jetzt gleich einmal. Nehmen Sie ein Blatt Papier zur Hand und schreiben Sie Ihre drei Stärken auf. Nur wenn es Ihnen gelingt, sie aufzuschreiben, sind Ihnen die Stärken auch wirklich bewusst. Wenn Sie nur denken: „Ja ich kenne sie schon", reicht das nicht.

Das Bewusstsein um Ihre Stärken, macht Sie im wahrsten Sinn des Wortes stark. Es macht Sie zu einem Menschen mit einer besonderen Ausstrahlung. Die meisten bezeichnen das als Charisma. Ihr Erfolgstagebuch hilft Ihnen dieses Bewusstsein um Ihre Stärken zu entwickeln. Es kostet wenig Zeit und bringt sehr viel. Nehmen Sie sich jeden Abend fünf Minuten Zeit und schreiben Sie alle Erfolgserlebnisse des Tages in Ihr Tagebuch. Das können kleine oder große sein. Der beste Zeitpunkt ist, das Erfolgstagebuch als letzte Handlung Ihres Arbeitstages zu schreiben. So schließen Sie den Tag nicht nur mit einer eindeutigen Handlung ab, sondern gehen auch mit den Erinnerungen an die erfolgreichen Erlebnisse des Tages in Ihre Freizeit. Sie werden erleben, dass Sie entspannter und gelöster werden. Vielleicht sitzen Sie bei den ersten Versuchen vor Ihren Erfolgstagebuch und denken sich: »So ein stressiger Tag, heute war ja gar nichts Erfolgreiches dabei.« Dann bleiben Sie dran. Ihre Aufgabe lautet: Schreiben Sie jeden Tag mindestens ein erfolgreiches Erlebnis auf, sei es noch so klein oder bedeutungslos. In der reizüberfluteten Welt der Superlative von »größer, schöner, höher und weiter« verlernen wir sehr schnell, auch die kleinen Dinge wahrzunehmen und anzuerkennen. Dieses scharfe Bewusstsein braucht es aber, um Ihre verborgenen Talente zu erkennen. Sie werden schnell erkennen, dass auch in einem stressigen Tag voller Probleme einige Erfolgserlebnisse zu verzeichnen sind. Diese schreiben Sie alle in Ihr Erfolgstagebuch.

Lassen Sie am rechten Rand eine Spalte frei. Zum Ende eines jeden Monats, gehen Sie alle Erfolge nochmals durch und fragen sich, was hat die einzelnen Erfolge verursacht. Welche Ihrer Eigenschaften war dafür verantwortlich und hat Ihnen dabei geholfen? Das schreiben Sie in die freigehaltene Spalte neben die jeweiligen Erfolgserlebnisse. So erkennen Sie im Laufe der Zeit eine gewisse Häufung an Eigenschaften. Diese persönlichen Eigenschaften zeigen Ihnen den Weg zu Ihren verborgenen Talenten und machen die vorhanden Stärken bewusst.

Da die genaue Kenntnis Ihrer Stärken so wichtig ist, zeige ich Ihnen hier noch die vier Zeichen einer Stärke. Achten Sie einfach im Laufe Ihres Tage immer mal wieder darauf, ob Sie eines oder mehre-

re dieser Zeichen erkennen. Die Aufgaben, die Sie dann gerade ausführen, deuten auf Ihre Stärken hin. Fragen Sie sich dann, welche Eigenschaften benötige ich bei diesen Aufgaben. Das sind Ihre Stärken.

### Die vier Zeichen einer Stärke

Das erste Zeichen sind permanente Spitzenleistungen. Gibt es
Aufgaben, die Ihnen sehr oft besonders gut gelingen und bei denen
Sie beinahe perfekte Leistungen erzielen? Achten Sie vor allem auf
Ihre Gefühle während dieser Arbeiten. Fühlen Sie sich spitze und ef-
fizient?

Das zweite Zeichen sind Instinkte. Fühlen Sie sich instinktiv zu bestimmten Aufgaben hingezogen? Rational können Sie oft nicht erklären, warum Sie sich zu diesen Aufgaben hingezogen fühlen. Sie
empfinden oft eine große Vorfreude auf diese Aufgaben, die Sie irgendwie reizen.

Das dritte Zeichen ist das Glücksgefühl. Diese Tätigkeiten scheinen Ihnen in den Schoß zu fallen. Sie erleben bei der Abarbeitung
ein Gefühl der Befriedigung oder sogar des Glücks. Diese Aufgaben
gehen Ihnen leicht von der Hand. Sie können sich sehr lange konzentrieren und haben trotzdem nicht das Gefühl, sich sonderlich an-
zustrengen.

Das vierte Zeichen ist die Notwendigkeit. Haben Sie bei bestimmten Aufgaben das Gefühl, dass diese eine Art inneres Bedürfnis sind?
Dann deuten das auf eine Stärke hin. Selbst wenn Sie durch diese
Aufgabe körperlich erschöpft sind, haben Sie trotzdem ein Gefühl
der inneren Befriedigung. Sie verspüren die Notwendigkeit, die Aufgabe immer wieder zu erledigen.

Eine gute Möglichkeit, die eigenen Stärken zu entdecken, ist im
Laufe Ihres Tages immer mal wieder inne zu halten und sich folgende Fragen in Bezug auf die Aufgabe, die Sie gerade bearbeiten zu stellen.

### Denken Sie,

* ich kann es kaum erwarten zu beginnen?
* das macht Spaß?
* damit könnte ich mich ewig beschäftigen?
* das ist meine Berufung?
* was Besseres kann ich mir nicht vorstellen?
* davon bringen mich keine zehn Pferde mehr weg?

**Fühlen Sie sich**

- stark und ganz bei der Sache?
- euphorisch und begeistert?
- authentisch und voller Kraft?
- clever und voller Selbstvertrauen?

**Möchten Sie**

- sich häufiger Gelegenheiten schaffen, dieser Tätigkeit nachzugehen?
- mehr darüber lernen?
- Menschen kennen lernen, von denen Sie mehr über diese Tätigkeit lernen können?
- Menschen kennen lernen, die richtig gut in dieser Tätigkeit sind?

Je mehr und je öfter Sie eine dieser Empfindungen verspüren, desto leben Sie in der aktuellen Aufgabe Ihre Stärken. Stärken treten immer dann zu Tage, wenn Sie diese einsetzen. Daher finden Sie über die Analyse Ihrer verschiedenen Aufgaben sicher zu Ihren Stärken.

Wenn Sie mit den hier vorgestellten Hilfsmitteln Ihre Stärken entdeckt haben, fällt es Ihnen leichter eine passende Spezialisierung zu finden oder zu entwickeln. Die Verbindung Ihrer Stärken und Talente mit der passenden Spezialisierung ist ein entscheidender Schlüssel für Ihren Erfolg in der Kundengewinnung. Das gilt besonders für die Arbeit in Social-Media-Netzwerken. Warum, fragen Sie? Die Art und Weise der Kommunikation in Social-Media-Netzwerken ist häufig auf Text beschränkt. Ein potenzieller Kunde muss aus dem Text erkennen, dass Sie interessant sind und eine Bedeutung haben. Das passiert immer dann, wenn Sie eine Botschaft haben, wenn Sie tatsächlich etwas zu sagen haben. Wenn Sie Ihre Botschaften dann noch mit Leidenschaft vermitteln, schwingt das in einem Text sozusagen »zwischen den Zeilen« mit. Die Grundlage dafür ist Ihre eigene Leidenschaft für Ihr Thema. Und die wiederum entwickelt sich automatisch, wenn Sie eine Spezialisierung gefunden haben, die zu Ihren Stärken passt.

Hinzu kommt, dass eine Spezialisierung, die zu Ihren Stärken und Talenten passt, eine Positivspirale in Gang setzt. Nehmen wir an, Sie wären der Beste Ihrer ganzen Branche, den jeder potenzielle Kunde kennt. Nehmen wir weiter an, Sie wären so viel besser als die anderen Unternehmen Ihrer Branche, dass jeder, der sich Ihre Angebote leisten kann, nur bei Ihnen kaufen will. Vielleicht klingt das in Ihren

Ohren noch sehr unrealistisch oder gar viel zu schön, um wahr zu sein. Ein Ziel zu erreichen klingt nur so lange unrealistisch, wie der Weg nicht bekannt ist. Der Weg zu dieser Meisterschaft führt über diese Positivspirale. Machen wir ein kleines Experiment und gehen diesen Weg gedanklich durch. Dabei spielt es keine Rolle, wo Sie heute stehen, wie erfolgreich Sie schon sind. Wichtig ist aber, dass Sie eine Spezialisierung gefunden haben, die perfekt zu Ihren Stärken und Talenten passt. Das ist der erste Schritt auf Ihrem Weg. Jetzt haben Sie verschiedene Aufgaben, um Ihre Positionierung über die gefundene Spezialisierung aufzubauen. Klar ist, dass Sie in der täglichen Praxis überwiegend an Aufgaben arbeiten, die zu Ihren Stärken passen. Wie werden Ihnen diese Aufgaben gelingen? Klar, alles was Ihren Stärken entspricht, geht Ihnen leichter von der Hand. Sie haben mehr Spaß an der Arbeit. Was passiert mir einem Muskel, den Sie jeden Tag trainieren? Er wird stärker und größer. Genau das passiert auch mit Ihren Stärken. Sie werden größer. Was passiert mit den täglichen Aufgaben, die Sie mit den immer größer werdenden Stärken abarbeiten? Richtig, die gehen Ihnen noch leichter von der Hand. Sie werden schneller und besser erledigt. Was passiert mit Ihren Kunden, die schneller und besser bedient werden? Richtig, Ihre Kunden sind begeistert, wenn Sie mehr bekommen als sie erwartet haben. Begeisterte Kunden, die von Ihnen schneller bedient werden, deren Aufträge besser abgearbeitet werden als erwartet, sind der beste Weg, um schneller und einfacher Empfehlungen zu bekommen. Bitten Sie Ihre Kunden in den passenden Social-Media-Netzwerken über die Erlebnisse mit Ihnen zu berichten. Begeisterte Kunden tun das gern.

Was passiert mit Ihrem Unternehmenserfolg, wenn Sie bekannter werden und mehr Empfehlungen bekommen? Sie dürfen noch mehr Aufträge bearbeiten, die Ihren Stärken entsprechen. Was passiert dann mit Ihnen und Ihren Stärken? Die werden noch besser, noch stärker. Auf Basis dieser Stärken, entwickeln Sie neue Ideen, Lösungsansätze oder Technologien, die Ihre Wettbewerber noch nicht einsetzen. In Folge dessen werden Sie noch besser. Der Lerneffekt und die Geschwindigkeit Ihrer Weiterentwicklung werden immer größer, wenn Sie überwiegend Ihre Stärken trainieren. Wenn Sie im Fitnessstudio ein Spezialtraining für die Stärkung Ihrer Beinmuskulatur absolvieren, stärkt das diese viel mehr, als wenn Sie alle Muskeln trainieren. Gleichzeitig erleben Sie immer mehr Erfolge.

Was passiert, wenn Sie auf Basis dessen in Ihrer Branche immer bekannter werden? Sie werden immer mehr von anderen Unternehmen weiterempfohlen, die noch gar nicht bei Ihnen Kunde sind. Erkennen Sie, wohin unsere kleine Gedankenreise geht? Jetzt ist der Weg zu echter Spitzenleistung plötzlich klar. Der erste Schritt ist das Finden einer zu Ihren Stärken und Talenten passenden Spezialisierung.

Der Psychologe Mihály Csíkszentmihályi hat in seiner Forschung herausgefunden, dass Menschen nur unter besonderen Bedingungen dauerhaft sehr gute Leistungen vollbringen und dabei sogar noch glücklich sind. Eine wichtige Bedingung ist das richtige Verhältnis zwischen den Anforderungen durch die Tätigkeit und den persönlichen Fähigkeiten. Steht beides im richtigen Verhältnis zueinander, arbeitet ein Mensch im Flow-Kanal. Das ist das schmale Band, indem dauerhaft Spitzenleistungen entstehen.

## Der gute erste Eindruck (GeE)

Ihre nun gefundene Positionierung als Experte auf Ihrem Spezialgebiet muss nun in den genutzten Social-Media-Netzwerken auf den ersten Blick erkennbar sein. Die Aufmerksamkeitsspanne bei der Nutzung des Internets ist ziemlich gering. Überall lauern Ablenkungen. Die Gefahr, dass ein potenzieller Kunde schnell von Ihrem Profil verschwindet, ist enorm. Daher müssen Sie in kurzer Zeit einen guten ersten Eindruck vermitteln.

»Für den guten ersten Eindruck gibt es keine zweite Chance.« Nach diesem Motto müssen Sie sich in den passenden Social-Media-Netzwerken so gut präsentieren, dass dieser gute erste Eindruck entsteht. Diese Präsentation erfolgt über Ihr persönliches oder über ein Unternehmensprofil. In Facebook heißen diese »offizielle Unternehmensseite«, werden aber umgangssprachlich Fanpage genannt. Da es in Social-Media-Netzwerken um den Menschen und die persönliche Vernetzung untereinander geht, rate ich dazu, wo immer es geht mit einem persönlichen Profil zu arbeiten und nicht mit einer Unternehmensseite (Ausnahme Facebook). Die Kontaktaufnahme und Vernetzung von Mensch zu Mensch entspricht viel mehr unserem Naturell als die Vernetzung mit einem Unternehmen. Wenn Sie als mittelständisches Unternehmen in Social-Media-Netzwerken neue Kunden gewinnen wollen, gibt es zwei Wege, diese direkte Vernetzung zu fördern.

Erstens: Sie nehmen eine oder mehrere Personen als Aushängeschild (Identifikationsfigur) und handelnde Ansprechpartner auf dem Unternehmensprofil. Mit diesen Menschen können sich neue Kontakte dann leichter identifizieren. Die Entscheidung, sich mit dem Unternehmen zu vernetzen, erfolgt dann überwiegend als Entscheidung für eine dieser Personen.

Zweitens: Wenn Sie in Ihrem Unternehmen mehrere Mitarbeiter mit regelmäßigem Kundenkontakt haben, beispielsweise in einer Außendienstorganisation, dann können Sie diesen Mitarbeitern die Kompetenz für den Kontaktaufbau in Social-Media-Netzwerken vermitteln. Dadurch kann jeder dieser Mitarbeiter mit seinem Profil, vielleicht sogar regional auf sein Vertriebsgebiet bezogen, sein Kontaktnetzwerk aufbauen. So wirken Ihre Mitarbeiter als Multiplikatoren des guten ersten Eindrucks. Machen Sie Ihre Mitarbeiter zu Botschaftern des Unternehmens. Wenn Sie diesen Mitarbeitern helfen, eine eigene Motivation für diesen Weg zu finden, entwickelt sich daraus eine erhebliche Dynamik. So eine Motivation für den einzelnen Vertriebsmitarbeiter kann die Möglichkeit sein, dadurch selbst neue Kunden und Aufträge zu gewinnen und damit mehr Anerkennung in Form von Provisionen oder Prämien zu erhalten.

Keine Chance ohne Risiko. Wenn Sie Ihre Mitarbeiter in Ihre Kundengewinnungsstrategie in Social-Media-Netzwerken einbeziehen, sollten Sie sich fragen, was mit den Kontakten passiert, wenn ein Mitarbeiter das Unternehmen verlässt. Wenn Sie zum Beispiel Arbeitszeit für diese Aufgaben bereitstellen, können Sie in einer Richtlinie (Social Media Guideline) mit dem Mitarbeiter vereinbaren, wem diese Kontakte nach Ausscheiden gehören. Wird das nicht geregelt, kann ein nicht zu unterschätzendes Problem auftreten, wenn Ihr Mitarbeiter mit tausenden, gut gepflegten Kontakten, die ihm vertrauen, zur Konkurrenz wechselt. Das ist zwar kein grundsätzlich neues Problem, denn auch vor dem Social-Media-Zeitalter haben Ihre Mitarbeiter ein Netzwerk an Kontakten gehabt. Durch die Möglichkeiten von Social-Media-Netzwerken kann dieses Netzwerk heute sehr viel größer sein. Kaum ein Außendienstmitarbeiter schafft es, ein persönliches Netzwerk von beispielsweise 5 000 Kontakten aufzubauen und dieses auch persönlich zu pflegen. In Social-Media-Netzwerken ist das sehr wohl möglich.

Technisch gesehen können Sie dieses Problem dadurch eingrenzen, dass die Kontakte über ein Unternehmensprofil aufgebaut werden, das dem Unternehmen selbst gehört. Damit bleiben die Kontakte, auch nach Ausscheiden des Mitarbeiters als Kontakt auf dem Unternehmensprofil vorhanden.

### Achtung Facebook-Falle

In Facebook sind Sie gezwungen, den Aufbau geschäftlicher Kontakte über eine offizielle Unternehmensseite (Fanpage) zu gestalten. Die AGB von Facebook gestatten die Nutzung eines persönlichen Profils nicht für geschäftliche Zwecke. Natürlich ist es nicht verboten auf seinem persönlichen Profil ein paar geschäftliche Kontakte zu haben. Allerdings dürfen Sie ein persönliches Profil nicht für massive geschäftliche Aktionen benutzen. Das macht auch kaum Sinn. Auf einem persönlichen Profil können Sie maximal 5000 Kontakte (Freunde genannt) gewinnen, während Sie auf einer Fanpage unbegrenzt Kontakte gewinnen können. Außerdem können Sie Werbung mittels Werbeanzeigen in Facebook nicht für Ihr persönliches Profil sondern nur für Ihre Fanpage oder eine externe Webseite (Unternehmenswebseite) schalten. Die gute Botschaft lautet: Ihre Fanpage können Sie optisch so gestalten, dass sie der Kommunikation von Mensch zu Mensch dient.

### Die Abkehr vom Homo oeconomicus

Was ist das Ziel des guten ersten Eindrucks? Besucht ein potenzieller Kunde zum ersten Mal Ihr Profil in einem Social-Media-Netzwerk, wollen Sie mit dem guten ersten Eindruck eine Entscheidung bei diesem Profilbesucher herbeiführen. Diese Entscheidung lautet sinngemäß: *»Ja, das ist der passende oder ein interessanter Kontakt für mich.«* Um diese Entscheidung positiv zu beeinflussen, müssen Sie wissen, wie Menschen Entscheidungen treffen.

Erkennen Sie sich wieder? Jahrzehntelang haben wir gedacht, gelehrt und danach gehandelt: Es gibt im Zusammenhang mit einer Entscheidung unterschiedliche Menschentypen. Vereinfacht gesprochen sind die verschiedenen Typen in rational entscheidende und emotional entscheidende eingruppiert worden. Den rational entscheidenden Menschen haben wir eher Zahlen und Fakten präsentiert. Den emotional entscheidenden Menschen haben wir eher versucht, ein gutes Bauchgefühl zu vermitteln.

Jetzt kamen Mitte der neunziger Jahre die Neurowissenschaftler mit immer moderneren Geräten auf die Idee, doch mal zu schauen, was im Gehirn eines Menschen so passiert, wenn dieser eine Kaufentscheidung trifft. Das haben die Neurowissenschaftler in verschiedenen Versuchen, mit verschiedenen Entscheidungen und natürlich mit ganz vielen verschiedenen Menschen gemacht. Das sorgte für viele überraschende Ergebnis: Die Areale des Gehirns, die für die Emotionen zuständig (limbische System) sind, sind zeitlich gesehen früher aktiv als die für die rationale Denkweise zuständigen Areale. Die daraus folgende spektakuläre Erkenntnis der Neurowissenschaftler lautet: Jede Entscheidung hat eine überwiegende oder ausschließliche emotionale Komponente. Im Klartext: Es gibt keine rationalen oder bewussten Entscheidungen. Wir müssen uns von dieser, jahrzehntelang falsch gelehrten Annahme verabschieden. Es gibt keinen Homo oeconomicus.

*Stopp*, werden Sie vielleicht jetzt protestierend widersprechen. Es gibt doch Menschen, die immer nach dem billigsten Preis entscheiden. Der Preis ist doch eine rationale, bewusst wahrgenommene Information. Also muss es doch eine rationale Entscheidung sein, oder? Das ist zwar richtig, doch auch in diesen Fällen ist der Preis nicht das Entscheidungskriterium. Vielmehr sind es die zugrundeliegenden Emotionen. So kann es beispielsweise sein, dass eine Kunde die Emotion Sicherheit für seine Entscheidung benötigt. Simpel gesprochen kann der niedrigste Preis für den Kunden das geringste Risiko bedeuten. Damit liefert der niedrigste Preis die wichtige Entscheidungsemotion: *Sicherheit*. Wenn Sie als Unternehmer oder Selbstständiger in Ihrer Zielgruppe von der leidigen Preisdiskussion betroffen sind, versuchen Sie doch mal Folgendes. Finden Sie heraus, welche Emotionen dem Kunden fehlen und liefern Sie diese mit anderen Argumenten als dem Preis. Wenn Sie die passenden Emotionen identifiziert haben und eine neue Befriedigung dieser erreichen, verkaufen Sie zu deutlich höheren Preisen.

Ich selbst habe einmal folgendes Experiment begleitet. In einem homogenen Verkaufsumfeld (gleiches Produkt, gleiche Verkaufsmethode, ähnliche Zielgruppe) habe ich empfohlen, die Emotion *Sicherheit* durch eine Geld-zurück-Garantie zu fördern. Die Abschlussquote ist sofort um 40% gestiegen. Das Spektakuläre daran ist, dass ich gleichzeitig eine 20 prozentige Preiserhöhung durchsetzen konnte. Im Klartext: Durch die Erhöhung der Emotion Sicherheit haben 40% mehr Kunden zu einem zusätzlich um 20% höheren Preis gekauft. In diesem Unternehmen wird die Geld-zurück-Garantie übrigens von nur 2% der Kunden in Anspruch genommen.

Sinngemäß könnte man sagen, dass unser Gehirn uns selbst einen Streich spielt. Es gaukelt uns vor, wir wären in der Lage uns bewusst und rational zu entscheiden. Vielmehr ist es so, dass wir die vorher schon emotional gefällte Entscheidung im Nachherein versuchen rational zu begründen.

### Wie entsteht dieser so wichtige gute erste Eindruck?

Bevor Sie jetzt beginnen Ihr Profil oder Ihre Unternehmensseite im passenden Social-Media-Netzwerk anzulegen oder zu optimieren, müssen Sie sich eine entscheidende Frage stellen. Wer ist die Zielgruppe Ihres Profils? Denken Sie bei der Suche nach der Antwort nicht in den klassischen Zielgruppendefinitionen wie: *Alter 30 bis 50, Single und männlich.* Die klassischen Zielgruppendefinitionen haben ausgedient. Seitdem der Rolex tragende Mercedes-Fahrer auch bei Aldi einkauft, können Sie damit kaum noch etwas anfangen.

Besser ist, Sie definieren eine sogenannte Leidenszielgruppe. Das sind die Menschen, die einen ähnlichen Bedarf oder ein ähnliches Problem haben. Nach dem Motto »Der Köder muss dem Fisch schmecken, und nicht dem Angler« gestalten Sie Ihr Profil im passenden Social-Media-Netzwerk auf den Bedarf dieser Zielgruppe. Für diese Leidenszielgruppe wollen Sie einen guten ersten Eindruck erwecken. Je mehr Sie zum *Kundenversteher* werden, desto besser gelingt Ihnen diese Aufgabe. Behalten Sie während der Gestaltung Ihres Profils immer die Kundenbrille auf. Sie laufen sonst sehr schnell Gefahr, ein Profil zu gestalten, das Ihnen selbst gefällt. Kaum ein Fisch lässt sich aber mit einem leckeren Schweineschnitzel mit Rahmsoße fangen, nur weil Ihnen das schmeckt.

Haben Sie Ihre Leidenszielgruppe definiert, können Sie beginnen, mit Ihrem Profil einen guten ersten Eindruck zu erzeugen. Die schlechte Botschaft lautet: In der reizüberfluteten Welt haben Sie für die Vermittlung des guten ersten Eindrucks mit Ihrem Profil maximal zwei bis drei Sekunden Zeit.

Was bedeutet das für Ihr Ziel, die oben geschilderte Entscheidung eines potenziellen Kunden positiv zu beeinflussen? Im Wesentlichen haben Sie für den guten ersten Eindruck zwei Hauptaufgaben. Sie müssen ermitteln, welche Emotionen Sie bei Ihren potenziellen Kunden, die Ihr Profil das erste Mal besuchen, fördern müssen. Diese Emotionen müssen Sie auf eine Art und Weise kommunizieren, dass Ihr potenzieller Kunde diese innerhalb der beschriebenen zwei bis drei Sekunden aufnehmen kann.

Aufgrund der Zeitbeschränkung und der so wichtigen Emotionen geht das am einfachsten mit zwei Elementen auf Ihrem persönlichen Profil. Ihrem Profilbild und einer angenehm anderen Selbstdarstellung.

### 1. Schritt: Ihr Profilfoto

*Ein Bild sagt mehr als tausend Worte.* Mit bildhaften Informationen lassen sich viel leichter die passenden Emotionen erzeugen. Eine, für Ihre Aktivitäten in Social-Media-Netzwerken unverzichtbare Emotion ist Sympathie. Wenn Sie Vertrauen aufbauen wollen zu den neu gewonnen Kontakten, ist Sympathie dafür ein wichtiger Schlüssel. Sind Sie ein sympathischer Mensch? Sicher, aber ist das auf den ersten Blick auf Ihrem Foto erkennbar? Auch hier weisen aktuelle Forschungen darauf hin, dass ein Foto innerhalb von Millisekunden emotional bewertet wird. Erzeugen Sie also mit dem Foto von sich selbst schon keinen guten und sympathischen ersten Eindruck, haben Sie es mit den weiteren Informationen schwer.

Die sieben Kriterien für ein gutes Profilbild.

I. *Farbe statt schwarz-weiß.* Ein farbiges Foto wirkt nicht nur viel sympathischer, sondern kann deutlich mehr Emotionen transportieren. Wählen Sie Ihre Bekleidung so, dass die Farben die benötigten Emotionen unterstützen. So ist Braun und ähnliche warme Farbtöne eher geeignet menschliche Nähe zu erzeugen, als kalte Farben.

2. *Passende Emotionen.* Fragen Sie sich vor dem Gang zum Fotografen, welche Emotionen Sie mit dem Bild ausdrücken wollen. Briefen Sie Ihren Fotografen und lassen Sie sich ein Foto anfertigen, das diese Emotionen ausstrahlt. Das Hauptelement auf einem Foto, um Emotionen zu erzeugen, ist die Mimik im Gesicht. Da die meisten von uns keine gelernten Schauspieler sind, die auf Kommando die passende Emotion zeigen können, fällt es uns oft schwer vor der Kamera die passende Mimik zu erzeugen ohne dabei unnatürlich zu wirken. Das ist die größte Herausforderung des Fotografen. Er muss in der Lage sein, Sie als Laie zu diesen Emotionen hinzuführen und im passenden Augenblick auf den Auslöser zu drücken. Wenn Sie beim Vorgespräch mit Ihrem Fotografen das Gefühl haben, er hört dieses Thema zum ersten Mal, sollten Sie kritisch hinterfragen, ob dieser Fotograf für dieses Fotoshooting geeignet ist.

3. *Blickrichtung.* Achten Sie darauf, dass Ihre Blickrichtung einem Profilbesucher vermittelt, dass Sie ihn meinen, also ihn direkt anschauen ohne den Besucher mit künstlich aufgerissenen Augen anzustarren. Sicher kennen Sie Gespräche mit Menschen, die Sie während des Gespräches nicht anschauen. Wenn Sie sich an so eine Situation zurückerinnern, wissen Sie, wie unwohl Sie sich bei diesen Gesprächspartnern fühlen. Dieses unwohle Gefühl entsteht auch dadurch, dass Sie sich vielleicht gedacht haben: *»Meint mich diese Person überhaupt?«* Die fehlende Aufmerksamkeit wird dann schnell als fehlende Wertschätzung interpretiert. Der Anfang vom Ende einer guten Beziehung. Daher schenken Sie Ihrem Profilbesucher Wertschätzung durch die passende Blickrichtung.

4. *Passende Bekleidung.* Wählen Sie, nach dem Motto »Kleider machen Leute« eine, Ihrer Zielgruppe angemessene Bekleidung. Nehmen wir doch mal an, Sie gehen zur örtlichen Filiale Ihrer Bank. Ihr Ziel: Sie wollen sich beraten lassen, wie Sie die Summe von 10 000 Euro sicher und gewinnbringend anlegen können. Sie betreten die Filiale. Hinter dem Tresen steht ein Mann Mitte 40 und hat einen blauen Arbeitsoverall an. Er

streckt Ihnen seine ziemlich mit Dreck verschmierte Hand mit den Worten zur Begrüßung entgegen: »Nehmen Sie schon mal Platz, ich bin Ihr Anlageberater und komme gleich zu unserem Beratungstermin.« Wie gut wäre Ihr erster Eindruck? Wie hoch wäre nach diesem ersten Eindruck Ihr Vertrauen in die Kompetenz dieses Anlageberaters? Selbst wenn das der beste und kompetenteste Anlageberater wäre, hätte er es schwer, Sie zu überzeugen. Am besten Sie wählen für Ihr Profilfoto eine Kleidung aus, die von den meisten Ihrer potenziellen Kunden erwartet wird. Versuchen Sie sich trotzdem dadurch abzuheben, dass Sie im Rahmen der Erwartungen etwas anders machen, als Ihre Wettbewerber. Männer könnten zum Beispiel überlegen, ob es zum Hemd und dem Sakko immer die Krawatte sein muss. Das Motto: Der Köder muss dem Fisch schmecken.

5. *Diagonale im Bild.* Ein diagonal verlaufendes Element im Foto sorgt vielfach dafür, dass wir dieses Foto als angenehmer empfinden. Gleichzeitig verleiht es dem Foto ein bisschen mehr Dynamik. Das könnte der Verlauf der Schulterpartie oder eine Körperhaltung sein, die die Körperlängsachse schräg durch Bild verlaufen lässt.

6. *Bildformat.* Neben dem klassischen Seitenverhältnis 4:3 können Sie auch, aus dem Rahmen fallende Formate wählen. Beispielsweise ein quadratisches. Achten Sie aber darauf, dass das Gesicht und der Kopf vollständig zu sehen bleiben.

7. *Die sechs »As«* Haben Sie den Mut und arbeiten Sie angenehm anders, als alle anderen. Drücken Sie das auch in Ihrem Bild aus. Langweilige Fotos, die den vielen anderen ähnlich sind, reißen heute keinen mehr vom Hocker. Beachten Sie die genannten Punkte eins bis sechs und zeigen Sie dann soviel Mut zur Andersartigkeit, wie nur irgend möglich ist. So erzielen Sie schon zu Beginn mehr Aufmerksamkeit und deuten auf unbewusste Art an, dass Sie und Ihre Angebote außergewöhnlich sind. Um das zu erreichen, nutzen Sie am besten die Kreativität eines guten Fotografen. Erläutern Sie diesem Ihre Ziele und diese Kriterien und bitten ihn dann um seine Ideen.

## 2. Schritt: Normal ist out

In den meisten Social-Media-Netzwerken gibt es neben dem Profilbild die Möglichkeit Informationen in Textform zu vermitteln. In
XING und LinkedIn werden diese Informationen durch die vorge-
schriebenen Formularfelder bei der Profileinrichtung bestimmt. In
XING werden neben Ihrem Foto Ihr Name, der akademische Abschluss, Ihre Position und der Unternehmensname angezeigt. Die
Inhalte diese Felder werden innerhalb der zwei bis drei Sekunden für
den ersten Eindruck noch verarbeitet. Dabei stellt sich Ihr potenzieller Kunde sinngemäß folgende Fragen:

- Wer ist diese Person?
- Was genau bietet diese Person an?
- Ist das genau das, was ich suche?
- Wie unterscheidet sich diese Person von möglichen Wettbewerbern?
- Wie ist mein Nutzen?

Je eher und je besser Sie diese unausgesprochenen Leserfragen beantworten können, desto besser der erste Eindruck. Deswegen mein
Tipp: Füllen Sie diese Formularfelder nicht so normal aus, wie das
die meisten anderen Mitglieder in Social-Media-Netzwerken machen.
Ein Beispiel: Nehmen wir an, Sie sind selbstständiger Unternehmensberater und haben den akademischen Abschluss Diplom Be-
triebswirt. Dann steht dies normalerweise in dem Profilfeld »Akade-
mischer Abschluss«. Daraus entstehen gleich zwei Probleme. Erstens
tun das tausende andere Unternehmensberater auch. Sie heben sich
damit kaum von den anderen ab. Der Kunde denkt möglicherweise:
Schon wieder so ein »normaler Unternehmensberater«. Zweitens beantwortet diese Aussage keine der Fragen, auf die der potenzielle
Kunde eine Antwort auf Ihrem Profil sucht. Insbesondere in XING
ist dieses Feld unter Ihrem Namen so prominent angeordnet, dass
Sie darüber nachdenken sollten, ob Sie es nicht mit normalen sondern mit wirksamen Inhalten füllen. Wenn Sie gar keinen Akademischen Abschluss haben, fällt es Ihnen wahrscheinlich umso leichter,
dieses Feld zweckzuentfremden.

Was können statt dem normalen akademischen Abschluss wirksame Inhalte sein? Denken Sie darüber nach, was die Folge Ihres Tuns
ist. Was hat der Kunden davon, dass es Sie oder Ihre Angebote gibt?
Ein Beispiel: Ich bin selbst Verkaufs- und Kommunikationstrainer.
Was ist nun die Folge meines Tuns, zum Beispiel eines Trainings

oder einer Akquise Beratung? Mein Kunde gewinnt einfacher oder leichter die passenden Kunden. Also habe ich das Feld mit dem unnormalen Begriff »Kundengewinnungscoach« gefüllt. Es sagt dem Leser sofort zwei Sachen: Es geht um die Kundengewinnung und offenbar ist diese Person jemand, der mir dabei hilft, ein Coach.

In dieser Abbildung erkennen Sie die prominente Position dieses Feldes.

**Abbildung 1:** Profilkopf in XING

Die beiden darunter liegenden Felder, sind in XING die Felder »Position« und »Firma«. Sie finden diese weiter unten im Lebenslauf unter Ihrer aktuellen beruflichen Position. Die Inhalte dieser beiden Felder haben die gleiche prominente Chance, den guten ersten Eindruck zu unterstützen. Sie sollten das Feld Position nicht mit so normalen Begriffen wie Geschäftsführer, Vertriebsleiter oder Berater füllen. Je genauer Sie Ihrem potenziellen Kunden sagen, was er wissen will, desto besser der erste Eindruck. Finden Sie also Attribute oder Adjektive, die Ihre Position besser beschreiben als die, von sehr Vielen benutzten normalen Begriffe. In meiner Branche, der Verkaufs- und Kommunikationstrainer, gibt es ca. 40000 Wettbewerber im deutschsprachigen Raum. Ein potenzieller Kunde der mein Profil besucht, weil er einen Verkaufs- und Kommunikationstrainer sucht, will wissen was mich von den Wettbewerbern unterscheidet. Ihre potenziellen Kunden interessieren sich sicher auch dafür. Mit den typischen normalen Begriffen, wie *Unternehmensberater*, schaffen Sie das nicht. Wofür sind Sie Unternehmensberater? Was ist Ihr Spezialgebiet? In welchem Bereich können Sie für Ihre Kunden den größten Nutzen erbringen? Diese Fragen helfen Ihnen, die passenden Attribute und Adjektive zu finden.

Nehmen wir an, Sie sind Fotograf und suchen neue Geschäftskunden in XING. Sie haben sich auf die besonders überzeugende Darstellung von Menschen im Business spezialisiert. Dann könnten Sie das Feld Position beispielsweise mit dem Slogan »So überzeugen Sie mit Ihrem Foto« oder »Überzeugende Businessfotografie« füllen. In diesem Inhalt steckt nicht nur eine angenehm andere Bezeichnung. Sie zeigt gleichzeitig einen ersten Nutzen, die Überzeugung, auf. Zusätzlich kann unterbewusst der Eindruck entstehen, dass Sie ein kreativer Fotograf sind.

Wählen Sie vor allem Begriffe, Attribute oder Adjektive, die kundenorientiert sind. Denken Sie möglichst oft an die unausgesprochenen Leserfragen und liefern darauf gute Antworten.

In XING gibt es dann unterhalb des Feldes Position noch das Feld Firma, dass auch neben dem Bild angezeigt wird. Auch hier empfehle ich dieses Feld mit angenehm anderen Inhalten zu füllen, als das alle anderen tun. Bleiben wir bei dem Beispiel unseres Fotografen. Üblicherweise steht in diesem Feld beispielsweise: »Fotostudio Meier«. Etwas besser wären sicher diese Bezeichnungen:

- Fotostudio Meier – Ihr Businessfotograf
- Hans Meier – Ihr Businessfotograf
- Ihr kreativer Businessfotograf

Sie können das Feld Firma auch für eine aussagekräftige Adresse zu Ihrer Webseite verwenden. Hier müssen Sie aber wissen, dass diese Webadresse in XING nicht anklickbar ist. Daher sollte es eine leicht merkbare Adresse sein. Das Feld Firma können Sie in XING nur dann zweckentfremden, wenn Sie für Ihr Unternehmen in XING kein Unternehmensprofil angelegt haben. Die Unternehmensprofile in XING haben den Vorteil, dass alle Mitarbeiter, die auch ein XING-Profil besitzen, automatisch auf dem Unternehmensprofil angezeigt werden. Dazu benötigt XING aber in allen Mitarbeiterprofilen die gleiche Schreibweise im Feld Firmenname.

Seien Sie mutig, angenehm anders als alle anderen und zweckentfremden Sie diese prominenten Felder. Im internationalen Businessnetzwerk LinkedIn gibt es diese Möglichkeit in ähnlicher Form.

In Facebook müssen Sie für die Kundengewinnung mit einer Fanpage arbeiten. Hier gibt es keine derart prominenten Felder wie in XING oder LinkedIn. Dafür können Sie den Kopf der Fanpage grafisch (fast) frei gestalten. Neben dem Profilbild, für das die gleichen, oben genannten Empfehlungen gelten, können Sie eine Grafik in der Größe 851 × 315 Pixel einstellen. Ein Teil Ihres Profilbildes ragt in diese Grafik hinein. So können Sie diese beiden Grafiken optisch und inhaltlich integrieren. Ein paar, zum Teil witzige Beispiele, finden Sie unter diesem Link: www.hongkiat.com/blog/creative-facebook-time-line-covers/

Ein kostenfreies Programm zur Erstellung einer Grafik für Ihre Fanpage finden Sie unter diesem Link: http://timelinecoverbanner .com/

Die Hinweise für die Inhalte der Profilfelder neben Ihrem Bild in XING gelten sinngemäß auch für die Inhalte der Grafik auf Ihrer Facebook-Fanpage. In Facebook haben Sie den Vorteil, Sie sind nicht nur auf textliche Informationen beschränkt, sondern können mit visuellen Informationen arbeiten. Je klarer Sie mit den Inhalten der Grafik die unausgesprochenen Leserfragen beantworten, desto eher erzeugen Sie auch hier einen guten ersten Eindruck.

Ideen für die Inhalte Ihrer Fanpage-Grafik:
- Ihr Unternehmenslogo,
- weitere Bilder von Ihnen,
- kurzer Slogan (digitaler Elevator Pitch) mit einem Nutzenversprechen,
- Grafiken, Bilder und Farben, die die passenden Emotionen unterstützen.

Bitte beachten Sie, dass Sie nach den aktuellen Nutzungsbedingungen von Facebook auf dieser Grafik keine Kontaktdaten, keine Aufforderungen zum Kauf und keine Animation, um auf den »gefällt mir«-Button zu klicken, einbauen dürfen (Stand 07/2013).

Zusammengefasst ist festzuhalten: Wenn Sie es mit Ihrem Profilbild und den Inhalten der Fanpage-Grafik in den ersten drei Sekunden geschafft haben, einen guten ersten Eindruck zu vermitteln, dann beginnt sich Ihr potenzieller Kunde mit dem Rest Ihrer Fanpage zu beschäftigen.

### 3. Schritt: Eine Selbstdarstellung, die für Sie wirbt

Je besser und glaubhafter Sie sich als Person in Social-Media-Netzwerken darstellen, desto eher entsteht Vertrauen in Ihre Angebote und Dienstleistungen. In XING gibt es auf Ihrem persönlichen Profil den Bereich Portfolio. In den Einstellung können Sie festlegen, dass das Portfolio einem Profilbesucher zuerst angezeigt wird. Das sollten Sie tun. Das Portfolio ist sehr gut für die Vermittlung eines guten ersten Eindrucks geeignet. Sie sollten es dazu nutzen, um sich Ihrem Profilbesucher gegenüber im besten Licht zu präsentieren. Grundsätzlich können Sie davon ausgehen, dass auch einige Ihrer Wettbewerber Social-Media-Netzwerke für die Kundengewinnung nutzen. Sie müssen sich also auch hier mit einer wirksamen Profildarstellung angenehm vom Wettbewerb abheben. Das ist aktuell in den meisten Social-Media-Netzwerken noch recht leicht mit einem außergewöhnlich gut gestalteten Profil möglich. Die meisten Profile sind nach dem olympischen Gedanken »dabei sein ist alles« gestaltet. In XING haben beispielsweise noch sehr wenige Nutzer das Portfolio gut gestaltet.

### Die Portfolio-Seite in XING

Der Vorteil, dieser Seite in XING ist, dass Sie diese sogar mit Grafiken, speziellen Formatierungen und einer besonderen Dramaturgie versehen können. In kaum einem anderen Social-Media-Netzwerk haben Sie so viele flexible Möglichkeiten, sich sehr gut selbst zu präsentieren.

**Abbildung 2:** Erste Grafik auf dem Portfolio

Der obere Teil des Portfolios wird jedem Profilbesucher unterhalb Ihres Profilkopfes sofort angezeigt. Das ist der wichtigste Teil Ihres Portfolios, da er unmittelbar zu sehen ist. Die Grafiken auf diesem ersten Teil werden in einer 190 × 190 Pixel großen Kachel als Vorschau angezeigt. Drei dieser Kacheln können nebeneinander angeordnet werden. Ein Kick auf die Kachel zeigt die gesamte Grafik an. Diese kann eine maximale Breite von 586 Pixeln und eine Höhe von 860 Pixeln haben.

Diese oberen Grafiken sollten:

- neugierig machen und Aufmerksamkeit erzeugen,
- einen Teil Ihrer Positionierung als Experte darstellen (wo und wie unterscheiden Sie sich),
- ein Motiv bieten, um den Rest der Portfolio Seite anzusehen.

### Die Dramaturgie Ihres Portfolios

Wie in einem spannenden Theaterstück führen Sie den Besucher Ihres Portfolios durch die verschiedenen Abschnitte hin zu einem gewünschten Ergebnis. Die hier beispielhaft vorstellte Dramaturgie, können Sie in allen anderen Social-Media-Netzwerken einsetzen, die ähnlich gute, gestalterische Möglichkeiten bieten. Sie können diese Dramaturgie auch für die Startseite Ihres Webauftritts verwenden. Damit würde sich auch Ihre Webseite angenehm anders abheben.

Aufgabe der Kopfgrafiken:
- Neugier
- Motivation auf „mehr" zu klicken
- Expertenstatus / Nutzen

**1. Abschnitt:** Vertrauen schaffen
Mit Fragen einsteigen
Abholen beim „Kittel-Brenn-Faktor"
(KBF)

**2. Abschnitt**: Beweisführung für
Behauptung, Versprechen abgeben!
Kurze Erläuterung der Angebote (max. 4
Zeilen pro Block), Nutzenaufzählung

**3. Abschnitt:** Grafiken / Videos die die
passenden Emotionen zum KBF oder
Nutzen zeigen

**4. Abschnitt:** Kontaktdaten, eingescannte Unterschrift, Handlungsaufforderung

**5. Abschnitt:** Referenzen
Keywordsammlung, Impressum

**Abbildung 3:** Dramaturgie des Portfolios

1. Abschnitt:

Der erste Satz, mit dem Sie Ihren potenziellen Kunden empfangen, sollte bereits geeignet sein, Vertrauen zu schaffen. Sicher wissen Sie, dass Vertrauen eine unverzichtbare Grundlage für die Kundengewinnung ist. Wie schaffen Sie nun Vertrauen mit Ihrer Portfolio-Seite? Eine Methode lautet: Holen Sie Ihren potenziellen Kunden bei seinem »Kittel-Brenn-Faktor« (KBF) ab. Haben Sie das Kapitel mit den 16 Fragen zur Positionierung gelesen? Dann wissen Sie bereits, dass der KBF ein, von Ihrem potenziellen Kunden als emotional als belastend empfundenes, Problem ist. Der erste Vorteil bei der Verwendung eines KBF: Jeder potenzielle Kunde hat einen oder sogar mehrere KBF. Zweiter Vorteil: Die meisten potenziellen Kunden wollen ihren KBF schnell loswerden. Es steckt also in jedem KBF ein Handlungsmotiv drin.

Nehmen wir doch einfach mal an, dass Sie selbst noch nicht automatisch genügend der passenden Neukunden gewinnen. Das könnte Sie emotional belasten, weil Sie sich dann immer wieder mit der Neukundenakquise abmühen müssen. Dieser KBF hat wahrscheinlich dafür gesorgt, dass Sie dieses Buch gekauft haben. Der Wunsch den KBF loszuwerden, hat Sie zu einer Handlung motiviert.

Wie entsteht durch das Abholen Ihrer potenziellen Kunden bei deren KBFs nun Vertrauen? Wenn Sie im ersten Satz das brennende Problem des Kunden offensiv ansprechen, gewinnt der potenzielle Kunde das Gefühl, dass Sie ihn mit seinen Sorgen und Nöten verstehen. Diese Eigenschaft, dass Sie die Sorgen, Nöte, Gefühlslagen und Bedürfnisse kennen, wird üblicherweise nur vertrauten Personen, wie guten Freunden oder dem eigenen Therapeuten zugeschrieben. Dieses Gleichnis stellt die erste kleine Vertrauensbrücke her.

Wie formulieren Sie nun den Einstieg und das Abholen beim KBF Ihrer Kunden?

1. Legen Sie eine homogene Zielgruppe fest. Unterschiedliche Zielgruppen haben verschiedene KBFs.
2. Ermitteln Sie die bei möglichst vielen potenziellen Kunden aus der Zielgruppe vorhandenen, emotionalen Belastungen und Probleme (dazu gleich ein Beispiel).
3. Wählen Sie das stärkste und möglichst weit verbreitete Problem aus.
4. Wählen Sie eine Formulierung zum Abholen beim KBF, die gleichzeitig eine Lösung andeutet.

Ein Beispiel aus meiner eigenen Branche, dem Verkaufs- und Kommunikationstraining. Das ist ein Markt mit einem starken Wettbewerb (viele Anbieter). Es gibt kaum Standards, die dem Kunden einen Qualitätsvergleich erleichtern. Dementsprechend vorsichtig sind Unternehmen bei der Auswahl neuer Trainer. Das erste emotional empfundene Problem ist also Unsicherheit. Das Ziel eines Verkaufs- und Kommunikationstrainings ist, dass die Trainingsteilnehmer danach besser verkaufen oder kommunizieren, also Ihr Verhalten ändern. Jeder, der schon mal versucht hat, ein gewohntes Verhalten zu ändern, weiß wie schwer das ist. Demzufolge schaffen es nur wenige Verkaufs- und Kommunikationstrainings, dieses Ziel zu erreichen. Das liegt vor allem an ungeeigneten Trainingsmethoden, die viele Trainer unbewusst aus ihrer eigenen Schul- und Studienausbildung übernommen haben. Die modernen Neurowissenschaften beweisen heute eindrucksvoll, dass Lernen und Verhaltensänderungen auf anderen Wegen stattfinden, als häufig angenommen. Das ist das zweite, emotional empfundene Problem der Zielgruppe: Wenn ein Unternehmen Geld in eine Trainingsmaßnahme investiert, diese aber nicht das gewünschte Ergebnis bringt, ist das frustrierend. Das Problem wird noch dadurch verstärkt, dass kaum ein Auftraggeber in der Lage ist, die Qualität der geplanten Trainingsmaßnahme im Vorfeld zu bewerten. Es muss also immer die Katze im Sack gekauft werden. Das bringt Probleme auf beiden Seiten. Auftraggeber haben es schwer den passenden Trainer zu finden, während es Trainer wiederum schwer haben, neue Auftraggeber zu überzeugen. Ziemlich schwierige Situation, oder? Gibt es in Ihrer Branche ähnlich große Herausforderungen bei der Kundengewinnung? Dann wird Ihnen die Methode »Abholen beim KBF« helfen.

Wie nutze ich nun diese Methode für den Vertrauensaufbau? Ich formuliere folgenden Einstiegssatz, den man übrigens auch zu Beginn einer Präsentation verwenden kann: »Soll sich durch Ihre Investition in ein Training dauerhaft etwas verändern?« Diese Form des Abholens beim KBF hat mehrere Vorteile.

1. Vorteil: Fragen sorgen für mehr Aufmerksamkeit als Aussagen.
2. Der eigentliche KBF wird in lösungsorientierter Form als Nutzen kommuniziert.

Sie können den KBF aber auch bewusst problemorientiert ansprechen. Das würde so aussehen: »Kennen Sie das? Sie geben viel Geld für ein Verkaufstraining aus und hoffen, dass Ihre Verkäufer danach tatsächlich mehr verkaufen. Zwei Monate nach dem Training stellen Sie fest, dass alles beim Alten geblieben ist. Frustriert denken Sie: Das ganze Geld umsonst ausgegeben.« In dieser Variante ziehen Sie den Leser durch einen aktiven Erzählstil in die Problemgeschichte hinein. Auch das ist eine sehr starke Form.

Beide Formen sind gut geeignet. Welche Sie wählen, hängt auch vom zur Verfügung stehenden Platz ab. In der ersten Variante, entsteht beim Leser (der den KBF hat) ein inneres »Ja«, eventuell ergänzt durch ein »aber wie?«.

## 2. Abschnitt:

Jetzt haben Sie mit der Methode *Abholen beim KBF* ein erstes Stück Vertrauen gewonnen. Wie können Sie das noch verstärken. Noch weiß ja Ihr potenzieller Kunde nicht, wie Sie seinen KBF lösen wollen. Bisher hat er nur das gute Gefühl, dass Sie ihn verstehen. Möglicherweise entsteht an dieser Stelle eine weitere unausgesprochene Leserfrage. Diese lautet sinngemäß: »Wie wird diese Person mein Problem lösen?« Wenn Sie auf diese Frage jetzt im 2. Abschnitt eine überzeugende Antwort liefern, erzeugen Sie wieder ein Stück weit mehr Vertrauen. Eine überzeugende Antwort enthält zwei Dinge. Als Erstes führen Sie Beweis, warum gerade Sie kompetent sind, den KBF des potenziellen Kunden schnell und zuverlässig zu lösen. Dann erläutern Sie als Zweites kurz und verständlich, wie Sie den KBF lösen können. Das würzen Sie noch mit einer stichwortartigen Auflistung von drei bis vier der Hauptnutzen.

In meinem Beispiel sieht das so aus: *Das funktioniert aber nicht so, wie bisher vermutet! Als Mitglied der Akademie für neurowissenschaftliches Bildungsmanagement verfüge ich über die neuen Erkenntnisse der Hirnforschung zum Thema Lernen. Dadurch bin ich in der Lage, Seminare und Trainings gehirngerecht zu gestalten.*

### Ihr Vorteil:
- *Nachhaltiger Wissenstransfer.*
- *Investitionen in Weiterbildung lohnen sich mehr.*
- *Lernen macht einfach mehr Spaß.*

Der erste Satz *Das funktioniert aber nicht so, wie bisher vermutet!* Ist eine paradoxe Intervention. Der Satz sagt etwas, was der Kunde nicht erwartet. Der Kunde erwartet an dieser Stelle vielfach eine lange (Werbe-)Ausführung darüber, wie toll doch der Anbieter ist. Das Übliche halt. Sie tun es nicht so. Das erhöht die Aufmerksamkeit. Außerdem ist es angenehm anders, als es alle anderen tun.

*Als Mitglied der Akademie für neurowissenschaftliches Bildungsmanagement verfüge ich über die neuen Erkenntnisse der Hirnforschung zum Thema Lernen.* Dieser Satz ist die Beweisführung. Am besten Sie liefern an dieser Stelle einen schlüssigen Beweis, den der Kunde nicht in Frage stellen kann. Zum Beispiel den Verweis auf eine wissenschaftliche Studie, einen Fachbericht oder die Aussage eines anerkannten Experten. Wenn Sie nichts dergleichen verwenden können, bleibt Ihnen noch die Methode der unbestreitbaren Wahrheit. Das ist eine allgemein akzeptierte Tatsache, der keiner widersprechen will. Dazu in einem späteren Kapitel noch ein paar Beispiele.

*Dadurch bin ich in der Lage, Seminare und Trainings gehirngerecht zu gestalten.* Dieser Satz leitet in die Lösung des KBF über. Das ergänzen Sie um eine kurze, maximal vier Punkte lange Aufzählung der wichtigsten Nutzen.

In diesem Beispiel sehen Sie, wie man mit wenigen Zeilen und einer Nutzenaufzählung sowohl den KBF als auch die Lösung beschreiben kann. Das liebt das Gehirn Ihres potenziellen Kunden und bedankt sich mit Aufmerksamkeit. Das ist eine wirksame Selbstdarstellung, die für Sie als Person wirbt.

### 3. Abschnitt:

Ein Bild sagt mehr als tausend Worte, der Film erzählt die ganze Geschichte. An dieser Stelle hat Ihr potenzieller Kunde einen weiteren guten Eindruck von Ihnen bekommen. Das Vertrauen ist weiter gestiegen. Zusätzlich hat er einen ersten Eindruck Ihrer Kompetenz bekommen. Jetzt ist der potenzielle Kunde offen und will mehr wissen. Sie dürfen etwas weiter ausholen und erläutern, wie genau Sie den KBF lösen. Das geht am einfachsten mit einem kurzen Video von maximal fünf Minuten Länge. Videos sind das Kommunikationsmittel Nummer eins in Social-Media-Netzwerken. Ein Video signalisiert dem Gehirn Ihres potenziellen Kunden: Es wird leicht und nicht anstrengend sein, diese Inhalte zu verarbeiten.

In XING können Sie Videos auf dem Portfolio leider nur in indirekter Form einbinden (Stand 07/2013). Binden Sie einen Screenshot des Videos als Grafik auf dem Portfolio ein und verlinken im Text neben der Grafik auf das Video.

Haben Sie kein Videomaterial zur Verfügung, behelfen Sie sich mit Grafiken und Bildern. Wichtig bei der Auswahl der Bilder ist, dass diese von hoher Qualität sind. Nur gute Grafiken haben die Chance Emotionen zu erzeugen. Bei der Auswahl der Motive und Inhalte der Bilder ist neben dem Thema auch die Emotion wichtig. Fragen Sie sich, welche Emotionen Sie bei Ihrem potenziellen Kunden an der Stelle erzeugen wollen und geben diese als Suchbegriff in einer Bilderdatenbank ein. Am besten Sie probieren das mal bei Bilderdatenbanken wie www.fotolia.de oder www.istockphoto.com. Geben Sie dort in der Suchleiste mal den Begriff *Vertrauen* ein. Sie werden sicher schnell fündig. Aus den Treffern wählen Sie ein Bild aus, dass die gewünschte Emotion passend zu Ihrem Umfeld oder Thema zeigt. Dabei müssen die Emotionen nicht immer positiv sein. Sie können mit Bildern Ihren potenziellen Kunden bei seinen negativen Emotionen (dem KBF) abholen. Negative Emotionen, zum Beispiel Schmerz oder Unsicherheit fördern die Motivation davon wegzukommen. Dieser Antrieb ist oft stärker, als die von den positiven Emotionen ausgelösten Motive.

### 4. Abschnitt:

Jetzt fordern Sie zum Handeln auf. Der sogenannte *Call to Action* wird oft vergessen. Unzählige Untersuchungen belegen: Wenn er fehlt, ist die Anzahl der Reaktionen deutlich geringer. Fordern Sie auf eine freundliche aber eindeutige Art zur Kontaktaufnahme auf.

Zum Beispiel:

- Rufen Sie mich jetzt an, ich finde die passende Lösung für Sie.
- Es ist leichter als Sie denken Ihren … (KBF) zu lösen. Ich zeige Ihnen wie, wenn Sie mich jetzt anrufen.
- Es ist faszinierend wie schnell Sie … (Nutzen) erreichen, wenn Sie wissen wie. Ich zeige es Ihnen, wenn Sie mich jetzt anrufen.

Diese Handlungsaufforderung ergänzen Sie um Ihre Kontaktdaten. Wenn Sie Ihrer Portfolio-Seite hier in XING eine offizielle Note geben wollen, scannen Sie Ihre Unterschrift in blau ein und fügen Sie diese mit einer Grußformel über die Kontaktdaten ein. Die meisten von Ihnen sind sicher auch noch so aufgewachsen, dass nur ein im Original unterschiebener Vertrag gültig ist. Dieses übernommene Muster machen wir uns damit zu Eigen.

### 5. Abschnitt:

Trotz aller Methoden zum Vertrauensaufbau, stellt sich der Kunde vielleicht noch die Frage, ob das alles stimmt. Deswegen bringen Sie an dieser Stelle aussagekräftige Referenzen auf Ihr Portfolio. Aussagekräftige Referenzen eignen sich besonders gut für die Arbeit in Social-Media-Netzwerken. Wie Sie weiter vorn im Buch gelesen haben, vertrauen Menschen immer mehr den Aussagen fremder Dritter, als den Werbeaussagen eines Unternehmens.

### Wie bekommen Sie gute Referenzen?

Warten Sie nicht erst, bis Ihnen ein Kunde eine Standardreferenz schickt. Handeln Sie lieber aktiv und holen Sie sich Referenzen, die wirklich etwas aussagen. Legen Sie fest, wann und für welche Kunden eine Referenz erstellt werden soll. Denn schließlich ist nicht jeder Kunde gleichermaßen eine gute Referenz für Sie. Dann machen Sie es sich und Ihren Kunden leicht: Dokumentieren Sie bereits in der Phase der Leistungserbringung einige zufriedene Kundenaussagen. Fordern Sie diese Zwischenfazits freundlich ein und notieren diese. Je authentischer und stärker die Zitate, umso wertvoller sind sie für spätere Referenzschreiben.

Wenn Ihr Kunde dann wirklich zufrieden oder begeistert ist, ist die Zeit reif. Bitten Sie dann Ihren Kunden um eine Referenz. Damit für Ihren Kunden dadurch kein zusätzlicher Aufwand entsteht, bieten Sie an, ihm diese Arbeit der Formulierung abzunehmen: *»Sind Sie damit einverstanden, dass wir den Text schon einmal vorbereiten und Ihnen per E-Mail zusenden? Sie sehen ihn durch, drucken ihn auf Ihrem Geschäftspapier aus und unterschreiben ihn. Ist das für Sie so in Ordnung?«* Bereiten Sie dann ein Referenzschreiben vor, das aus diesen Notizen formuliert wird und die für Sie wichtige Inhalte hat.

Wenn Sie so vorgehen und Ihr Kunde das Schreiben innerhalb der nächsten zwei Tage erhält, dann weiß er wieder: Das ist ein Top-Lieferant, auf den man sich verlassen kann! Und er fühlt sich verpflichtet, mitzumachen.

Ähnlich können Sie mit Kunden vorgehen, deren Auftrag schon abgearbeitet ist. Rufen Sie die zufriedenen Kunden an und bringen sich so wieder in Erinnerung. Nach ein wenig Smal Talk können Sie wie folgt um eine Referenz bitten. »*Herr Müller, wenn ich mich an unsere Zusammenarbeit zurück erinnre fällt mir ein, dass ich damals etwas vergessen habe. Ich habe noch gut im Gedächtnis, dass Sie sehr zufrieden waren. Daher wollte ich Sie damals um eine Referenz bitten. Leider habe ich das vergessen. Wäre es sehr vermessen, wenn ich Sie heute noch darum bitte?*« Sie werden erstaunt sein, wie viele Ihrer zufriedenen Kunden Ihnen so eine Referenz geben werden. Bieten Sie dann wieder an, die Referenz zu formulieren.

Die besten Referenzen bekommen Sie nicht von Ihren zufriedenen, sondern von Ihren begeisterten Kunden. Wenn Sie in Social-Media-Netzwerken weiterempfohlen werden wollen, dann helfen begeisterte Kunden enorm. In diesen Netzwerken ist eine Empfehlung viel leichter ausgesprochen, als in der klassischen Welt. In vielen Netzwerken gibt es Funktionen, eine Nachricht an alle Netzwerkkontakte zu empfehlen. Dazu braucht es häufig nur ein paar Klicks. Begeisterte Kunden lassen sich häufig sehr leicht dazu animieren. Wenn Sie beispielsweise 500 Zielgruppenkontakte in einem Social-Media-Netzwerk aufgebaut haben, und jeder dieser Kontakte durchschnittlich 100 eigene Kontakte hat, erzielen Sie eine mögliche Reichweite von 50 000 Kontakten. Nach dem *Motto Gleich und Gleich gesellt sich gern* können Sie davon ausgehen, dass unter diesen Kontakten viele ähnliche sind, die auch zu Ihrer Zielgruppe passen. An diesem Beispiel erkennen Sie einen der entscheidenden Unterschiede zwischen der herkömmlichen Kundengewinnung und den Möglichkeiten von Social-Media-Netzwerken. Kaum einer Ihrer Kunden wäre bereit, an all seine Kontakte einen Brief mit einer Empfehlung für Sie zu schreiben, oder sich auf einem Businesstreffen vor 500 Leute auf die Bühne zu stellen, um Sie zu empfehlen. Erkennen Sie die Magie?

### Wie bekommen Sie mehr begeisterte Kunden?

Ein Kunde ist in der Regel dann zufrieden, wenn er das bekommt, was er erwartet. Zufrieden ist aber nur befriedigend. Das entspricht lediglich der Schulnote drei. Sie wollen mehr. Sie wollen begeisterte Kunden, die zu Empfehlungsgebern in Social-Media-Netzwerken werden. Es gibt eine einfache Möglichkeit, Ihre Kunden zu begeistern. Verblüffen Sie diese. Das wiederum geht am einfachsten, wenn Sie etwas mehr für Ihren Kunden tun, als dieser erwartet. Bekommt

Ihr Kunde mehr, als er erwartet, ist die Chance auf Begeisterung sehr groß. Wenn dieses *Mehr* auch noch nützlich ist, können Sie sich der Kundenbegeisterung sicher sein.

Wie und was können Sie mehr für Ihren Kunden tun? Vielleicht finden Sie in den folgenden Beispielen ein paar Anregungen, die Sie adaptieren können.

1. Beispiel: Schreiben Sie in die Leistungsbeschreibung nur so viele Punkte rein, wie Sie für die Auftragsgewinnung und Ihren Wunschpreis benötigen. Bleibt dann etwas übrig, haben Sie Ihre Zusatzleistung.

2. Beispiel: Liefern Sie zu Ihren Produkten nützliche Anwendungstipps, die der Kunde sonst erst durch mühsames Probieren in der Praxis herausfindet. Verpacken Sie diese wertvoll. Wenn Sie beispielsweise eine Buchhaltungssoftware verkaufen, könnten Sie ein kleines Booklet oder ein PDF mit dem Titel *Die fünf besten Tipps, um mit Ihrem neuen Buchhaltungsprogramm jeden Tag eine Stunde Zeit zu sparen* anfertigen und es Ihrem Kunden schenken. Noch dramatischer klingt: *Die fünf fatalsten Fehler in der Buchhaltung, die jeden Steuerprüfer magisch anlocken und wie Sie diese vermeiden.*

3. Beispiel: Ein auf das Reiserecht spezialisierter Rechtsanwalt (ja auch Rechtsanwälte müssen Kunden akquirieren) kann pünktlich zur Sommersaison ein PDF mit dem Titel *Die fünf unverzichtbaren Tipps, um im Urlaub einen Reisemangel wirksam anzuzeigen* an seine Kunden verschenken. Welchen Rechtsanwalt wird einer seiner Kunden wohl beauftragen, wenn es trotzdem zum Streit kommt? Wahrscheinlich den, von dem seine Kunden durch diese Tipps schon wissen, dass er sich auf diesem Gebiet bestens auskennt, oder?

Die Systematik einer wertvollen Verpackung für diesen Zusatznutzen lautet: »Die … (konkrete Anzahl zwischen fünf und sieben) besten Tipps, um mit … (Ihr Angebot) … (Nutzen)«. Es gibt auch eine Variante, die die negativen Emotionen anspricht: »Die … (konkrete Anzahl zwischen fünf und sieben) fatalsten Fehler bei … (ein Fachgebiet) und wie Sie diese vermeiden«. Dieser Zusatznutzen muss sich nicht immer direkt auf Ihr Angebot beziehen. Da Sie ja Experte für Ihre Angebote und sicher auch für Ihre Zielgruppe sind, haben Sie sicher eine ganze Menge anderer guter Tipps auf Lager. Grundlage für die Kundenbegeisterung ist allerdings, dass sie die erwarteten Leistungen in exzellenter Form erbringen.

Achtung Impressumspflicht!

Ein geschäftlich genutztes Social-Media-Profil muss nach deutschem Recht ein Impressum haben. Fügen Sie also am Ende Ihres Portfolios ein Impressum ein.

Ergänzen Sie dann den Abschnitt fünf Ihrer Portfolio Seite, unterhalb vom Impressum um eine Keyword Sammlung. Das sind wichtige Schlüsselwörter, die Ihr XING-Profil in Google besser platzieren. Es ist in vielen Branchen leichter, mit einem gut gemachten öffentlichen Profil eines Social-Media-Netzwerkes unter die vorderen Treffer zu kommen. Als Schlüsselwörter verwenden Sie am besten diejenigen, die Ihre Kunden auch in Google eingeben, um nach Ihren Angeboten zu suchen. Hier hilft Ihnen das kostenfreie Keyword Tool von Google weiter. Sie finden es unter diesem Link: https://adwords. google.com/o/**KeywordTool** oder Sie geben in der Google-Suche den Begriff *Keyword Tool* ein. Diese Schlüsselwörter geben Sie in XING auf Ihrer Portfolio-Seite, jeweils mit einem Komma getrennt, ein. Wortgruppen trennen Sie hier nur am Ende der Wortgruppe. Die zusammenhängenden Schlüsselworte *Social Media Marketing* trennen Sie also erst nach dem Wort *Marketing* mit einem Komma ab.

### Der Bereich »Persönliches« auf Ihrem XING-Profil

In diesem Bereich können Sie jetzt ziemlich prominent darstellen, was Sie anbieten und was Sie suchen. Das ist einer der weiteren Vorteile von XING gegenüber anderen sozialen Netzwerken. In Facebook müssen Sie diese zusätzlichen Inhalte auf Ihrer Fanpage erst über eine spezielle App in die Navigation der Fanpage einbauen. Dafür haben Sie dann dort eine größere Gestaltungsfreiheit. In XING sind Sie auf die Eingabe von Text begrenzt. Sie können in den Rubriken, »Ich biete« und »Ich suche« maximal 200 Zeichen je Abschnitt eingeben. Trennen Sie den Text mit einem Komma, beginnt ein neuer Abschnitt (grau unterlegter Kasten). Auch hier kommt es darauf an, dass Sie Ihrem potenziellen Kunden gegenüber weiter einen guten ersten Eindruck bewahren. Das machen Sie in diesem Bereich mit zwei Elementen. Sie texten die Inhalte kundenorientiert. Sie wissen ja sicher noch, dass Sie zum *Kundenversteher* werden müssen. Zweitens müssen Sie es dem Leser leicht machen, die Texte zu lesen. Texte auf dem Bildschirm zu lesen, ist viel anstrengender, als auf dem Papier. Wenn Sie die Texte in diesen beiden Rubriken in Textblöcke zu je maximal drei Zeilen aufteilen und diese mit einem durchgezogenen Unterstrich vom nächsten Textblock trennen, ist es leichter, den Text zu verarbeiten.

### Die Rubrik »Ich biete«

Begrenzen Sie sich bei der Darstellung Ihrer Angebote auf klare und aussagekräftige Beschreibungen. Denken Sie daran, die Kundenbrille aufzusetzen. Ihr potenzieller Kunde fragt sich beim Lesen immer: »Was habe ich davon?« Je besser Sie diese unausgesprochene Kundenfrage beantworten, desto besser der erste Eindruck. Also beschreiben Sie nicht nur Ihre Angebote, sondern erwähnen Sie auch einen klaren und nachvollziehbaren Nutzen. Verzichten Sie weitestgehend auf Fremdwörter oder Anglizismen. Sie können damit selbst einfachste Sachverhalte so verkomplizieren, wie Sie an folgendem Beispiel erkennen: »Die voluminöse Expansion subterraler Agrarprodukte verhält sich umgekehrt reziprok zur spirituellen Kapazität des Erzeugers.« Sie kennen dieses Zitat eher unter »Die dümmsten Bauern ernten die größten Kartoffeln.«

Ergänzen Sie die einzelnen Beschreibungen unter »Ich biete« noch um ein paar Adjektive, die die passenden Emotionen fördern. Bieten Sie beispielsweise Trainings und Seminare an, fragen Sie sich: Was ist an meinem Seminaren besonders? Passt das Besondere zu den Bedürfnissen Ihrer Kunden? Wenn Ihr Kunde beispielsweise Seminare sucht, die nicht so trocken und langweilig sind, wie viele andere, dann könnten Sie das Adjektiv *motivierend* verwenden. Die Beschreibung Ihres Angebotes könnte dann beispielsweise so formuliert werden: *Motivierende Seminare für Verkauf und Kommunikation, die nachhaltigen Erfolg bringen.*

So beschreiben Sie drei bis vier Angebote. Am besten Sie erwähnen in dieser Rubrik nur die Angebote, die für Ihre Leidenszielgruppe den größten Nutzen bringen. Je besser Ihr Profilbesucher erkennt, dass er hier richtig ist, weil Sie genau das anbieten, was er sucht, desto eher entsteht wieder ein weiteres Stück Vertrauen in Sie.

### Keyword-Sammlung

Unterhalb der letzten Angebotsbeschreibung fügen Sie einen weiteren Trennstrich (durchgezogener Unterstrich) ein. Darunter ordnen Sie als letzten Abschnitt unter »Ich biete« eine weitere Keyword-

Sammlung an. Das können die gleichen Keywords wie auf Ihrem Portfolio sein. In XING können potenzielle Kunden mit der erweiterten Suche direkt nachdem suchen, was Sie anbieten. Diese Suche greift auf die Inhalte der Rubrik »Ich biete« zurück. Deswegen sollten Sie bei dieser Keyword-Liste darauf achten, dass sie möglichst viele der wichtigen Begriffe beinhaltet, über die potenzielle Kunden nach Ihren Angeboten suchen. Das erhöht die Chance, dass Sie in XING von Auftraggebern besser gefunden werden. Zusätzlich unterstützt diese Keyword-Liste Ihr Ranking in der Suchmaschine Google. Ihr XING-Profil wird, wenn Sie es dafür freigeschaltet haben, auch in den Suchmaschinen gelistet. Je nach Branche und Wettbewerbssituation ist es mit einem gut gestalteten XING-Profil leichter, in Google auf die vorderen Plätze zu kommen, als mit Ihrer Webseite. Achten Sie darauf, dass die einzelnen Keywords mit einem Komma getrennt werden. Bei Wortgruppen, wie zum Beispiel *Social Media Marketing*, sollten Sie nicht jedes Wort trennen, sondern das Komma erst nach Ende der Wortgruppe setzen.

### Die Rubrik »Ich suche«

Diese Rubrik hat mehr mit der Kundengewinnung und dem ersten guten Eindruck zu tun, als Sie denken. Glücklicherweise haben das in XING bisher nur wenige wirklich erkannt. Das ist Ihre Chance sich angenehm anders von allen anderen abzuheben. Normalerweise ist diese Rubrik dafür da, dass Sie Ihrem Profilbesucher mitteilen, was Sie suchen. Im Sinn der Kundengewinnung würde dort normalerweise stehen: »Ich suche neue Kunden und Aufträge.« So formulieren es die meisten XING-Nutzer. Das Problem dabei ist, dass sich Ihr potenzieller Kunde, der das liest, in dieser Formulierung nicht wiederfindet. Er weiß nicht, ob Sie genau ihn suchen. Ihre Aufgabe lautet also: Geben Sie mit der Formulierung unter »Ich suche« Ihrem potenziellen Kunden das Gefühl, dass Sie genau ihn suchen. Also statt der Formulierung »Ich suche neue Kunden« könnten Sie schreiben: »Ich suche neue Kunden aus dem mittelständischen Maschinenbau, die ihre Maschinenkosten um 15 % senken wollen.« In diesem Satz stecken die Zielgruppe und ein Nutzen drin.

Formulieren Sie also in zwei bis drei Abschnitten die Gesuche, die Ihre Zielgruppe genau beschreiben und einen passenden Nutzen beinhalten. Durch diese beiden Dinge signalisieren Sie Ihrem Kunden, dass Sie Experte in seiner Branche sind. Auch das ist wieder ein kleines Puzzleteilchen im Vertrauensbild. Wie bei einem richtigen Puzzle, ist auf jedem einzelnen Puzzleteil nicht viel zu sehen. Es braucht aber alle Puzzleteile, um ein vollständiges Bild zu bekommen.

### Die Rubrik »Interessen«

Kennen Sie das unsichtbare goldene Band der Gleichnisse? Sie kennen es vielleicht eher als Bauernregel »Gleich und Gleich gesellt sich gern.« Findet ein potenzieller Kunde auf Ihrem Profil einen Gleichgesinnten, hilft das einen guten ersten Eindruck entstehen zu lassen. Das ist Ihre Chance mit der Rubrik Interessen. Viele Profile von Unternehmern und Selbstständigen in XING, oder anderen Social-Media-Netzwerken, sind sehr geschäftlich orientiert. Die Denkweise die hier offenbar zugrunde liegt lautet: »Ich suche Kunden oder Aufträge, also muss ich meine Angebote oder meine Firma gut präsentieren.« Was sollen da meine persönlichen oder gar privaten Interessen? Dabei wird das Hauptmotiv der Menschen in Social-Media-Netzwerken vergessen. Menschen wollen andere interessante Menschen kennenlernen und sich mit diesen vernetzen. Wenn Sie ein paar von Ihren Interessen darstellen, macht Sie das in der unpersönlichen Welt des Internets etwas »anfassbarer«. Öffnen Sie sich ein bisschen und geben Sie etwas von sich Preis. Das motiviert Ihren potenziellen Kunden oft, sich mehr mit Ihnen zu beschäftigen. Außerdem kann es sein, dass der potenzielle Kunde, der Ihr Profil besucht, ein ähnliches Interesse hat. Schon entsteht ein besseres Gefühl. Ein Beispiel haben Sie sicher schon erlebt. Sie kommen auf einen geschäftlichen Empfang und kennen keinen der Gäste. Beim Essen kommen Sie mit dem Tischnachbar ins Gespräch und stellen fest, dass Sie an der gleichen Universität studiert haben. Schon gibt es eine Gemeinsamkeit, die Sie näher verbindet. Wir alle fühlen uns im Kreise von Gleichgesinnten wohler. Diese Chance sollten Sie nutzen. Gestalten Sie die Profile in den von Ihnen genutzten Social-Media-Netzwerken so, dass möglichst viele dieser Anknüpfungspunkte zu erkennen sind.

Im Social-Media-Netzwerk XING können Sie mit Hilfe der erweiterten Suche sogar direkt nach Kontakten suchen, die Ihrer geschäftlichen Zielgruppendefinition entsprechen und ein gemeinsames Interesse haben. Ihr Vorteil davon: Sie können zu diesen Kontakten leichter eine gute Beziehung herstellen. Der Teil »Kontakte« aus der Formel für Ihren Erfolg in Social-Media-Netzwerken beschäftigt sich noch intensiver mit dieser Möglichkeit in XING.

Zusammenfassend finden Sie in der folgenden Tabelle die Schritte zu einem außergewöhnlich guten XING-Profil.

| Schritt | Thema | Tipps und Hinweise | Erledigt |
|---------|-------|--------------------|----------|
| 1 | Persönliches Profilbild | Blick in Richtung des Profilbesuchers, farbiges Bild mit gewünschten, positiven Emotionen. Passende Kleidung. | |
| 2 | Beschreibung neben Ihrem Bild | Statt Akademischen Titel, Position und Firma, zweckentfremden Sie diese Felder. Inhalte: Nutzen aus Ihrem Tun und Hinweis auf Webseite. | |
| 3 | Bereich: »Ich suche« | Was genau suchen Sie? Bsp.: Qualitätsbeschreibung Ihrer Wunschkunden. | |
| 4 | Bereich: »Ich biete« | Bereiche mit durchgezogenen Unterstrichen trennen. Pro Bereich max. 200 Zeichen, Wirksame Formulierungen, die neugierig machen und den Nutzen zeigen, Verweis auf die Portfolio Seite. Im letzten Absatz, ganz unten Stichwortsammlung der passenden Such-Schlüsselwörter (wonach sucht Ihr Kunde?). | |
| 5 | Bereich: »Interessen« | Zeigen Sie auch etwas Persönliches, Privates und nutzen das »unsichtbare Band der Gleichnisse«. | |
| 6 | Bereich: »Organisationen« | Finde Gleichgesinnte. Tragen Sie hier vor allem die Organisationen ein, die Ihre Kompetenz unterstützen. | |
| 7 | Bereich: »Berufserfahrungen« | Zeigen Sie nur die beruflichen Stationen an, die Ihre heutige Kompetenz unterstreichen, alle anderen entfernen Sie. Keine Links zu Webseiten früherer Unternehmen. | |
| 8 | Bereich: »Referenzen« | Holen Sie gezielt Referenzen Ihrer Kunden in XING ein, geben Sie regelmäßig Referenzen. | |
| 9 | Bereich: »Auszeichnungen« | Neben realen Auszeichnungen, Verweis auf die Referenzen auf Ihrer Webseite | |

| Schritt | Thema | Tipps und Hinweise | Erledigt |
|---------|-------|--------------------|----------|
| 10 | Bereich: »Qualifikationen« | Tragen Sie alle Qualifikationen ein, die Ihre Kompetenz unterstützen, nicht nur Schulabschlüsse, sondern auch in der Praxis erworbene. | |
| 11 | Bereich: »Weitere Profile im Web« | Ihre Webseite und andere Links im Web, die zu Ihnen, Ihren Angeboten oder Videos führen. Achten Sie darauf, dass diese Profile auch gut gestaltet sind. Sonst zerstören Sie den guten Eindruck. | |
| 12 | Bereich: »Kontaktdaten« | Achten Sie auf freigegebene geschäftliche Kontaktdaten. | |
| 13 | Bereich: Portfolio | Stellen Sie Ihre Einzigartigkeit und Ihre Positionierung als Spezialist dar. Stellen Sie Ihre Kontaktdaten und Links zu Ihrer Webseite ein, arbeiten Sie mit Grafiken und Bildern. Fügen Sie passende Referenzen und die wichtigen Keywords ein. | |

**Tabelle 7:** Die Schritte zu einem außergewöhnlichen XING-Profil

## Der digitale Elevator Pitch (dEP)

Sie haben mit der Entwicklung Ihrer Positionierung und dem guten ersten Eindruck auf Ihrem persönlichen Profil schon wichtige Grundlagen gelegt. Sicher wird Ihnen Ihre Marketingpeerspitze immer bewusster. Ihre eigene Klarheit ist notwendig, dass Sie auch in den Köpfen Ihrer Kunden dieses Bewusstsein schaffen können. Ihre Kunden müssen erkennen, dass Sie der richtige Spezialist sind, den sie beauftragen sollen. Dazu müssen Sie die, in Ihrem Kopf vorhandene Klarheit, in die Köpfe Ihrer Kunden transportierten. Sie haben also im übertragenen Sinn eine Transportaufgabe. Waren Sie schon mal auf einem Netzwerktreffen oder einer Visitenkartenparty? Das sind Veranstaltungen, die dazu dienen, sich anderen Unternehmen, die potenziell Ihr Kunde sein könnten, zu präsentieren. Sie können Ihre Netzwerke erweitern und interessante Kontakte knüpfen. Dort bekommen Sie meistens die Gelegenheit sich persönlich vorzustellen. Mit dieser Kurzvorstellung müssen Sie in 30 bis 60 Sekunden einen guten Eindruck vermitteln. Je besser Ihnen das gelingt, desto höher die Chance neue Kunden zu gewinnen.

Machen wir hier wieder einen kleinen Selbsttest: Nehmen wir an, ein Kunde fragt Sie: »Warum soll ich gerade Sie beauftragen?« Wüssten Sie spontan, also ohne erst lange zu überlegen, wie Sie diese Frage in 30 Sekunden beantworten? Wüssten Sie auch, wie Sie die Antwort formulieren müssen, dass der Interessent auch eine Entscheidung für Sie trifft? Wenn nicht, wird es höchste Zeit einen Elevator Pitch zu erarbeiten. Denn diese Fragen stellen sich Ihre potenziellen Kunden nämlich immer. Sogar wenn diese Ihre Webseite besuchen. Liefern Sie keine zufriedenstellenden Antworten, ist der Kunde schneller bei Ihrer Konkurrenz, als Ihnen lieb ist.

### Die Aufgaben eines Elevator Pitches

Bei dieser Kurzvorstellung müssen Sie in maximal 60 Sekunden vermitteln,
- wer Sie sind,
- was genau Sie anbieten,
- was Sie von anderen unterscheidet,
- wo der Nutzen für den Kunden ist,
- warum dieser Sie beauftragen soll.

Gar nicht so leicht zu lösen, oder? Klingt diese Herausforderung ein bisschen wie die Suche nach der »Quadratur des Kreises«? Mit dem Elevator Pitch, Ihrer Kurzvorstellung, lösen Sie diese Aufgabe.

In der realen Welt würden Sie wahrscheinlich zwei bis drei dieser Netzwerktreffen pro Monat besuchen. Social-Media-Netzwerke bieten Ihnen hier eine gewaltige Chance, sich jeden Tag Hunderten interessanten Kontakten zu präsentieren. Das ist im übertragenen Sinn so, als ob Sie jeden Tag zehn Netzwerktreffen besuchen würden. Kein Unternehmer hat so viel Zeit. Normalerweise sind auf einem Netzwerktreffen zwischen 20 und 100 Gäste anwesend. Im Kapitel Kontaktaufbau zeige ich Ihnen, wie Sie mit zwei Stunden Zeiteinsatz eine Vorstellung vor über 100 000 interessierten Zielgruppenkontakten erreichen.

Was benötigen Sie dafür? Die schriftliche Version Ihre Kurzvorstellung, Ihren digitalen Elevator Pitch. Der Begriff »Elevator Pitch« stammt aus der Idee, sein Produkt für die Dauer einer Aufzugsfahrt (Elevator) zu präsentieren (Pitch).

Die Entwicklung von Ihrem digitalen Elevator Pitch ist eine sehr gute Methode zu prüfen, ob Sie wirklich Klarheit, in Bezug auf Ihre Positionierung haben. Denn erst wenn Ihnen die Positionierung selbst klar ist, können Sie diese auch so prägnant formulieren, dass der Kern in 60 Sekunden vermittelt werden kann. Einen guten Elevator Pitch können Sie an sehr vielen Stellen in Social-Media-Netzwerken benutzen. Aber auch außerhalb macht es viel Sinn, in kurzer Zeit die wichtigen Dinge zu vermitteln. Sie können einen Elevator Pitch in einem Telefonat, zu Beginn eines Gespräches oder einer Präsentation sowie an einem Messestand einsetzen.

Mit den folgenden sechs Schritten erhalten Sie eine Anleitung zur Entwicklung eines guten digitalen Elevator Pitches.

### 1. Schritt: Klären Sie Ihre Zielgruppe.

Legen Sie zuerst fest, für welche Ihrer Zielgruppen Sie einen digitalen Elevator Pitch erarbeiten. Haben Sie mehrere Zielgruppen, unterscheiden sich auch die Elevator Pitches. Wen wollen Sie erreichen: Kunden, Partner, Geldgeber? Versetzen Sie sich in die Lage Ihres Gegenübers. Was spricht ihn an? Was interessiert ihn am meisten?

### 2. Schritt: Finden Sie einen Haken, an dem Ihr Zuhörer anbeißt.

Frei nach dem Motto *Der Wurm muss dem Fisch schmecken und nicht dem Angler* ist ein Elevator Pitch kein vollständiges Verkaufsgespräch. Er soll den Leser neugierig machen, emotional einfangen und zu einer Handlung veranlassen. Im Vordergrund steht also die emotionale Ansprache durch gedankliche Bilder, Metaphern, Vergleiche und Beispiele. Nutzen Sie bildhafte Sprache, die positive Assoziationen weckt und das Unbewusste des Gegenübers direkt anspricht. Steigen Sie mit einer Frage ein. Fragen sind viel wirksamere Kommunikationsmittel als Aussagen. So könnten Sie einen Nutzen mit einer Aussage formulieren: »Sie sparen eine Million Euro in der Produktion.« Das kann Ihnen der Kunde glauben oder auch nicht. Formulieren Sie den Nutzen in eine Frage wie diese, wirkt er stärker: »Wie wäre es, wenn Sie jeden Monat eine Million Euro Produktionskosten sparen würden, was würde das für Sie bedeuten?« Ihr zusätzlicher Vorteil durch diese Frageform: Der mögliche Widerstand gegenüber der Aussage und der Nutzenbehauptung ist geringer. Die Formulierung »Wie wäre es« versetzt den Kunden in eine Hypothese, in der diese

Annahme leichter zu glauben ist. Außerdem beginnen Sie bereits zu Beginn einen Dialog zu führen, wie Sie das noch im sechsten Schritt lernen. Die Wirkung wird dadurch verstärkt, dass Ihr Kunde dem Nutzen eine Bedeutung gibt. Wenn der Nutzen eine hohe Bedeutung hat, haben Sie die volle Aufmerksamkeit Ihres Kunden.

Beispiele für allgemeine Einstiegsfragen in Ihren digitalen Elevator Pitch:

- Kennen Sie das?
- Wie wäre es, wenn … ?
- Wollen Sie endlich … (Problem) lösen?

### Metaphorische Kommunikation

Alternativ zum Einstieg mit einer Frage können Sie mit einer Metapher, einer ungewöhnlichen Geschichte oder einer überraschenden Information beginnen. Das menschliche Gehirn liebt Geschichten. Sie steigern die Aufmerksamkeit und zwingen quasi in die Handlung hinein. Je größer mögliche Vorurteile Ihrer Kunden sind, desto wichtiger ist der Einsatz einer Metapher. Die Metapher liefert eine zusätzliche, widerstandslose Kommunikationsebene. Nehmen wir an, Sie sind Unternehmensberater und helfen Firmen, die in eine Schieflage geraten sind, schnell und unbürokratisch. Ihr Kunde hat nun das Vorurteil, dass Ihre Angebote nicht so zuverlässig sind, wie Sie versprechen. Mit Hilfe der Metapher können Sie diesen Widerstand überwinden. Dazu suchen Sie sich zuerst ein Gleichnis. Sie nehmen einfach den Kern Ihres Angebotes und fragen sich, wo gibt es ähnliche Systematiken. Der Kern des Angebotes der Unternehmensberatung ist, in Krisensituationen schnell und zuverlässig zu helfen. Jetzt fragen Sie sich, wer in anderen Situationen oder anderen Zusammenhängen auch schnell und zuverlässig hilft. Hier hilft eine einleitende Frage, die Sie immer wieder stellen: »Das ist wie bei …?« Dann kommen Sie vielleicht auf Antworten wie diese: Das ist wie bei der Feuerwehr, die hilft auch in der Krise. Oder, das ist wie beim ADAC, der kommt auch schnell und zuverlässig, wenn man eine Autopanne hat. Die Feuerwehr oder der ADAC sind dann diese Gleichnisse.

Alternativ können Sie auf der Suche nach einem passenden Gleichnis auch fragen: »Wer hat noch diese Eigenschaften?« Nehmen wir an, Ihre Angebote oder Dienstleistungen sind besonders schnell oder immer dann zur Stelle, wenn Gefahr droht. Sie sind sozusagen der Retter in der Not. Jetzt fragen Sie, wer noch über diese Eigenschaften verfügt. Die Kunst liegt jetzt darin, sich in der eigenen Denkweise nicht auf die Bereiche des Geschäftes zu beschränken. Gehen Sie auch alle Bereiche des privaten Lebens, der Vergangenheit durch und suchen nach Ideen. So kommen Sie vielleicht auf die Idee, dass diese besondere Eigenschaft, in der Notsituation immer zu Stelle zu sein, auch der Delfin Flipper hat. Die meisten Kunden haben in Ihrer Kindheit die Fernsehserie Flipper gesehen oder kennen Sie wenigstens. Flipper war doch immer dann zu Stelle, wenn man nicht mit ihm gerechnet hat, oder? Ist das eine Eigenschaft Ihrer Angebote? Dann können Sie dieses Gleichnis nutzen, um daraus eine Einstiegsmetapher zu entwickeln.

Achten Sie darauf, dass die gefundenen Gleichnisse emotional besetzt sein müssen. Besonders wichtig ist, dass die Qualität und die Kompetenz des Gleichnisses absolut eindeutig sein müssen. Niemand wird beispielsweise die Kompetenz der Feuerwehr in Frage stellen. Diese unbestreitbare Wahrheit machen wir uns in der Metapher zur Auflösung der Vorurteile zu Nutze. Wie entwickeln Sie aus dem Gleichnis Ihre Einstiegsgeschichte mit einer passenden Metapher? Bleiben wir bei dem Gleichnis ADAC. Jetzt fragen Sie sich, in welchen konkreten Situationen wird der ADAC gerufen. Die Situation sollte grundsätzliche Ähnlichkeiten mit der Situation Ihres Kunden haben.

So könnten Sie folgende Geschichte zum Einstieg formulieren. *Nehmen wir an, Sie sind auf der Autobahn unterwegs zu einem wichtigen Geschäftstermin. Es regnet. Plötzlich stottert der Motor. Nichts geht mehr. Sie rollen rechts ran. Jetzt ist guter Rat teuer. Gut, dass Sie Mitglied beim ADAC sind. Ein Anruf und in 20 Minuten ist der rettende gelbe Engel da. Nur 15 Minuten später ist Ihr Auto wieder flott. Kleine Ursache, große Wirkung. Wie gut, dass es die Gelben Engel gibt. Der Geschäftstermin ist gerettet. Ähnlich ist es manchmal auch in Unternehmen. Unverhofft kommt der Unternehmensmotor ins Stocken. Auch hier ist guter Rat teuer. Wäre es nicht schön, wenn Sie in so einer Situation auch einen rettenden Engel anrufen könnten? Ich bin dieser rettende Engel für Schieflagen in Ihrem Unternehmen.*

Der Einstieg über die nachvollziehbare Geschichte mit der Autopanne, führt den Leser in die gedankliche Problemsituation. Er sieht sich vor seinem geistigen Auge verzweifelt im Auto sitzen. Kein

Mensch würde jetzt bestreiten, dass schnelle und zuverlässige Hilfe notweniger denn je ist. Die liefert der gelbe Engel. Dessen Kompetenz und Zuverlässigkeit wird auch keiner bestreiten. Diese Eigenschaften machen wir uns in der Metapher zu Nutze. Wir nehmen diese unbestreitbaren Eigenschaften sozusagen mit und heften Sie mit der Metapher an die Dienstleistung des Unternehmensberaters. Dazu nutzen wir in diesem Beispiel die Überleitungsformulierung »ähnlich ist es manchmal auch in Unternehmen«. Damit transferieren wir die bei der Autopanne schon akzeptierte Problemsituation auf das Unternehmen. Die zweite Übergangsformulierung »Ich bin dieser rettende Engel für Schieflagen in Ihrem Unternehmen« kopiert sozusagen die unbestreitbaren Eigenschaften des Gelben Engels auf Ihre Dienstleistung. Diese weitere Ebene, die metaphorische Kommunikationsebene, umgeht die vorher noch vorhandenen Vorurteile gegenüber Ihrer Dienstleistung. Wir werden das in diesem Kapitel noch am Beispiel eines weiteren Elevator Pitches untersuchen.

### 3. Schritt: Sprechen Sie klar und einfach.

Formulieren Sie die digitale Variante des Elevator Pitches so, wie Sie mit Ihrer Oma oder Ihrem 14-jährigen Kind sprechen würden. Klingt Ihnen das zu einfach oder gar primitiv? Viele Unternehmer denken, dass sie in einer Präsentation möglichst viele schlau klingende Formulierungen benutzen müssen, um Eindruck zu schinden oder Kompetenz zu vermitteln. Unsere heutige Sprache ist leider voll von Fremdwörter, Abkürzungen oder Anglizismen. Wenn Sie sich in Ihrem Elevator Pitch so präsentieren, dann schinden Sie tatsächlich Eindruck bei Ihren Kunden. Diese denken dann wahrscheinlich, dass Sie ziemlich schlau und offenbar Fremdsprachexperte sind. Dumm ist es nur, wenn Sie gar kein Fremdsprachexperte sind, sondern Unternehmensberater für die Maschinenbaubranche.

Worte, die Ihr Zuhörer oder der Leser des digitalen Elevator Pitches nicht unmittelbar in Ihrer Bedeutung erfasst, müssen erst mühsam übersetzt werden. Das ist anstrengend für das menschliche Gehirn. Die Gefahr eines Missverständnisses steigt. Sprechen Sie in Bildern. Dadurch verankern Sie Ihre Inhalte emotional besser im Gehirn Ihres Gegenübers. Statt »Wir optimieren ihre prozessgesteuerten Abläufe und Schnittstellendefinitionen« formulieren Sie: »Wir sorgen dafür, dass alle Abteilungen der Produktion besser zusammenarbeiten. Bei Ihrem Umsatz bringt das bis zu 15 Millionen Euro mehr Gewinn pro Monat in die Unternehmenskasse.«

### 4. Schritt Welches Problem lösen Sie wirklich?

Genauso wichtig ist, dass der Kunde seinen konkreten Nutzen erkennt. Was hat Ihr Kunde davon, dass es Sie gibt? Fast niemand ist an Produkten oder Methoden interessiert. Beschreiben Sie deshalb nicht Ihr tolles Produkt, die Eigenschaften Ihrer herausragenden Dienstleistung, sondern erklären Sie möglichst anschaulich, welches brennende Problem Ihres Kunden Sie lösen können (Siehe dazu Frage sechs aus den 16 Fragen zur Positionierung). Aber verraten Sie auf keinen Fall, wie Sie das Problem lösen. Wenn der Leser Ihres digitalen Elevator Pitch sich fragt, wie Sie es schaffen, sein Problem zu lösen, hat der Elevator Pitch seine Aufgabe erfüllt.

Wenn Sie die Lösung eines brennenden Problems Ihres Kunden in Aussicht stellen, haben Sie schon eine Menge Aufmerksamkeit. Wenn Sie dann noch sagen, warum Sie dieses Problem für den Kunden lösen, kleben diese förmlich an Ihren Lippen. Das »Warum« spricht die wichtigsten Motive der Menschen an und beantwortet die Frage, warum der Kunde Sie beauftragen soll.

Hier einige der typischen Grundmotive.
- *Selbsterhaltung:* Das eigene und das Leben der Menschen, die man schätzt zu schützen, ist ein existenzielles Motiv. Dafür werden sogar Kriege geführt. Auf ein Unternehmen bezogen, bedeutet dieses Motiv der Erhalt des Unternehmens, die Sicherung der Zukunft, die Gewinnung von Marktanteilen.
- *Prestige*: Menschen kaufen Luxusgüter, die in den Augen vieler Menschen unsinnig sind. Uhren für 30 000 Euro oder ein Auto für 250 000 Euro. Genauso ärgern sich diese Menschen, wenn sich ein anderer auf *ihren* Firmenpaktplatz stellt. Frauen kaufen die elfte Handtasche, obwohl sie schon alle Farben besitzen. Auf ein Unternehmen übertragen bedeutet dieses Motiv, Image, Ansehen, Bekanntheit, Markenaufbau.
- *Geld:* Für eine Belohnung strengen sich viele Menschen an. Das Motiv Geld veranlasst Menschen, Sonderangebote einzukaufen oder Bonuspunkte beim Tanken zu sammeln. Der Reiz des

schnellen Geldes ohne Anstrengung treibt jede Woche Millionen Menschen in die Lotto-Annahmestelle. Unternehmen müssen Gewinn machen oder Kosten sparen.

- *Bequemlichkeit*: Eine Dienstleistung oder ein Gerät, das einfach zu nutzen ist, bedient dieses Motiv. Komplettangebote und All-inclusive-Pauschalreisen sind deswegen so beliebt, weil sie bequem sind. Achten Sie mal auf die Formulierungen in vielen Werbungen. Da wird uns die bequeme Zahlung in Raten oder die bequeme Lieferung bis nach Hause angeboten. Für Unternehmen bedeutet Bequemlichkeit die reibungslose Einführung einer neuen Software, genauso wie der Bestellservice rund um die Uhr per Internet.
- *Gesundheit*: Bio- und Ökoläden schießen wie Pilze aus dem Boden. Die private Zusatzkrankenversicherungen genauso wie Sportartikelhersteller leben davon, dass vielen Menschen die eigene Gesundheit viel wert ist.
- *Sicherheit*: Alle Versicherungen leben von der Angst vor fehlender Sicherheit, dem Risiko. Sie suggerieren, dass der neue Versicherungstarif Sicherheit für den Fall der Fälle verschafft.

### 5. Schritt: Was machen Sie anders?

Hier brauchen Sie überzeugende Antworten auf die Frage, warum Ihr Gesprächspartner nun gerade mit Ihnen zusammenarbeiten soll. Also bitte keine langweiligen Formulierungen wie *individuelle Lösungen*, *bester Service* oder *gutes Preis-Leistungsverhältnis*. Auch keine Aufzählung von Argumenten, sondern einen ganz konkreten Vorteil, den der Kunde nur bei Ihnen findet.

### 6. Schritt: Führen Sie einen Dialog.

Dazu sammeln Sie zunächst alle möglichen Fragen, die beim Lesen Ihres digitalen Elevator Pitches auftauchen können. Das sind die unausgesprochenen Leserfragen. An den Stellen, wo diese Fragen auftauchen können, bauen Sie Antworten in den Text ein. So entsteht ein innerer Dialog.

Mögliche unausgesprochene Leserfragen:

- Wie soll das genau gehen?
- Bringt das was?
- Setzen das schon andere ein?

- Wo ist mein Nutzen?
- Was werden andere dazu sagen?
- Was kostet es?

Haben Sie einen ersten Entwurf Ihres digitalen Elevator Pitches? Dann prüfen Sie, ob Ihr Text zündet. Lassen Sie sich Ihren Text vorlesen, während Sie die Augen geschlossen haben: Wie fühlen Sie sich? Welche Bilder kommen Ihnen in den Kopf? Entstehen überhaupt geistige Bilder? Wo stolpern Sie innerlich beim Zuhören? Machen Sie den Test auch mit Kollegen oder Freunden. Lesen Sie diesen Ihren Entwurf vor und fragen nach dem Gefühl und ob der Nutzen verständlich ist.

## Beispiele für gute Elevator Pitches

Schauen wir uns zwei Beispiele guter Elevator Pitches an. In beiden Fällen gibt es starke Vorurteile dem Angebot gegenüber. Diese Vorurteile basieren vor allem auf der Unkenntnis der Angebote.

### Beispiel für eine Personalberaterin

Das erste Beispiel stammt von Sandra Brodt, einer Personalberaterin (www.santaris.de). Personalberater gibt es wie Sand am Meer. Deswegen hat sie sich mit ihrer Dienstleistung darauf spezialisiert, nicht nur das passende Personal zu suchen, sondern auch die Verhaltenseigenschaften eines Bewerbers sichtbar zu machen, die für die Eignung wichtig sind. Untersuchungen von Prof. Schuler (Universität Hohenheim) haben gezeigt, dass die biografischen Angaben (Ausbildung, Studium, Abschlüsse, Werdegang) in einer Bewerbung nur zu fünf Prozent für die Eignung ausschlaggebend sind. Die sogenannten weichen Eigenschaften (Soft Skills), wie Sozialkompetenz, innere Antriebe, Führungsmotive, bestimmen weit mehr, ob ein Kandidat in das Unternehmen und auf die ausgeschriebene Stelle passt. Dafür bietet sie wissenschaftlich fundierte, personaldiagnostische Testmethoden an. Hier gibt es gleich zwei Vorurteile. Erfahrene Personalleiter glauben, die Soft Skills eines Bewerbers anhand ihrer Erfahrung zu erkennen. Das geht aber nur bedingt. Geschäftsführer kennen die Methoden der Personaldiagnostik nicht und sind deswegen skeptisch. Der Einsatz von Personaldiagnostik erhöht die Treffergenauigkeit ganz enorm. Das Risiko einer teuren Fehlbesetzung sinkt dramatisch. Trotz dieser Vorteile ist es schwer, Unternehmen davon zu überzeugen. Der Nutzen wird oft nicht geglaubt. Kommt Ihnen diese Situation bekannt vor? Gibt es in Ihrer Branche ähnliche Herausforderungen? Schauen wir uns an, wie Sandra Brodt diese Vorurteile mit einer Metapher in ihrem Elevator Pitch gelöst hat. Bitte lesen Sie ihn zuerst einmal durch und schauen sich dann die Analyse darunter an.

### Liebe auf den ersten Blick

Bei der Auswahl von Mitarbeitern ist das sehr ähnlich wie mit der Liebe auf den ersten Blick. Das kennen Sie sicherlich alle. Man lernt jemanden kennen und ist aufgrund des ersten Eindrucks von ihm begeistert. Nach einiger Zeit – leider oft zu spät – stellt man dann fest, dass die Person aufgrund anderer Eigenschaften gar nicht passt. Ob man beruflich zusammen passt, entscheiden allerdings nicht nur der erste Eindruck, die Chemie, sondern auch andere Eigenschaften, die oft erst nach der Entscheidung erkannt werden.

Als Beraterin für Personaldiagnostik helfe ich Unternehmen schon im Vorfeld, diese anderen Eigenschaften sichtbar zu machen und damit die passenden Mitarbeiter zu finden. Der Vorteil davon ist, dass Sie schon im Auswahlprozess erkennen, ob nicht nur der erste Eindruck stimmt, sondern ob es eine Beziehung fürs Leben wird. Dies reduziert Fehlentscheidungen und erhöht die Sicherheit enorm, den erfolgreichsten Kandidaten einzustellen.
Das erkennen Sie eindrucksvoll am folgenden Beispiel.
Nehmen wir an, Sie suchen einen neuen Mitarbeiter im Vertrieb, der die Aufgabe hat, neue Kunden zu akquirieren. Dass man dabei mit vielen Ablehnungen umgehen muss, kann sicher jeder nachvollziehen. Jetzt gibt es biologisch bedingte Verhaltenseigenschaften, die dafür verantwortlich sind, wie jemand mit diesen vielen Ablehnungen umgeht. Und jedem ist klar, dass ein Mitarbeiter, der mit diesen Ablehnungen nicht umgehen kann, auf Dauer demotiviert ist. Mit Hilfe der Personaldiagnostik mache ich diese, nicht unmittelbar erkennbaren Verhaltenseigenschaften vor der Entscheidung sichtbar. Die Folge davon ist, dass Sie in diesem Beispiel nur noch Vertriebsmitarbeiter einstellen, die trotz Ablehnung hoch

motiviert arbeiten. Das gilt übrigens auch für andere Positionen und
Verhaltenseigenschaften.

Wenn Sie die Sicherheit bei der Auswahl der besten Bewerber
deutlich steigern wollen, dann rufen Sie mich an.

## Analyse des Elevator Pitches Sandra Brodt

| Teil des Elevator Pitches | Analyse, Tipps und Erläuterungen |
| --- | --- |
| *Liebe auf den ersten Blick* | Die bekannte Metapher ist der Haken zum Anbeißen. Kein Mensch käme auf die Idee, diese Metapher in Frage zu stellen. Im geschäftlichen Kontext eingesetzt, bringt dieser ungewöhnliche Einstieg viel Aufmerksamkeit. Er ist angenehm anders. |
| *Bei der Auswahl von Mitarbeitern ist das sehr ähnlich wie mit der Liebe auf den ersten Blick.* | Da der Einstieg für die Branche sehr untypisch ist, könnte eine erste unausgesprochene Leserfrage entstehen: »Was hat das mit mir zu tun?« Diese Frage wird mit dem ersten Satz beantwortet. Außerdem ist dieser Satz bereits die Überleitung in die Präsentation der Dienstleistung. |
| *Das kennen Sie sicherlich alle. Man lernt jemanden kennen und ist aufgrund des ersten Eindrucks von ihm begeistert. Nach einiger Zeit – leider oft zu spät – stellt man dann fest, dass die Person aufgrund anderer Eigenschaften gar nicht passt.* | Die Formulierung »Das kennen Sie sicherlich alle« erzeugt unbewusst etwas Vertrauen. Der Leser wird jetzt gleich etwas Vertrautes lesen. Im nächsten Satz wird die Problematik des ersten Eindrucks zunächst noch auf der allgemeinen, widerstandslosen Ebene erläutert. Der Leser kann das leicht akzeptieren. |
| *Ob man beruflich zusammen passt, entscheiden allerdings nicht nur der erste Eindruck, die Chemie, sondern auch andere Eigenschaften, die oft erst nach der Entscheidung erkannt werden.* | Hier wird die, im ersten Satz schon angedeutete Überleitung zur eigentlichen Dienstleistung fortgesetzt. Jeder Personalverantwortliche kennt diese Problematik. Die Chance auf eine allgemeine Akzeptanz des Problems ist groß. |
| *Als Beraterin für Personaldiagnostik helfe ich Unternehmen schon im Vorfeld diese anderen Eigenschaften sichtbar zu machen und damit die passenden Mitarbeiter zu finden.* | Das ist die Beschreibung der Dienstleistung basierend auf dem vorher geschilderten Problem. |

| Teil des Elevator Pitches | Analyse, Tipps und Erläuterungen |
|---|---|
| *Der Vorteil davon ist, dass Sie schon im Auswahlprozess erkennen, ob nicht nur der erste Eindruck stimmt, sondern ob es eine Beziehung fürs Leben wird. Dies reduziert Fehlentscheidungen und erhöht die Sicherheit enorm, den erfolgreichsten Kandidaten einzustellen.* | Hier wird der Nutzen präsentiert: Minimierung des Risikos, Erhöhung von Sicherheit. Der Nutzen wird mit der Formulierung »ob es eine Beziehung fürs Leben wird« an die Metapher angelehnt. Da die Metapher »Liebe auf den Ersten Blick« im Allgemeinen nicht in Frage gestellt wird, wird auch der Nutzen nicht mehr in Frage gestellt. Die Vorurteile können so umgangen werden. |
| *Das erkennen Sie eindrucksvoll am folgenden Beispiel. Nehmen wir an Sie suchen einen neuen Mitarbeiter im Vertrieb, der die Aufgabe hat, neue Kunden zu akquirieren. Dass man dabei mit vielen Ablehnungen umgehen muss, kann sicher jeder nachvollziehen. Jetzt gibt es biologisch bedingte Verhaltenseigenschaften, die dafür verantwortlich sind, wie jemand mit diesen vielen Ablehnungen umgeht. Und jedem ist klar, dass ein Mitarbeiter, der mit diesen Ablehnungen nicht umgehen kann, auf Dauer demotiviert ist. Mit Hilfe der Personaldiagnostik mache ich diese, nicht unmittelbar erkennbaren Verhaltenseigenschaften vor der Entscheidung sichtbar. Die Folge davon ist, dass sie in diesem Beispiel nur noch Vertriebsmitarbeiter einstellen, die trotz Ablehnung hoch motiviert arbeiten. Das gilt übrigens auch für andere Positionen und Verhaltenseigenschaften.* | Dieses Beispiel dient der Konkretisierung. So etwas ist immer dann ratsam, wenn die Angebote noch etwas abstrakt klingen. Gut wäre, wenn das Beispiel zur Zielgruppe passt. Das Beispiel schließt nochmals mit der Nennung des Nutzens. Anhand des Beispiels wird der Nutzen der Personaldiagnostik mit dem letzten Satz auch auf andere Stellenbereiche übertragen. |
| *Wenn Sie die Sicherheit bei der Auswahl der besten Bewerber deutlich steigern wollen, dann rufen Sie mich an.* | Das ist die Handlungsaufforderung. Sie ist auf Basis des Nutzens formuliert. Damit ist der Nutzen an drei Stellen im Elevator Pitch eingebaut. Das verstärkt die Wirkung. |

**Tabelle 8:** Analyse des Elevator Pitches von Sandra Brodt

### Beispiel für einen Coach

Prof. Dr. Barbara Schott ist ein sehr bekannter Coach. Sie begleitet Vertriebsführungskräfte insbesondere in schwierigen persönlichen oder geschäftlichen Situationen. Ihre Zielgruppe ist überwiegend männlich. Das Problem dieser Zielgruppe ist, dass diese sich persönliche Probleme häufig nicht eingestehen. Ihr Ziel bei der Entwicklung eines digitalen Elevator Pitches war es, potenzielle Kunden, die Ihre Webseite www.management-coaching.de besuchen, bei genau diesem Problem (das aber oft nicht eingesehen wird) abzuholen. Dazu hat sie eine Metapher entwickelt und die Startseite Ihres Webauftrittes mit Ihrem Elevator Pitch gestaltet.

Retterin in kritischen Situationen. Das Boot ist am Kentern. Das Wasser steht Ihnen bis zum Hals. Um das Schlimmste zu verhindern, heißt es: schöpfen, schöpfen, schöpfen. Trotzdem sinkt das Boot langsam weiter. Plötzlich hören Sie ein Brummen. Es ist die Küstenwache. Ihr Lebensretter bringt Sie und Ihre Mannschaft in den sicheren Hafen.
Ich bin Ihr Retter in kritischen Situationen. Ich helfe Ihnen in den sicheren Hafen und versorge Sie und Ihre Mannschaft mit dem nötigen Rüstzeug. Von dort aus brechen Sie gestärkt auf und erreichen Ihr Ziel nicht nur sicher, sondern auch schnell. Ich bin spezialisiert auf extreme Schieflagen im Vertrieb und Verkauf. Mit schnell und tief wirkenden Entstressungsmethoden gewinnen Sie sehr schnell eine klare Sicht auf mögliche neue Lösungen. Wenn Ihnen also das Wasser bis zum Hals zu stehen droht: Schöpfen Sie nicht zu lange, sondern rufen Sie mich als Ihre Küstenwache.

## Analyse des Elevator Pitches Prof. Schott

| Teil des Elevator Pitches | Analyse, Tipps und Erläuterungen |
| --- | --- |
| *Retterin in kritischen Situationen.* | Das ist die Überschrift. Sie macht neugierig und holt bei dem vermuteten Problem des Webseitenbesuchers ab |
| *Das Boot ist am Kentern. Das Wasser steht Ihnen bis zum Hals. Um das Schlimmste zu verhindern, heißt es: schöpfen, schöpfen, schöpfen.* | Die Metapher in Form einer aktiv formulierten Geschichte zwingt zur Aufmerksamkeit. Geistige Bilder werden angeregt. Eine Führungskraft aus ihrer Zielgruppe kann sich sicher sehr gut mit dem Problem in der Metapher identifizieren, ohne damit schon ihr eigenes Problem akzeptieren zu müssen. |

| Teil des Elevator Pitches | Analyse, Tipps und Erläuterungen |
|---|---|
| *Trotzdem sinkt das Boot langsam weiter. Plötzlich hören Sie ein Brummen. Es ist die Küstenwache. Ihr Lebensretter bringt Sie und Ihre Mannschaft in den sicheren Hafen.* | Diese Metapher folgt dem bekannten rhetorischen Instrument zum Spannungsaufbau, der Heldenreise. In der ein Held, scheinbar aussichtslos, doch alle Herausforderungen besteht. In diesem Fall bekommt der Held Schützenhilfe durch die Küstenwache. In der Metapher ist das leicht zu akzeptieren, dass Hilfe notwendig ist und gut tut. |
| *Ich bin Ihr Retter in kritischen Situationen. Ich helfe Ihnen in den sicheren Hafen und versorge Sie und Ihre Mannschaft mit dem nötigen Rüstzeug. Von dort aus brechen Sie gestärkt auf und erreichen Ihr Ziel nicht nur sicher, sondern auch schnell.* | Das ist die Überleitung zur eigentlichen Dienstleistung, dem Coaching. Genauso, wie die bereits in der Metapher akzeptierte Hilfe durch die Küstenwache, kann jetzt die angebotene Hilfe durch das Coaching leichter angenommen werden. Der letzte Satz beinhaltet eine Nutzenformulierung. |
| *Ich bin spezialisiert auf extreme Schieflagen im Vertrieb und Verkauf. Mit schnell und tief wirkenden Entstressungsmethoden gewinnen Sie sehr schnell eine klare Sicht auf mögliche neue Lösungen.* | Das ist die Spezialisierung, die Ihre Kompetenz unterstreicht. Eine kurze Andeutung der Methode gefolgt von einer weiteren Nutzenformulierung »sehr schnell eine klare Sicht auf mögliche neue Lösungen«. |
| *Wenn Ihnen also das Wasser bis zum Hals zu stehen droht: Schöpfen Sie nicht zu lange, sondern rufen Sie mich als Ihre Küstenwache.* | Die Handlungsaufforderung schließt wieder an die Metapher an und rundet den gelungenen Elevator Pitch ab. |

**Tabelle 9:** Analyse des Elevator Pitches von Prof. Dr. Barbara Schott

### Wo setzen Sie Ihren digitalen Elevator Pitch ein?

In den Social-Media-Netzwerken wollen Sie sich so gut präsentieren, dass potenzielle Kunden einen guten ersten Eindruck bekommen. Sie sollen auf den ersten Blick erkennen, warum Sie der passende Lieferant, der kompetente Berater oder einfach der beste Unternehmer sind. Das machen Sie mit Ihrem digitalen Elevator Pitch. Setzen Sie ihn überall dort ein, wo Sie sich in Social-Media-Netzwerken vorstellen und präsentieren. Das können Sie auf Ihrem XING-Profil auf Ihrem Portfolio machen. In XING, LinkedIn und Facebook gibt es Gruppen, in denen Sie Mitglied werden können. In diesen Gruppen sind vielfach potenzielle Kunden vertreten, die sich für das

Gruppenthema interessieren. Stellen Sie sich diesen mit Ihrem digitalen Elevator Pitch vor. Welche Wirkung und Reichweite Sie damit erzielen können, schauen wir uns im Kapitel Kontaktaufbau an. Genauso können Sie auf Ihrer Unternehmensseite in Facebook mit Ihrem Elevator Pitch einen guten ersten Eindruck machen.

Sie können heute einzelne Teile des Internets nicht mehr isoliert betrachten. So können Sie zum Beispiel nicht nur in der Dimension denken: »Ich nutze nur das Netzwerk XING für meine Aktivitäten.« Heute sind all diese Netzwerke mehr oder weniger verflochten. Inhalte aus den meisten Social-Media-Netzwerken sind öffentlich und werden von Google indiziert. Kunden suchen beispielsweise in Google nach Ihren Angeboten und finden statt Ihrer Webseite Ihr XING-Profil auf Platz ein. Deswegen ist es notwendig sich überall, wo Sie öffentlich in Erscheinung treten, gut zu präsentieren. Dafür gibt es keine bessere Möglichkeit als Ihren digitalen Elevator Pitch.

**Hier können Sie ihren digitalen Elevator Pitch noch einsetzen:**

- Auf Ihrer Webseite
- In Videopräsentationen
- In Onlinepräsentationen (Webinaren)
- In Werbebroschüren
- In Angeboten
- In E-Mails

Ein gutes Beispiel für die ungewöhnliche Präsentation eines Elevator Pitches ist die Webseite des Versicherungsmaklers Axel Gehnich.[18] Seine Frau hat sich vor die Kamera gestellt und mit einfachen Mitteln einen sehr guten Elevator Pitch in Form eines Videos gemacht. Sehr gut gelungen.

Da Sie aus der digitalen Version Ihres Elevator Pitches sehr leicht auch eine Version zur persönlichen Präsentation machen können, macht es viel Sinn, sich etwas intensiver mit dem Elevator Pitch zu beschäftigen. Jeden Tag können Sie viele Chancen zur Gewinnung neuer Kunden nutzen. Ohne guten Elevator Pitch verschenken Sie die meisten. Der klassische Fall: Sie kommen irgendwo mit jemandem ins Gespräch. Die Frage die dann oft gestellt wird, lautet: »Was machen Sie denn beruflich?« Der Langweiler antwortet beispielswei-

---

[18] http://www.abacus-assekuranz.de

se: »Ich bin Coach.« Prof. Schott könnte mit Ihrem Elevator Pitch auch mündlich antworten:»Nun, was ich mache, lässt sich am besten mit der Küstenwache vergleichen, ich bin die Retterin in kritischen Situationen« und fährt dann mit dem Elevator Pitch fort.

Genauso gut könnte Sandra Brodt beim telefonischen Nachfassen eines versendeten Angebotes zum Personalleiter am Telefon sagen: »Sie fragen sich vielleicht, warum und wozu diese Personaldiagnostik gut ist, was Sie davon haben. Nun, das ist vergleichbar mit der Liebe auf den ersten Blick« und fährt dann mit dem Elevator Pitch fort.

**Weitere Einsatzmöglichkeiten für einen Elevator Pitch:**

- Vorstellungen auf Netzwerktreffen
- Beginn einer Präsentation
- Messen
- Telefonate
- Vorstellung (Geschäftspartner, bei der Bank zum Kreditgespräch)
- Geschäftsessen

Überall wollen und müssen Sie einen guten und bleibenden Eindruck erzeugen. Geschichten und Metaphern bleiben länger im Gedächtnis haften. Die Inhalte Ihrer Botschaft verknüpfen sich mit dem Haken zum Anbeißen, dem Einstieg in Ihren Elevator Pitch, nach dem Motto: »Ah, das ist doch die Personalberaterin mit der Liebe auf den ersten Blick.« Und schon ist Sandra Brodt wieder angenehm in der Erinnerung.

**Mit diesen sieben Fragen prüfen Sie Ihren Elevator Pitch**

1. Haben Sie einen guten Haken zum Anbeißen in Form einer Frage oder einer Metapher?
2. Reden Sie in bildhafter Sprache?
3. Sprechen Sie das brennende Problem des Kunden an?
4. Reden Sie weniger über Ihre Angebote, sondern mehr über den Nutzen?
5. Ist der Nutzen mindestens einmal deutlich genannt?
6. Wird Ihre Andersartigkeit herausgestellt?
7. Endet der Elevator Pitch mit einer klaren Handlungsaufforderung?

**So bekommen Sie gute Ideen**

Nicht jedem liegt es kreativ zu sein. Andererseits brauchen Sie aber gute und kreative Ideen für Ihre Texte. Das größte Problem beim Finden guter Formulierungen ist der Anfang, die erste Idee. Oft sitzt man vor einem weißen Blatt und der Kopf fühlt sich wie leergesaugt an. Keine Idee. Die folgende Kreativitätstechnik hilft Ihnen, schnell eine brauchbare Anfangsformulierung zu finden. Auf Basis dieser ist es dann viel leichter, eine perfekte Formulierung zu entwickeln. Sie müssen sich dann nur noch in kleinen Schritten der Verbesserung von der ersten Idee zur fertigen Version vorarbeiten. Die Denkblockade, die das Gefühl des leergesaugten Kopfes auslöst, entsteht nämlich nur dadurch, dass Sie schon im ersten Schritt nach einer vollständigen und perfekten Formulierung suchen. Auch die längste Reise beginnt mit dem ersten Schritt.

Der erste Schritt besteht aus dem Sammeln einfacher Begriffe. Dazu legen Sie Ihre »Ich bin Liste« an. Das ist eine simple Tabelle mit vier Spalten. In die erste Spalte tragen Sie all Ihre persönlichen Eigenschaften ein. Nicht nur die, die Sie bewusst im Geschäft benutzen, sondern alle Eigenschaften, die Sie als Mensch ausmachen. In der zweiten Spalte listen Sie alle Kategorien auf, die auf Ihre Tätigkeiten zutreffen. Die dritte Spalte beinhaltet dann alle Aufgaben und Handlungen, die Sie ausführen. Die letzte Spalte listet den Nutzen auf, den Sie stiften. Sammeln Sie zunächst wild durcheinander. Immer wenn Ihnen ein neuer Begriff einfällt, schreiben Sie ihn in die passende Spalte. Dabei ist es egal, ob der Begriff zum Eintrag in den Nachbarspalten passt.

Wichtiger Tipp: Begrenzen Sie sich beim Sammeln der einzelnen Begriffe nicht selbst. Wenn Ihnen also der Gedanke in dem Kopf kommt, dass Sie den einzelnen Begriff nicht für Ihr Marketing benötigen, schreiben Sie ihn trotzdem auf.

Diese Beispieltabelle verdeutlicht, worum es in der Methode geht.

| 1. Meine Eigenschaften | 2. Tätigkeitskategorien | 3. Handlungen / Aufgaben | 4. Nutzen (Ich sorge für) |
|---|---|---|---|
| Inspirierend | Trainer | lehre | bessere Gefühle |
| Motivierend | Berater | trainiere | mehr Gewinn |
| Diszipliniert | Coach | berate | mehr Lebensqualität |

| 1. Meine Eigen-schaften | 2. Tätigkeits-kategorien | 3. Handlungen / Aufgaben | 4. Nutzen (Ich sorge für) |
|---|---|---|---|
| Strebsam | Unternehmer | kreiere | bessere Ergebnisse |
| Zielorientiert | Lehrer | entwickle | bessere Gefühle |
| Verantwortungsbe-wusst | Träumer | motiviere | die Verblüffung meiner Kunden |
| Professionell | Visionär | ermutige | Problemlösungen |
| Hartnäckig | Mutmacher | vermittle | Einsparungen |
| Vernünftig | Entdecker | gehe weiter | bessere Ideen |

**Tabelle 10:** Ich bin Liste

Vielleicht fällt Ihnen schon auf, dass die Inhalte der vier Spalten genau die sind, die Sie Ihrem Kunden in kurzer und wirksamer Form mitteilen wollen. Wie finden Sie nun mit Hilfe dieser Tabelle einen brauchbaren Anfang, eine erste Formulierung, auf der Sie dann aufbauen. Zuerst legen Sie das Thema oder den Bereich fest, für den Sie eine gute Formulierung erarbeiten wollen. Nehmen wir beispielsweise an, Sie wollen vermitteln, dass Sie ein besonders kreativer Berater sind, der mehr für seine Kunden erreicht als normal ist. Dann nehmen Sie einen passenden Begriff aus der ersten Spalte, suchen sich einen halbwegs dazu passenden Begriff aus der zweiten, dritten und vieren Spalte, fügen Sie alle vier Begriffe zusammen und bilden daraus einen Satz.

Der erste Entwurf könnte sich dann so anhören: *Ich bin ein inspirierender Berater und kreiere Ideen, die dafür sorgen, dass Ihre Kunden verblüfft sind.* Gar nicht so schlecht für die erste Version, oder? Jetzt, wo Sie einen Anfang haben, fällt es leichter diesen zu optimieren. Dazu können Sie einfach einzelne Begriffe gegen andere aus der jeweiligen Spalte austauschen. So entwickeln Sie sehr schnell eine Menge Kombinationen. Diese vergleichen Sie und finden sicher schnell die beste Variante. Zusätzlich kommen Ihnen bestimmt durch die verschiedenen Versionen neue Ideen, auf die Sie sonst nicht gekommen wären. Egal wie komisch sich die einzelnen Sätze anhören, Sie enthalten immer die vier wichtigen Dinge, die Sie Ihrem Kunden vermitteln wollen. Mit diesem kurzen Satz sagen Sie viel und reden wenig. Die Praxis im Marketing und in der Kundengewinnung ist leider oft das Gegenteil davon. Es wird viel geredet, aber wenig gesagt. Es ist übrigens eine hohe Form der Wertschätzung Ihren Kunden gegenüber, wenn Sie deren Zeitressourcen schonen und in kurzer Zeit die wichtigen Botschaften vermitteln.

Wenn Sie Spaß an dieser Kreativitätstechnik finden, können Sie diese auch für die Entwicklung anderer Ideen verwenden. Sie können damit neue Produkte oder Werbeslogans kreieren. Diese Methode stammt aus der morphologischen Analyse. Das ist eine systematisch heuristische Kreativitätstechnik. Der Schweizer Astrophysiker Fritz Zwicky hat sie entwickelt. Kern dieser Methode ist der morphologische Kasten.[19]

19 http://de.wikipedia.org/wiki/Morphologische_
Analyse_%28Kreativit%C3%A4tstechnik%29

# Die schriftliche Kommunikation in Social Media

Eine Schlüsselqualifikation für die Kundengewinnung in Social-Media-Netzwerken ist die gute schriftliche Kommunikation. Das bezieht sich nicht nur auf die richtige Grammatik und Rechtschreibung, sondern vor allem auf die Wirksamkeit der Kommunikation.

> »Kommunikation ist nicht nur das, was gesagt wird,
> sondern das, was ankommt.«
>
> (Konfuzius)

Dieses Zitat drückt das leidige Problem in der Kommunikation zur Kundengewinnung aus. Viele Unternehmer und Selbstständige sind Meister im Senden von Botschaften. Sie reden viel und sagen wenig. Es kommt beim Kunden wenig Inhalt so an, dass er Wirkung zeigt. In der mündlichen Kommunikation von Angesicht zu Angesicht fällt das leichter auf. Spätestens, wenn in einer Präsentation alle Zuschauer eingeschlafen sind, weiß auch der größte Vielredner, dass seine Botschaft nicht ankommt. In der schriftlichen Kommunikation in Social-Media-Netzwerken fällt das allerdings viel schlechter auf. Sie bekommen wenig direkt wahrnehmbare Feedbacks. Wenn das finale Feedback dann lautet, dass sich Ihr Kontakt für einen anderen Lieferanten entschieden hat, ist es oft zu spät.

Deswegen gehört die kunden- und nutzenorientierte Kommunikation zur Kundengewinnung in Social-Media-Netzwerken. Da Sie diese Fähigkeit auch außerhalb von Social-Media-Netzwerken benötigen, haben Sie einen mehrfachen Nutzen aus diesem Kapitel. Auch in Angeboten, auf Ihrer Webseite oder in Broschüren müssen Sie schnell auf den Punkt kommen. Das gilt genauso für Ihre persönlichen Präsentationen oder Verkaufsgespräche.

## Das Problem in der Kundenkommunikation

Das häufige Missverständnis zwischen Kunden und Anbieter hat seine Ursache in der unterschiedlichen Interessenlage. Der Anbieter interessiert sich für den Verkauf seiner Angebote. Der Kunde interessiert sich aber nur für sich selbst und seinen Vorteil. Das mag banal klingen, ist aber die oft verkannte Ursache für erhebliche Kommunikationsprobleme. Von diesem Problem betroffene persönliche Kundengespräche enden oft mit Aussagen des Kunden: »Ich muss mir das noch mal in Ruhe überlegen.« Der Unternehmer oder Verkäufer fragt sich verwundert, wieso. Hat er doch alle Eigenschaften und Bestandteile des Angebots umfassend präsentiert. Alle Details sind ganz genau besprochen worden. Es scheint alles gesagt. Richtig, aus Sicht des Anbieters ist auch alles gesagt. Für den Kunden nicht. Aufgrund der unterschiedlichen Interessenlage, hat der Anbieter über sich, seine tolle Firma und all die faszinierenden Angebotsbestandteile gesprochen. Der Kunde ist beeindruckt und fragt sich: »Was habe ich davon?« Sie als Unternehmer denken jetzt vielleicht: »Das ist doch klar, das wurde doch alles in der Präsentation und Aufzählung der Angebotsbestandteile gesagt oder geschrieben.« Richtig, aus Ihrer Sicht ist das auch klar. Ihnen ist nämlich klar, was aus der Beschreibung der Angebotsbestandteile für ein Nutzen entsteht. Aber ist das dem Kunden auch so klar?

### Ein Beispiel:

Nehmen wir an, Sie wollen Kunden gewinnen, die Ihre neue Bohrmaschine »Bohrfix 2000« kaufen. Wie würden Sie diese Bohrmaschine präsentieren, egal ob schriftlich oder mündlich? Typischerweise läuft das so oder ähnlich ab.

Lieber Kunde, die Bohrfix 2000 ist unser neuestes Modell. Wir haben drei Jahre Entwicklungsarbeit da rein gesteckt. Die Bohrfix 2000 hat sieben neue Patente und ist technologisch auf dem neuesten Stand. Der Dreispulen-Brushlessmotor hat 950 Newtonmeter Kraftentwicklung pro Umdrehung. Mit 2000 Watt Leistung ist die Bohrfix die stärkste Bohrmaschine am Markt. Das hydraulische Schlagwerk hat 4000 Schläge pro Minute.

Wir brechen das an dieser Stelle ab, denn ein begeisterter Verkäufer würde sicher noch 15 weitere Merkmale präsentieren. Das Interesse dieses Verkäufers ist die Bohrmaschine und der Verkauf dieser. Was ist das Interesse des Kunden? Er will vermutlich Löcher bohren. Der Verkäufer ist nun seinerseits überzeugt, dass er mit der Präsentation all dieser Leistungsbestandteile klar vermittelt hat, dass sein Kunde mit der Bohrfix 2000 hervorragend Löcher bohren kann. Aber hat das der Kunde auch verstanden? Ist dem Kunden klar, was die 4000 Schläge des hydraulischen Schlagwerkes bewirken, dass er damit selbst in härtestem Beton Löcher jeder Größe in kurzer Zeit bohren kann?

Die meisten Kunden sind keine Experten. Sie hören all diese Fakten und Zahlen und denken sich: »Diese Zahlen müssen wichtig sein, die vergleichen wir jetzt erst noch mit den anderen Angeboten.«

Was fehlt in der Präsentation unseres Bohrmaschinenverkäufers? Das, was den Kunden am meisten interessiert. Sein Nutzen und was die Vorteile aus 4000 Schlägen pro Minute sind. Es fehlt die Übersetzung in den Nutzen. Diese fehlende Übersetzung ist das häufigste Defizit in Präsentationen, egal ob persönlich oder schriftlich. Die Tatsache, dass dem Verkäufer der Bohrmaschine klar ist, was aus 4000 Schlägen für ein Nutzen entsteht, bedeutet noch lange nicht, dass dies auch dem Kunden klar ist. Das ist deswegen so schwer zu verstehen, weil Menschen dazu neigen, andere Menschen so zu sehen, wie wir uns selbst sehen. Wir schließen von uns auf andere.

Dass Sie im Marketing und der Kundengewinnung aus der Masse der Angebote herausragen müssen, haben Sie schon im Kapitel zur Positionierung gelesen. Eine sehr gute Möglichkeit dafür ist die kunden- und nutzenorientierte Kommunikation. Insbesondere in der Welt der Social-Media-Netzwerke ragen Sie damit angenehm anders heraus. Auch bei dem Besuch Ihres Profils, mit dem Sie sich in Social-Media-Netzwerken präsentieren, will ein potenzieller Kunde wissen, was sein Nutzen ist. Die meisten Texte sind stattdessen voll mit Selbstpräsentationen, Fakten und Angebotsbeschreibungen. Gewürzt werden sie häufig noch mit Fremdwörtern, Anglizismen und Fachbegriffen. Kundenorientierte Kommunikation ist einfach und am Nutzen orientiert. Wenn Sie viele Fremdwörter und Anglizismen verwenden klingt das aus Sicht des Lesers vielleicht sogar ziemlich schlau. Vielleicht denkt Ihr potenzieller Kunde sogar, dass Sie eine ziemlich hohe Fremdsprachenkompetenz haben. Das hilft Ihnen allerdings nur dann, wenn Sie Übersetzer sind und dafür neue Kunden suchen.

Natürlich müssen Sie auf Ihrem Social-Media-Profil Ihre Kompetenz vermitteln. Das geht aber viel leichter, wenn Sie dem Kunden durch Ihre Texte das Gefühl vermitteln, dass Sie ihn verstehen und dass Sie seine Sorgen und Nöte kennen. Je besser ein potenzieller Kunde dies erkennt, desto mehr sind Sie aus seiner Sicht kompetent. Jemand, der auf den ersten Blick erkennt, wo der Schuh drückt, muss ein Experte sein. Und Experten vertraut man mehr. Geben Sie Ihren potenziellen Kunden das Gefühl, dass Sie ein *Kundenversteher* sind. Wie das geht, schauen wir uns nun an.

### Die KBF-Sprache

Die Kittel-Brenn-Faktoren Ihrer Kunden haben Sie hoffentlich schon herausgearbeitet. Wenn Sie die brennenden Probleme Ihrer Kunden kennen, sprechen Sie diese in der Social-Media-Kommunikation an. Sie geben Ihren potenziellen Kunden damit das Gefühl, dass Sie sich für deren Probleme interessieren. Natürlich interessiere ich mich für die Probleme meiner Kunden, werden Sie jetzt vielleicht denken, aber versteht das der Besucher Ihres Social-Media-Profils auch? Das kann er nämlich nur aus dem ableiten, was er dort liest.

**Spezialtipp:** Die brennenden Probleme Ihrer Kunden sind nicht immer nur in der Sache selbst zu finden. Sie finden sich häufig auch schon bei der Suche nach einer Lösung. Nehmen wir das Beispiel eines Unternehmensberaters. Der hilft seinen Kunden im Allgemeinen, ihre Unternehmen besser zu managen und mehr Gewinn zu machen. Das ist aber häufig eine enorm komplexe und kaum überschaubare Vielfalt an möglichen Problemursachen. Genauso viele Lösungsmöglichkeiten und Beratungsansätze gibt es. Bevor ein Unternehmensberater also zur eigentlichen Lösung des KBF kommt, muss er ein weiteres Problem seines Kunden lösen: Wie finde ich den passenden Unternehmensberater? Spricht ein Unternehmensberater diesen KBF in der frühen Phase der Kundengewinnung aktiv an, bekommt der Kunde ein gutes Gefühl.

So könnte der Unternehmensberater das formulieren: »Kennen Sie das Problem? Sie suchen einen passenden Unternehmensberater und sehen den Wald vor lauter Bäumen nicht. Einer scheint kompetenter als der andere. Tolle Webseiten, gut sitzende Maßanzüge und schlau klingende Empfehlungen und Sie fragen sich, wer ist der passende.«

Eine persönliche und verständige Sprache, die auch noch einen Dialog fördert. Das wollen Kunden lesen. In der folgenden Tabelle finden Sie den im Kopf des Kunden entstehenden Dialog. Natürlich wissen wir beim Texten nie ganz genau, was der Kunde denkt, wenn er unseren Text liest. Aber die Wahrscheinlichkeit, dass es in diese Richtung geht, ist recht hoch.

| Text des Unternehmensberater | Was denkt ein Kunde beim Lesen und was löst das aus? |
|---|---|
| Kennen Sie das Problem? | *Welches Problem*, denkt der Kunde. Schon ist die Aufmerksamkeit geweckt. |
| Sie suchen einen passenden Unternehmensberater und sehen den Wald vor lauter Bäumen nicht. | *Ja genau, das Problem kenne ich sehr gut. Dieser Unternehmensberater scheint mich zu verstehen.* |
| Einer scheint kompetenter als der andere. Tolle Webseiten, gut sitzende Maßanzüge und schlau klingende Empfehlungen und Sie fragen sich, wer ist der passende. | *Ja, genau, diese aalglatten und gelackten Berater, fürchterlich. Richtig, wer ist wohl der passende Unternehmensberater? Dieser versteht jedenfalls meine Sorgen und Nöte.* |

**Tabelle 11:** Innerer Dialog im Kopf eines Kunden

Auch wenn das hier nur ein Beispieldialog ist, verdeutlicht er doch die Wirkung. Dieser Unternehmensberater hat übrigens beste Chancen, dass auf der unbewussten Kommunikationsebene der Eindruck von Kompetenz und Ehrlichkeit vermittelt wird. Wieso? Ein Unternehmensberater, der die Probleme seiner eigenen Branche anspricht, kann es sich offenbar leisten. Nur wer diese Probleme nicht hat, kann es sich erlauben diese auch offen anzusprechen.

Die KBF-Sprache beginnt meistens mit einer einleitenden Frage. Die Einleitung mit einer Frage aktiviert die Aufmerksamkeit des Lesers sehr viel stärker, als eine Aussage.

Typische einleitende Fragen sind:
- Kennen Sie das?
- Kennen Sie diese Situation?
- Kennen Sie das Problem?
- Haben Sie das auch schon mal erlebt?

- Sind Sie es auch leid?
- Kommt Ihnen das bekannt vor?
- Jetzt reicht's, oder?

Danach kommt die direkte Ansprache des Problems. Sie können die Wirkung noch verstärken, indem Sie die vermutlich vom Kunden empfundenen Emotionen ansprechen. Die grundsätzliche Problematik ist, dass es in fast allen Branchen viele verschiedene Angebote und Anbieter gibt. Der Kunde hat also immer das Problem den richtigen auszuwählen. Hinzu kommt die Angst, eine teure Fehlentscheidung zu treffen. Allein die Lösung dieses Entscheidungsproblems kann zu einem Auftrag führen. Eine Methode dazu lernen Sie gleich noch kennen.

Schauen wir uns ein weiteres Beispiel an. Ein Fotograf für Bewerbungsbilder möchte in Social-Media-Netzwerken neue Kunden gewinnen. Seine Kunden haben in der Phase der Auswahl des passenden Fotografen unter anderem die Sorge, ob die Bilder in der Bewerbungsmappe wirklich einen guten Eindruck vermitteln. Selbstverständlich hat dieser Fotograf eine gute Webseite mit vielen Beispielbildern, die alle toll aussehen. Vielleicht sind diese sogar im dem jeweiligen Social-Media-Netzwerk direkt präsentiert. Das haben aber die anderen Fotografen auch. Wie kann sich ein Fotograf nun abheben. Wie kann er dem Kunden Sicherheit für die Entscheidung geben und damit das Hauptproblem bei der Entscheidungsfindung lösen? Was glauben Sie, geht im Kopf einen potenziellen Kunden vor, wenn er als Erstes auf der Webseite oder in dem Social-Media-Profil des Fotografen Folgendes liest.

> Kennen Sie das? Sie wollen sich auf Ihren Traumjob bewerben, die Stelle, auf die Sie jahrelang gewartet haben. Es hängt viel für Sie davon ab. Natürlich wollen Sie sich schon mit Ihrer Bewerbung und dem Foto im besten Licht präsentieren. Sie wissen, dass es einige andere Bewerber gibt. Sie denken: Es muss ein neues Foto her. Nur welcher Fotograf setzt mich so in Szene, dass meine Bewerbung sofort den besten Eindruck macht? Irgendwie sehen die Fotos auf den Webseiten alle toll aus. Nur wird mein Foto auch so aussehen?

Auch wenn das nur ein Beispiel ist, erkennen Sie sicher, dass dieser Fotograf bessere Chancen hat. Warum? Er gibt dem potenziellen

Kunden das Gefühl, ihn zu verstehen. Für Ihre Kundengewinnung kann das eine erhebliche Verbesserung bringen. Nutzen Sie diese Art der KBF-Sprache überall dort, wo Ihre Kunden das erste Mal mit Ihnen und Ihren Angeboten in Berührung kommen. In Social-Media-Netzwerken genauso wie in Broschüren oder auf Ihrer Webseite. Die meisten Präsentationen beginnen mit einer oft ziemlich langweiligen Selbstdarstellung des Unternehmens. Streichen Sie das und beginnen stattdessen mit der Ansprache des KBF.

Was machen Sie, wenn es mehrere verschiedene Probleme gibt, die Sie ansprechen können? Versuchen Sie, sich über die erarbeitete Spezialisierung auf möglichst wenige Probleme zu konzentrieren. Das gilt zumindest für die Kommunikation in der Kundengewinnung. Haben die gefunden Kundenprobleme eine Gemeinsamkeit? Dann sprechen Sie diese Gemeinsamkeit an. Geht das nicht, strukturieren Sie die verschiedenen KBFs zu passenden Gruppen und erarbeiten dann eine Formulierung die für diese Problemgruppe passend ist.

### Wo können Sie die KBF-Sprache in Social-Media-Netzwerken verwenden?

Sie sollten Sie überall dort einsetzen, wo Kunden das erste Mal mit Ihnen in Berührung kommen. Und zwar so, dass Sie Ihren Kunden damit begrüßen, so dass er diese Information sofort sieht. Ohne zu klicken oder zu scrollen. Das können Ihre Fanpage in Facebook, Ihre persönlichen oder die Unternehmensprofile sein. Verwenden Sie die KBF-Sprache nicht nur für die Probleme bei der Auswahl des passenden Anbieters, sondern auch bei der Ansprache der eigentlichen Kernprobleme des Kunden. Ein Beispiel dafür haben wir schon im Kapitel »Der gute erste Eindruck (GeE)« bei der Entwicklung der Dramaturgie für die Portfolio-Seite in XING besprochen. Durchforsten Sie also Ihre Kommunikation und die Social-Media-Profile und prüfen Sie, ob Sie die KBF-Sprache schon einsetzen.

**Zusatztipp:** Jetzt zu der weiter oben angesprochenen Auflösung der Entscheidungsangst Ihres Kunden. Der Tipp ist insbesondere dann geeignet, wenn Sie ein Angebot an Ihre Kunden versenden und wissen, dass diese mit den Angeboten der Wettbewerber verglichen werden. Die Entscheidungsangst ist übrigens oft größer, wenn eine untergeordnete Hierarchieebene die Entscheidung vorbereiten oder selbst treffen soll. Ein Abteilungsleiter hat mehr Angst vor einer Fehlentscheidung als der Inhaber oder Geschäftsführer. Die meisten Angebote sind inhaltlich nur schwer vergleichbar. Ausschreibungsbedingungen sind vorgegeben und alle orientieren sich daran. Angebotsdetails werden fein säuberlich aufgelistet, auch das ist bei den meisten gleich. Dem Kunden bleibt vielfach nur noch der Preis als erkennbares Entscheidungskriterium.

Wie liefern Sie in so einer Wettbewerbssituation ein gutes Unterscheidungskriterium, wenn es nicht auf der Ebene des Angebotes selbst geht? Liefern Sie dem Kunden eine Hilfestellung für sein Entscheidungsproblem und lösen damit diesen KBF. Wie machen Sie das? Sie schließen Ihr Angebot nicht mit dem üblichen Satz: *Wir freuen uns über eine Beauftragung.* Was denkt sich der Kunde, wenn er diesen Satz liest? Toll, dass die sich freuen, über was soll ich mich freuen? Viel besser funktioniert der Zusatztipp, den Sie jetzt kennenlernen. Sie schließen Ihr Angebot in der KBF-Sprache wie folgt.

Vielleicht fragen Sie sich jetzt, ob wir der beste Anbieter sind und Sie sich für uns oder doch für einen anderen entscheiden sollen. Vergleichen ist manchmal ziemlich aufwändig, oder? Es soll ja schließlich auch die richtige Entscheidung sein. Damit Sie alle Angebote schnell und zuverlässig vergleichen können, finden Sie auf der nächsten Seite eine Tabelle als Entscheidungshilfe. Sie hilft Ihnen, Zeit zu sparen und bringt Sicherheit, die richtige Auswahl zu treffen. In der Tabelle finden Sie in der ersten Spalte alle wichtigen Kriterien, die Sie bei der Auswahl berücksichtigen sollten. In der zweiten Spalte finden Sie bei den Kriterien, die unser Angebot erfüllt, schon einen Haken eingetragen. Daneben finden Sie drei freien Spalten, beschriftet mit Angebot zwei, drei und vier. Prüfen Sie die anderen Angebote auf diese wichtigen Kriterien und tragen jeweils einen Haken ein, wenn das Kriterium erfüllt ist. So gewinnen Sie schnell einen guten Überblick und haben eine solide Grundlage für Ihre richtige Entscheidung.

Wenn Sie jetzt denken, dass diese Methode doch sehr ungewöhnlich ist und Sie das noch nie gehört haben, dann geht es Ihrem Kunden sicher ähnlich. Die Folge davon: Ihr Angebot hebt sich ab. Was glauben Sie, empfindet der Kunde? Die Wahrscheinlichkeit ist jedenfalls sehr hoch, dass er sich wohl fühlt und denkt. »Da hat sich aber einer mal wirklich Gedanken gemacht.« Wird er die angebotene Tabelle benutzen? Auch diese Wahrscheinlichkeit ist sehr hoch. Wird ihm die Tabelle beim Vergleichen helfen? Sicher doch. Von wem hat er diesen Nutzen bekommen? Wird Ihnen das wenigstens ein paar Sympathiepunkte bringen? Kann es sein, dass diese Sympathiepunkte bei einem Angebotspatt ausschlaggebend sein können? Schleichen wir uns doch mal in so ein Entscheidungsmeeting ein. Wie läuft das häufig ab? Der Vorgesetzte fragt seinen mit der Angebotseinholung beauftragten Mitarbeiter, nachdem der alle Angebote kommentiert oder präsentiert hat: »Und was sagen Sie, wen sollen wir beauftragen?« Speziell in einer Situation, wo alle Angebote ähnlich oder gleich sind, haben Sie beste Chancen, dass der Mitarbeiter Ihr Angebot empfiehlt. Warum, wird der Vorgesetzte vielleicht noch fragen. Die Antwort könnte lauten: »Ich glaube, die sind ehrlich und verstehen unser Problem am besten.« Woher hat der beauftragte Mitarbeiter diesen Eindruck? Aus der Offenheit, die auf der unbewussten Ebene mit dieser Vergleichstabelle kommuniziert wird. Dass Sie mit der KBF-Sprache verdeutlicht haben, dass Sie das Kundenproblem beim Vergleichen der Angebote verstehen, färbt jetzt auf Ihr eigentliches Angebot ab.

Ganz clevere Unternehmer haben die weitergehenden Möglichkeiten dieser Tabelle schon erkannt. Sie können mit der Auswahl der Vergleichskriterien die Wahrnehmung des Kunden gezielt auf Ihre Stärken lenken. Nennen Sie die Kriterien, in denen Sie stark sind, ganz oben in der Tabelle. Erarbeiten Sie am besten ein paar Kriterien, die Ihre Wettbewerber nicht erfüllen. Am besten ist es, wenn die Vergleichstabelle in Ihrer Spalte bei allen Kriterien ein Haken aufweist.

Was hat dieser Tipp mit der direkten Kundengewinnung in Social-Media-Netzwerken zu tun? Nichts. Aber nicht alle Phasen der Kundengewinnung finden in Social-Media-Netzwerken statt. Vielfach sind diese eher dafür geeignet, Kontakte zu gewinnen, sich bekannt zu machen, Vertrauen aufzubauen und dadurch Angebotsanfragen zu generieren. Social Media für die Kundengewinnung darf nicht isoliert betrachtet werden.

## Die Nutzensprache

Wie schon am Bohrfix-2000-Beispiel beschrieben, interessieren sich Ihre Kunden mehr für das, was sie von Ihren Angeboten haben, den Nutzen. Um Kunden leichter und schneller zu überzeugen, müssen Sie Meister in der Nutzensprache sein. Das gilt vor allem für die schriftliche Kommunikation in Social-Media-Netzwerken. Die Nutzensprache sorgt dafür, dass der potenzielle Kunde, der Ihr Social-Media-Profil besucht, seinen Nutzen auch erkennt. Es reicht also nicht, die Angebotseigenschaften zu präsentieren, die den Nutzen verursachen. Sie müssen den Nutzen selbst präsentieren. Die 2000-Watt-Leistung des Bohrfix 2000 muss also in den Nutzen übersetzt werden. Auch wenn Sie jetzt denken, dass der Nutzen der 2000-Watt-Leistung klar ist und auf der Hand liegt, muss ich Sie leider enttäuschen. Ihnen ist das klar. Ob das dem Kunden auch klar ist, wissen Sie nicht. In der schriftlichen Kommunikation können Sie den Kunden leider auch nicht fragen, ob er den Nutzen aus der Angebotsbeschreibung assoziieren konnte. Also gehen wir kein Risiko ein und kommunizieren lieber eindeutig, klar und wirksam. Das geht am besten in der Nutzensprache. Das ist deswegen so wichtig, weil sich Ihr Kunde immer nur nach dem von ihm auch verstandenen Nutzen entscheiden kann. Häufig gibt es eine große Differenz zwischen der kommunizierten Leistung und dem verstandenen Nutzen. Sie müssen also dafür sorgen, dass Ihr Nutzen ankommt und verstanden wird. Kommunikativ müssen Sie sozusagen zu einem »Ankommensspezialist« werden. Wie das geht, zeigt Ihnen die Nutzensprache.

Wie Sie bereits im Buch gelesen haben, treffen wir Menschen Entscheidungen überwiegend emotional. Je besser Sie die wichtigen Emotionen ansprechen, desto leichter kann der Kunden sich entscheiden. Wenn man Kunden nach den Gründen für eine Entscheidung befragt, kommen häufig Aussagen wie: »Ich hatte dabei einfach ein gutes Gefühl.«

Für das Erzeugen der passenden Emotionen ist der verstandene Nutzen ein wichtiger Schlüssel. Ein vom Kunden verstandener Nutzen wird vielfach als Befriedigung eines oder mehrerer seiner Werte empfunden. Die Werte eines Menschen sind so eine Art Grundgesetz. Ein Verstoß dagegen zieht üble Folgen nach sich, wie im realen

Leben auch. Sind die Grundwerte des Menschen befriedigt, fühlt er sich wohl und sicher.

An folgendem Beispiel erkennen Sie die Wirkung einer wertebasierenden Nutzensprache. Nehmen wir an, Sie wollen ein Navigationsgerät verkaufen, das »Wegfix 7000«. Ein besonderes Leistungsmerkmal vom Wegfix 7000 ist, dass es auf Basis von Echtzeitverkehrsdaten bei Stau automatisch die schnellste Alternativroute berechnet und vorschlägt. Das Einmalige daran ist, dass dies nun erstmalig auch für alle Nebenstraßen möglich ist. Ein Unternehmer oder Verkäufer, der die Nutzensprache nicht beherrscht, würde in der Präsentation von der ausgefeilten Satellitentechnik in Verbindung mit dem neuen X12-Hochleistungsrechner für die Auswertung von Millionen Echtzeitbewegungsdaten reden. Wenn das nicht überzeugt, wird die Rechenleistung des Prozessors im Navigationsgerät selbst erwähnt. 688 Mhz müssen es heute schon sein, hört der Kunde den Verkäufer begeistert sagen. Selbstverständlich müssen die 26 Sprachen, die dem Kunden zur Auswahl stehen, genauso erwähnt werden wie der mathematisch ausgeklügelte Berechnungsalgorithmus für den Vergleich der Alternativrouten.

Dabei wollte der Kunde doch nur ein neues Navigationsgerät, um auch im Fall eines Staus noch pünktlich anzukommen. Der Wert dieses Kunden ist nämlich Pünktlichkeit. Wie stark ein Wert Ihre Gefühle beeinflusst, haben Sie selbst schon erlebt. Was passiert, wenn Sie mit einem Menschen verabredet sind, der diesen Wert Pünktlichkeit hat und Sie 10 Minuten zu spät kommen? Sie haben diesen Wert nicht und denken sich, ist ja noch im »akademischen Viertel«. Wie empfindet das Ihre Verabredung? Im besten Fall ist sie nur leicht »angesäuert«. Der umgekehrte Fall dagegen: Sie kennen diesen Wert und erscheinen auf die Minute genau. Aufmerksame Beobachter nehmen das wahr. Sie können es sogar sehen und spüren. Ihr Gesprächspartner fühlt sich sichtlich wohler. Wenn Sie sich zu einem wichtigen Termin verabredet haben, ist die gute Stimmung sicher wichtig.

Wie könnte sich der Verkäufer des Wegfix 7000 diese Erkenntnis zu Nutze machen? Mit einer an die Werte des Kunden appellierenden Nutzensprache. Das könnte sich dann so anhören:

Ich biete Ihnen mit dem Wegfix 7000 das modernste Navigationssystem. Die neue Echtzeitdatenverarbeitung sorgt dafür, dass Sie auch bei Stau auf Nebenstraßen schnell und zuverlässig eine alternative Route finden. Ihr Vorteil davon ist, Sie kommen pünktlich zu Ihrem Termin.

Erkennen Sie den Unterschied. Das ist viel kürzer, enthält weniger Fakten und übersetzt die technische Innovation der Echtzeitdatenverarbeitung in den Nutzen.

In Social-Media-Netzwerken haben Sie allerdings den Nachteil, dass Sie die Besucher Ihrer Profile nicht kennen. Sie wissen nicht, was diese für Werte haben. Daher können Sie Ihre Nutzensprache nicht auf die konkreten Werte ausrichten. Aus diesem Grund finden Sie in der nachfolgenden Übersicht drei Nutzengruppen, mit denen Sie die meisten Ihrer Angebotsbestanteile in die Nutzensprache übersetzen können. Diese drei Nutzengruppen beinhalten viele wichtige Werte der meisten Menschen.

| 1. Zeit | 2. Geld | 3. Sicherheit |
|---|---|---|
| Effizienz, schneller Produzieren | Umsatzsteigerung | Marktanteile sichern und ausbauen |
| Zeit sparen, Zeit gewinnen | Gewinnsteigerung | Persönliche Sicherheit |
| Bequemlichkeit | Kostenersparnis | Arbeitsplatzsicherung |
| Freizeit | | Imagegewinn |
| Lebensqualität | | |

**Tabelle 12:** Universelle Nutzengruppen

Wie vermeiden Sie nun das oben beschriebene Missverständnis, dass die Beschreibung der Leistungsbestandteile schon der Nutzen für den Kunden ist. Wie trainieren Sie Ihr Bewusstsein auf die Nutzensprache? Ganz einfach, Sie nehmen sich ein Leistungsbestandteil Ihres Angebotes und fragen sich: Was hat mein Kunde davon, dass es diese Leistung, diese Besonderheit, dieses technische Detail gibt? Diese Frage stellen Sie so oft, bis Sie eine Antwort finden, die in eine dieser drei Nutzengruppen passt. So lassen sich nahezu alle Leistungsbestandteile Ihrer Angebote in eine dieser drei Nutzengruppen übersetzen.

## Die vierstufige Nutzenformel

Wie setzen Sie die Nutzensprache am besten in der Praxis ein? Wenn Sie es bisher nicht gewohnt waren, regelmäßig in der Nutzensprache zu sprechen, wird Ihnen die folgende vierstufige Nutzenformel sicher helfen, sich daran zu gewöhnen. Sie können Sie in der schriftlichen Kommunikation in Social-Media-Netzwerken, in Angeboten, in Broschüren, auf Ihrer Webseite oder auch in E-Mails benutzen. Sie sollten diese Nutzenformel unbedingt auch in der mündlichen Kommunikation einsetzen. In Präsentationen, auf Messen und insbesondere in Kunden- und Verkaufsgesprächen.

**1. Stufe:** Nennung oder Beschreibung des Fakts oder der Produkteigenschaft in Verbindung mit dem Aufbau von Spannung und Neugier. Das haben Sie bisher schon gemacht. Hier nehmen Sie einfach in einem Satz die Beschreibung oder das Leistungsdetail, das Sie kommunizieren wollen.

**2. Stufe:** Übersetzung in den Nutzen aus Sicht des Kunden. Stellen Sie die Frage: Was hat mein Kunde davon, dass es diese Eigenschaft gibt? Sprechen Sie dabei die Gefühle und Werte an. Das Ziel ist es, ein gutes Gefühl zu erzeugen. Dieser Teil ist vermutlich neu für Sie. Weiter unten finden Sie dafür ein paar Beispielformulierungen.

**3. Stufe:** Beweisführung für die Aussage und den Nutzen. Das erhöht die Glaubwürdigkeit der Aussage und verstärkt die Wirkung des Nutzens. Möglicherweise klingt der gefundene Nutzen in den Ohren Ihrer Kunden noch ein bisschen wie eine Behauptung. Die Beweisführung erhöht die Glaubwürdigkeit des Nutzens. Es gibt drei Formen der Beweisführung: Referenzen von Kunden, Fachaussagen durch Studien, Veröffentlichungen oder anerkannte Fachexperten oder die sogenannte unbestreitbare Wahrheit. In den Beispielen finden Sie dazu ein paar Anregungen und Tipps.

**4. Stufe:** Stellen Sie eine Feedbackfrage, um die Wirkung des Nutzens zu überprüfen. Noch ist es ja eine Vermutung, dass der kommunizierte Nutzen vom Kunden tatsächlich auch als Nutzen verstanden wurde. Das prüfen Sie mit einer Feedbackfrage. Insbesondere wenn Sie die Nutzenformel in der mündlichen Kommunikation einsetzen, gewinnen Sie so sehr viel mehr Sicherheit. Aber auch in der schriftlichen Kommunikation in Social-Media-Netzwerken gibt es die Möglichkeit, Feedbackfragen zu stellen und damit den inneren Dialog anzuregen. Auch dazu finden Sie weiter unten ein paar Beispiele und Anregungen.

### Formulierungshilfen

Die folgenden Beispiele helfen Ihnen schnell und zielsicher in der Nutzensprache zu kommunizieren. Nehmen Sie diese einleitenden Formulierungen und ergänzen Sie einfach Ihre Beschreibung oder den Nutzen.

**1. Stufe:** Beginnen Sie die Beschreibung des jeweiligen Leistungsbestandteils mit dieser einleitenden Formulierung: *Wir bieten Ihnen ..., Wir sind in der Lage ..., Bestandteil des Angebotes ist ..., Unser Angebot leistet* ...und ergänzen einfach das Leistungsmerkmal, das Sie präsentieren wollen.

**2. Stufe:** Die Übersetzung in den Nutzen beginnt mit diesen Formulierungen: *Das bedeutet für Sie ..., Das Besondere daran ist ..., Das Schöne für Sie dabei ist ...*, die Sie einfach um den gefundenen Nutzen ergänzen.

**3. Stufe:** Die Beweisführung leiten Sie mit diesen Aussagen ein: *Ich sage das, weil ..., Ich betone das deswegen ..., Wir sind deshalb der Meinung, weil ..., Ich lehne mich deswegen soweit aus dem Fenster, weil ...*, und ergänzen eine glaubwürdige Beweisführung.

**4. Stufe:** Feedbackfragen können sich so anhören: *Wie gefällt Ihnen das? Kaum einer kann sich doch heute noch leisten, darauf zu verzichten, oder?*

### Beispielformulierungen

Nehmen wir hier das Beispiel des Bohrfix 2000 und erarbeiten mit diesen Beispielformulierungen eine Nutzenargumentation.

**1. Stufe:** Wie bieten Ihnen mit der Bohrfix 2000 eine Bohrmaschine mit 2000 Watt Leistung und einem hydraulischen Schlagwerk, das 4000 Schläge pro Minute leistet.

**2. Stufe:** Das bedeutet für Sie, dass Sie alle Löcher, selbst in härtestem Beton, einfach, bequem und schnell bohren. Sie sparen eine Menge Zeit und müssen sich weniger anstrengen.

**3. Stufe:** Ich betone das deswegen, weil die Bohrfix 2000 im Test der Fachzeitschrift *Der schlaue Heimwerker* Testsieger geworden ist. Zweite Variante einer möglichen Beweisführung: Ich sage das, weil die Bohrfix 2000 die beliebteste Bohrmaschine unserer Kunden ist.

Letzte Woche kam sogar eine siebzigjährige Frau und hat mir bestätigt, dass sogar sie damit Löcher in eine Betonwand bohren konnte. Dritte Variante einer möglichen Beweisführung: Ich betone das deswegen, weil eine Testreihe der technischen Forschungsanstalt in Bohrhausen bestätigt hat, dass nur hydraulische Schlagwerke mit mindestens 4 000 Schlägen pro Minute auch den härtesten Beton mühelos durchdringen.

**4. Stufe:** Wie wichtig ist es denn für Sie, einfach und mühelos Löcher auch in härtesten Beton zu bohren? Wenn Sie auf diese Frage ein klares »Ja« oder eine Aussage bekommen, die auf die hohe Wichtigkeit schließen lässt, dann wurde der Nutzen vom Kunden auch verstanden.

Schauen wir uns in einer zweiten Beispielformulierung an, wie der erwähnte Fotograf seine Leistungen mit der Nutzensprache in schriftlicher Form in einem Social-Media-Netzwerk oder auf seiner Webseite präsentieren könnte.

**1. Stufe:** In meinem auf die Bewerbungsfotografie spezialisierten Studio bekommen Sie Bewerbungsfotos, die Sie perfekt in Szene setzen.

**2. Stufe:** Das bedeutet für Sie: Ihre Bewerbungsmappe fällt angenehm auf, Sie erzeugen einen guten Eindruck und erhöhen so die Chance auf Ihren Traumjob.

**3. Stufe:** Ich betone das deswegen, weil heute jeder Bewerber weiß, dass der erste Eindruck dafür verantwortlich ist, ob Ihre Bewerbungsmappe überhaupt gelesen wird.

**4. Stufe:** Können Sie es sich leisten, mit einem mittelmäßigen Foto auf dem Stapel der aussortieren Bewerbungen zu landen?

Die Form der Beweisführung, die Sie in diesem Beispiel in der dritten Stufe finden, ist eine sogenannte unbestreitbare Wahrheit. Das ist zwar die schwächste Form der Beweisführung, aber besser als gar keine.

### Beispiele für unbestreitbare Wahrheiten

Jeder Unternehmer weiß heute, dass schnell zu viel bezahlt wird, wenn die Preise nicht verglichen werden.

Jeder Geschäftsführer weiß heute, dass nur gut geschulte Verkäufer dauerhaft Spitzenleistungen bringen.

Jeder Verkäufer hat schon mal erfahren, dass eine miserable Präsentation keine neuen Aufträge bringt.

Jeder Selbstständige hat sich schon mal darüber geärgert, dass ein Wettbewerber den Zuschlag bekommt, obwohl der schlechter ist.

Kaum ein Unternehmen kann sich heute noch leisten,

- zu teuer einzukaufen.
- zu viel Geld auszugeben.
- auf moderne Kommunikation zu verzichten.
- auf schnellen Kundenservice zu verzichten.
- auf … zu verzichten (setzen Sie den kommunizierten Nutzen ein).

Die KBF- und Nutzensprache in Kombination sind an Wirksamkeit kaum zu überbieten. Die Webseite oder das Profil des Fotografen in einem Social-Media-Netzwerk könnte dann so aussehen.

Kennen Sie das? Sie wollen sich auf Ihren Traumjob bewerben, die Stelle, auf die Sie jahrelang gewartet haben. Es hängt viel für Sie davon ab. Natürlich wollen Sie sich schon mit Ihrer Bewerbung und dem Foto im besten Licht präsentieren. Sie wissen, dass es einige andere Bewerber gibt. Sie denken: Es muss ein neues Foto her. Nur welcher Fotograf setzt mich so in Szene, dass meine Bewerbung sofort den besten Eindruck macht? Irgendwie sehen die Fotos auf den Webseiten alle toll aus. Nur wird mein Foto auch so aussehen?

In meinem auf die Bewerbungsfotografie spezialisierten Studio bekommen Sie Bewerbungsfotos, die Sie perfekt in Szene setzen. Das bedeutet für Sie: Ihre Bewerbungsmappe fällt angenehm auf, Sie erzeugen einen guten Eindruck und erhöhen so die Chance auf Ihren Traumjob. Ich betone das deswegen, weil heute jeder Bewerber weiß, dass der erste Eindruck dafür verantwortlich ist, ob Ihre Bewerbungsmappe überhaupt gelesen wird.

Können Sie es sich leisten, mit einem mittelmäßigen Foto auf dem Stapel der aussortieren Bewerbungen zu landen? Gehen Sie lieber auf Nummer sicher, und vereinbaren unter 0123/ 456789 einen Termin.

Mit so einem Text fällt der Fotograf auf. Kaum eine Webseite, kaum ein Profil in einem Social-Media-Netzwerk verfügt über einen so wirksamen Text. Damit erzeugt er sofort Aufmerksamkeit. Die aktive Formulierung in Form einer passenden Geschichte in der KBF-

Sprache zieht den Leser nahezu magisch an. Zusätzlich ragt der Fotograf damit angenehm anders aus allen anderen Wettbewerbern heraus. Dieser Text ist sogar als Elevator Pitch einsetzbar. Sowohl in der schriftlichen, als auch in der mündlichen Variante.

## Wirkungsverstärker

In der persönlichen oder mündlichen Kommunikation können Sie mit Mimik, Gestik und Betonung die Wirkung Ihrer Aussagen verstärken. Diese Instrumente haben Sie in der schriftlichen Kommunikation in Social-Media-Netzwerken leider nicht zur Verfügung. Alternativ gibt es aber die Möglichkeit, mit speziellen Worten die Wirkung der schriftlichen Kommunikation gezielt zu verstärken.

Oft sind es nur einzelne Worte, wie diese: *So, diese, jetzt, hier.* Schauen wir uns ein paar Beispiele an. Damit Sie selbst einen guten Eindruck von der unterschiedlichen Wirkung bekommen, lesen Sie zuerst ein Beispiel aus der linken Spalte und direkt danach die optimierte Formulierung.

| Normale Formulierung | Optimierte Version | Hinweise und Tipps |
| --- | --- | --- |
| Die typischen Fehler in Social-Media-Marketing. | Die sieben Todsünden in Social-Media-Marketing. | Die Zahl sieben konkretisiert die Aussage. Konkrete Aussagen wirken stärker als allgemeine. Das Wort Todsünder provoziert und macht neugierig. Die emotionale Wirkung ist stärker. |
| Viele Bewerber machen Fehler im Aufbau ihrer Bewerbungsmappe. | Die fünf fatalsten Fehler im Aufbau Ihrer Bewerbungsmappe. | Hier finden Sie wieder die Konkretisierung durch eine Zahl. Das Adjektiv »fatal« in seiner Steigerungsform dramatisiert den Fehler und verstärkt die Wirkung. |
| So überzeugen Sie in einem Bewerbungsgespräch. | So vermeiden Sie die 6 unverzeihlichen Fehler, die Sie garantiert ins Aus befördern. | Hier wird gezielt die Motivation ein Problem zu vermeiden angesprochen. Die Zahl konkretisiert, das Wort »unverzeihlich« erhöht die emotionale Wirkung. |

| Normale Formulierung | Optimierte Version | Hinweise und Tipps |
|---|---|---|
| Hier erfahren Sie, wie Sie kostengünstig laserschweißen. | So schweißen Sie dreimal günstiger mit einem Laser. | Allein das Wort »so« verstärkt die Wirkung. Es deutet etwas Konkretes an. Der Faktor »dreimal« konkretisiert wiederum. |
| Ich zeige Ihnen, wie Sie schneller an Gewicht verlieren. | Mit der neuen xyz Methode nehmen Sie fünf Kilo pro Woche ab und halten Ihr Gewicht dauerhaft. | Noch konkreter als das Wort »so« sind die Worte Methode, Technik oder System. Wenn Sie der Methode einen Namen geben, wird sie für den Leser noch greifbarer. Fünf Kilo pro Woche sind eine konkrete Nutzenaussage. Im letzten Satzteil »und halten Ihr Gewicht« wird ein möglicher Einwand vorweggenommen und aufgelöst. |
| Ich zeige Ihnen, wie Sie einen guten Verkaufstext schreiben. | Die fünf wertvollsten Geheimtipps, um einen verkaufsstarken Werbetext zu schreiben. | Neben der schon bekannten Konkretisierung durch die Zahl wird die Wirkung durch den Superlativ des Wortes »wertvoll« in Verbindung mit dem geheimnisvollen der Tipps auf die Spitze getrieben. Das Wort »verkaufsstark« erzeugt eine höhere Wertanmutung für die gelieferten Tipps. |
| Bei Interesse können Sie mich anrufen. | Rufen Sie mich jetzt unter 0123/546789 an. | In Handlungsaufforderungen bedarf es einer klaren und eindeutigen Sprache. Konjunktive wie »können« haben hier nichts zu suchen. Das Wort »jetzt« verstärkt die Wirkung der gewünschten Handlung. Die genannte Telefonnummer konkretisiert die Handlung: Wo soll angerufen werden? |
| Bei Bedarf finden Sie weitere Informationen auf meiner Webseite. | Informieren Sie sich jetzt hier auf meiner Webseite unter www.meineseite.de | Die Worte jetzt und hier konkretisieren, wann und wo die Handlung ausgeführt werden soll. |

**Tabelle 13:** Beispiele für Wirkungsverstärker

Ansprache an negative Dinge, Fehler oder Probleme, erzeugen eine stärkere Wirkung. Wir Menschen sind es gewohnt, dass wir mehr und schneller über die negativen Erfahrungen lernen. Das können Sie sich zu Nutze machen, um die Wirkung zu verstärken. Statt positiv zu formulieren »So überzeugen Sie in einem Bewerbungsgespräch« nutzen Sie die negative Version »So vermeiden Sie die 6 unverzeihlichen Fehler, die Sie garantiert ins Aus befördern«.

Alle Worte oder Formulierungen, die eine Aussage oder die gewünschte Handlung konkretisieren und eine emotionale Komponente enthalten, verstärken die Wirkung.

### Wo können Sie die KBF- und Nutzensprache in Social-Media-Netzwerke einsetzen?

Überall dort, wo Sie Kontakte von sich und dem Nutzen Ihrer Angebote überzeugen wollen, ist die KBF- und Nutzensprache wichtig. Besonders an den Stellen, wo diese Kontakte das erste Mal mit Ihnen in Berührung kommen.

Einsatzmöglichkeiten in XING und LinkedIn:
- Profiltexte unter »ich biete«
- Texte auf Ihrer Portfolio-Seite
- Texte in der Statusmeldung auf Ihrem Profil
- Statusmeldungen in Ihrem Netzwerk
- Vorstellung Ihrer Person in Gruppen
- Vorstellung Ihrer Leistungen in Gruppen
- Beschreibung Ihrer Events (nur in XING möglich)

Einsatzmöglichkeiten in Facebook
- Der Bereich »Info« auf Ihrer Unternehmensseite (Fanpage)
- Texte auf den Unterseiten (Tabs) Ihrer Unternehmensseite
- Texte in den Meldungen, die dem Marketing dienen
- Texte und Beiträge in Gruppen

Einsatzmöglichkeiten in YouTube
- Im Video selbst können Sie so Ihre Produkte mit dem gesprochenen Text besser präsentieren
- Beschreibung des Videos

Einsatzmöglichkeiten in Twitter
- Gestaltung des Profilgrafik auch mit einem kurzen Text (Hintergrund)
- Statusmeldung unter Ihrem Bild
- Kurzform in Tweets

**Ihre Aufgabe:** Durchforsten Sie alle Texte auf Ihren Social-Media-Profilen und prüfen, ob Sie schon ausreichend mit der KBF- und Nutzensprache arbeiten. Wenn das noch nicht der Fall ist, dann wird es höchste Zeit, das zu ändern. Ergänzen Sie die Wirkungsverstärker.

# Kontaktaufbau (K)

Ohne Kontakte keine Kontrakte. Dieses Motto kennen Sie sicher. Viele Kontakte allein nützen Ihnen allerdings kaum etwas für die Gewinnung neuer Kunden. Diese Kontakte müssen Ihnen und Ihren Angeboten auch noch vertrauen. Kaum jemand weiß allerdings, wie in Social-Media-Netzwerken Vertrauen schnell und wirksam aufgebaut wird. Deswegen beginnen Sie erst mit dem Aufbau Ihres Kontaktnetzwerkes, wenn Sie auch das Kapitel Vertrauensaufbau gelesen und die dort beschriebenen Maßnahmen umgesetzt haben.

Social-Media-Netzwerke, das sind doch nur neue Plattformen. Diese Denkweise ist immer noch sehr weit verbreitet. Dabei bieten Social-Media-Netzwerke heute insbesondere kleinen Unternehmen und selbstständigen Einzelkämpfern die Möglichkeiten, die vorher nur großen und finanzkräftigen Unternehmen vorbehalten waren. In der klassischen Marketingwelt ist es kaum vorstellbar, dass ein kleines Unternehmen ein Netzwerk von über 400 000 potenziellen Kunden aufbaut, das interessiert die neuen Botschaften des Unternehmens verfolgt. Der Firma Blendtec® ist das gelungen, wie Sie zu Beginn des Buches im Kapitel »Die Social-Media-Revolution« gelesen haben.

Das allein ist schon eine faszinierende Leistung. Die Macht steckt aber nicht nur in den direkten Kontakten. Social-Media-Netzwerke nur zum direkten Aufbau von Kontakten zu benutzen ist so, als ob Sie mit einem Formel-1-Rennwagen immer nur im ersten Gang fahren würden. Die viel größere Kraft eines Netzwerkes besteht darin, die Kraft der Multiplikation zu nutzen. Jeder kennt die Bauernregel: *Gleich und Gleich gesellt sich gern.* Sie können davon ausgehen, dass ein Kontakt, den Sie in einem Social-Media-Netzwerk gewinnen, selbst in seinem Netzwerk viele ähnlich gestrickte Kontakte hat. Viel intelligenter ist es daher, den eigenen Kontaktaufbau von Beginn an unter diesem Aspekt zu betrachten. Ziel ist es, auch die Kontakte Ihrer Kontakte nutzen zu können.

»Tue Gutes und rede darüber«, ist eine uralte und bewährte Marketingmethode. Heute helfen Ihnen die Social-Media-Netzwerke diese Botschaften schneller zu verbreiten. Allerdings sind sie kein Mediennetzwerk im klassischen Sinn. Sie können dort keine herkömmlichen Werbeplätze belegen und diese Millionen Zuschauern präsentieren. Das will keiner sehen und wirkt kaum. Der Schlüssel zur Nutzung dieser Netzwerke ist die Freiwilligkeit. Botschaften werden in Social-Media-Netzwerken nur dann weiterempfohlen, wenn der einzelne Nutzer ein Motiv dafür hat. Begeisterte Kunden haben dieses Motiv und können damit andere anstecken. Social-Media-Netzwerke können so für die Verbreitung der eigenen Botschaft genutzt werden. Unterschätzen Sie die so erzielbaren Reichweiten nicht. Im geschäftlichen Netzwerk XING wird Ihnen Ihre Reichweite sogar angezeigt. Besuchen Sie dort doch mal Ihr Profil, klicken in der Navigation auf »Startseite« und »Neuigkeiten« und scrollen etwas nach unten. Rechts finden Sie dann die Infografik »Ihr Netzwerk«.

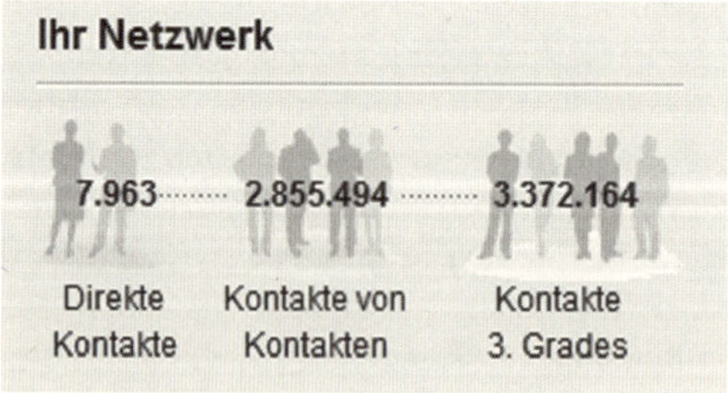

**Ihr Netzwerk**

7.963 ⋯⋯ 2.855.494 ⋯⋯ 3.372.164

| Direkte Kontakte | Kontakte von Kontakten | Kontakte 3. Grades |

**Abbildung 4:** Die Reichweite des eigenen Kontaktnetzwerkes

In diesem Fall sieht man, dass der Besitzer des XING-Profils (ein selbstständiger Einzelkämpfer) selbst über 7 963 eigene Kontakte verfügt. Diese Kontakte haben zusammen bereits über 2,8 Millionen Kontakte in der zweiten Kontaktgeneration. Das bedeutet, Sie können über 2,8 Millionen Kontakte erreichen.

### Voraussetzungen für die Nutzung dieser Multiplikationseffekte

Der Schlüssel dazu ist die Motivation Ihrer direkten Kontakte. Was könnte diese dazu motivieren, Ihre Botschaft weiterzutragen? Die Motive sind sicher unterschiedlich. Die Grundvoraussetzung ist allerdings bei allen gleich. Diese Kontakte müssen Sie als etwas Besonderes, etwas Empfehlenswertes ansehen. Das ist immer dann der Fall, wenn Ihre Kontakte Sie als einen Experten auf Ihrem Gebiet ansehen. Denken Sie immer an das Grundmotiv der Menschen in Social-Media-Netzwerken: Sie wollen sich mit anderen interessanten Personen vernetzen.

Die zweite Grundvoraussetzung sind passende Kontakte. Nur wenn Ihr direkter Kontakt auch zu Ihnen passt, können die darauf hoffen, dass deren Kontakte auch zu Ihnen passen könnten.

### Definition des passenden Kontaktes

- Gehört zu Ihrer Zielgruppendefinition
- Hat Bedarf oder könnte Bedarf bekommen

Stellen Sie sich doch bitte mal vor, dass Sie nach diesen beiden Kriterien 7 963 Zielgruppenkontakte aufgebaut haben. Alle Kontakte haben Sie schon bei der Kontaktanbahnung als angenehm anders kennengelernt und sich ein Bild von Ihrer Positionierung als Experte gemacht. Wenn Sie dann noch die im nächsten Kapitel vorgestellte Methode zum Vertrauensaufbau nutzen, haben Sie beste Chancen, dass sie über diese 7 963 Kontakte von einem großen Teil der 2,8 Millionen Kontakte in der zweiten Kontaktgeneration profitieren.

Denken Sie an dieser Stelle vielleicht, dass es ja gar nicht möglich ist, diese über 7 000 Kontakte zu pflegen? An dieser Denkweise erkennen Sie sehr gut, dass Sie noch nicht alle Möglichkeiten in Social-Media-Netzwerken erkannt haben. Richtig ist, dass Sie außerhalb von Social-Media-Netzwerke 7 000 Kontakte kaum pflegen können. Sie können weder 7 000 persönliche Besuche machen, noch können Sie jeden Monat alle Kontakte mit einem Brief an sich erinnern. In den Social-Media-Netzwerken ist das viel leichter, zeitsparender und kostengünstiger möglich, als Sie denken.

### Der Weg zu einer sprudelnden Neukundenquelle

Ihre Aufgabe lautet: Bauen Sie sich ein großes Netzwerk an passenden Kontakten auf und positionieren Sie sich in den Köpfen dieser Kontakte von Beginn an und dauerhaft als Experte. Warum geht es nicht darum, möglichst vielen Kontakten in den jeweiligen Social-Media-Netzwerken Ihre Werbung zu präsentieren, also eine große Werbereichweite zu erzielen? Ganz einfach, die meisten Nutzer von Social-Media-Netzwerken wollen dort nicht mit Werbung belästigt werden. Selbst wenn Ihre Werbung ankommen würde, ist es immer eine einmalige Aktion mit wenig dauerhafter Wirkung. Besser ist es eine dauerhafte Wirkung erzielen. Wenn Sie statt Werbung zu verbreiten als Ziel den Aufbau passender Kontakte haben, sichern Sie sich diese Kontakte, um mehrfache Effekte zu erzielen.

Stellen Sie sich doch bitte nochmals vor, dass Sie ein großes Netzwerk an passenden Kontakten haben, die Sie als Experten und Spezialist zu Ihrem Thema kennen und schätzen. Mit einer speziellen Methode zum Vertrauensaufbau schaffen Sie das schon beim zweiten Kontakt. Durch eine zeitsparende Methode zur Pflege dieser Kontakte baut sich das Vertrauen immer weiter aus. So ein Kontaktnetzwerk entwickelt sich zu einer Quelle an sprudelnden Aufträgen. Können Sie sich an die Geschichte und die Schatzkarte im Vorwort erinnern? Das bedeutet, immer mehr dieser Kontakte melden sich von alleine bei Ihnen und wollen Ihr Kunde werden. Immer mehr werden Sie von den Kontakten Ihres Netzwerkes empfohlen. So kommen wiederum immer neue passende Kontakte auf Sie zu und wollen Mitglied Ihres Netzwerkes werden. Das Wachstum Ihres Netzwerkes erfährt eine Dynamik, die dafür sorgt, dass Sie selbst immer weniger dafür tun müssen.

Die Möglichkeiten des Kontaktaufbaus schauen wir uns in diesem Kapitel an. Wie Sie sich dauerhaft als Experte im Kopf Ihrer Kontakte einnisten und Ihr Netzwerk pflegen, lernen Sie im nächsten Kapitel »Vertrauensaufbau«.

## Möglichkeiten des Aufbaus passender Kontakte

Wenn wir im Folgenden über den Kontaktaufbau sprechen, ist immer die Rede von passenden, also Zielgruppenkontakten. Es geht nicht darum, so viele Kontakte wie möglich aufzubauen, sondern viele der passenden Zielgruppenkontakte. Nur dann können Sie sich über die Multiplikationseffekte auch aus der zweiten und dritten Kontaktgeneration für Sie nützliche Kontakte erschließen. Es gibt zwei grundsätzlich unterschiedliche Möglichkeiten, in den Social-Media-Netzwerken die passenden Kontakte aufzubauen.

### 1. Der direkte Weg

In den Social-Media-Netzwerken XING und LinkedIn können Sie über die Funktion der erweiterten Suche gezielt nach Kontakten suchen, die Ihrer Zielgruppendefinition entsprechen. Darüber hinaus gibt es in einigen Social-Media-Netzwerken Gruppen, die sich mit einem speziellen Thema beschäftigen. Sie können davon ausgehen, dass sich ein großer Teil der Gruppenmitglieder auch für das Thema interessiert. So brauchen Sie sich nur noch die Gruppe suchen, die sich mit einem Thema beschäftigt, das darauf schließen lässt, dass die Mitglieder auch Bedarf an Ihren Angeboten haben könnten. Viele Mitglieder so einer Gruppe sind sicher passende Kontakte für Sie. Hier ist ein bisschen Querdenken gefragt. Der direkte Weg zum Kontaktaufbau ist vor allem für die Unternehmer sinnvoll, denen größere Werbebudgets nicht zur Verfügung stehen. Die Möglichkeiten des direkten Kontaktaufbaus lernen Sie gleich noch im Detail kennen.

### 2. Der indirekte Weg

Statt gezielt nach passenden Kontakten zu suchen, können Sie sich von Mitgliedern des jeweiligen Netzwerkes finden lassen und die passenden Kontakte herausfiltern. Das geht vor allem in den Netzwerken, wo Sie Werbung schalten können. Der Vorteil: Sie erreichen schnell eine große Menge an Mitgliedern. Der Nachteil: Werbung kostet Geld und ist in Social-Media-Netzwerken nicht so sehr beliebt. Trotzdem können Sie mit passender Werbung, insbesondere in Facebook, recht schnell eine ansehnliche Anzahl an passenden Kontakten aufbauen. Allerdings ist nicht jeder Leser so einer Anzeige gleich ein passender Kontakt. Die fehlende Selektionsmöglichkeit müssen Sie mit einem Filtersystem ausgleichen. Auch diese Möglichkeiten schauen wir uns hier im Buch noch genauer an.

### Der direkte Weg zu einem großen Netzwerk

Speziell in den Social-Media-Netzwerken XING und LinkedIn tummeln sich Tausende passende Kontakte. Beide Netzwerke bieten mit der Funktion »erweiterte Suche« eine einzigartige Möglichkeit an, schnell die passenden Kontakte zu finden. Diese Funktion steht Ihnen in XING bereits ab der Premium-Mitgliedschaft zur Verfügung. Die Premium-Mitgliedschaft in XING steht Ihnen für einen monatlichen Mitgliedsbeitrag von 5,95 Euro[20] zur Verfügung. Im Netzwerk LinkedIn steht Ihnen ein ähnlicher Funktionsumfang in der Businessmitgliedschaft für einen Monatsbeitrag ab 14,95 Euro[21] zur Verfügung. XING bietet im direkten Vergleich den günstigeren Weg, direkt nach passenden Kontakten zu suchen. Im Vergleich zu LinkedIn finden Sie in XING mehr Kontakte aus kleinen und mittelständischen Unternehmen aus dem deutschsprachigen Raum. Auch selbstständige Unternehmer sind dort mehr vertreten als in Linked In. Dagegen finden Sie LinkedIn sehr viel mehr Kontakte aus international tätigen Konzernen, insbesondere im englischsprachigen Raum. Da die grundsätzlichen Funktionen in LinkedIn denen in XING ähneln, schauen wir uns nun den direkten Kontaktaufbau am Beispiel des Social-Media-Netzwerkes XING an.

## Die sechs Methoden in XING passende Kontakte zu finden

1. Die erweiterte Suche
2. Suchaufträge
3. Mitglieder in Fach- und Branchengruppen finden
4. Kontakte mit Bedarf über Gruppenabonnements finden
5. Die Powersuche
6. Teilnehmer von Events

### Die erweiterte Suche in XING

Sie finden diese Funktion in XING über die Navigation unter Startseite, Mitglieder finden und klicken dann auf den grünen Textlink »erweiterte Suche«.

Anhand aller Felder in dieser erweiterten Suche, können Sie die komplette Mitgliederdatenbank von XING durchsuchen. Das können Sie unbegrenzt oft wiederholen. Die gefundenen Daten dürfen Sie gemäß der Nutzungsbedingungen von XING auch für den geschäftlichen Netzwerkaufbau nutzen. Als einzige Einschränkung werden Ihnen in der Premium-Mitgliedschaft nur 300 Treffer angezeigt. Falls

---

**20** Stand 07/2013, Vertragslaufzeit 12 Monate
**21** Zzgl. 19 % Umsatzsteuer

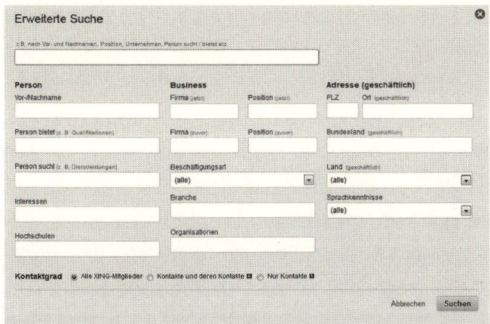

**Abbildung 5:** Formular erweiterte Suche in XING

Sie mit der erweiterten Suche mehr Mitglieder finden, die der eingegebenen Suche entsprechen, müssen Sie die Suche in kleinere Gebiete aufteilen. Dazu gleich ein Beispiel.

Nehmen wir an, Sie haben Angebote, die Sie an Maschinenbauunternehmen verkaufen. Je nach Unternehmensgröße ist für den Einkauf entweder der Geschäftsführer, der Einkaufsleiter oder ein Abteilungsleiter zuständig. Um jetzt die passenden Kontakte in XING zu finden, geben Sie in der erweiterten Suche im Feld *Position (jetzt)* den Begriff Geschäftsführer ein. Im Feld Branche geben Sie die ersten Buchstaben der Branche ein. XING schlägt Ihnen die verschiedenen, in der Mitgliederdatenbank hinterlegten Branchen vor. Durch Anklicken wählen Sie die passende aus. Im Beispiel Maschinenbau, schlägt Ihnen XING zwei Branchen vor: Maschinenanlagen und »Maschinenbau und Betriebstechnik«. Bei welcher Branchenbezeichnung Sie die bessere Trefferliste bekommen, probieren Sie einfach aus. Sie können sich das Ergebnis erst mit der einen Branchenbezeichnung anzeigen lassen und dann eine neue Suche mit der anderen Branchenbezeichnung definieren. Falls Sie mit dieser Suche weniger als 300 Treffer bekommen, können Sie auch beide Suchbegriffe zusammen in das Feld Branche eingeben. Achten Sie darauf, dass Sie beim manuellen Eingeben der vorgegebenen Branchenbegriffe, die exakte Schreibweise übernehmen. Trennen Sie beide Suchbegriffe mit der Verknüpfung *OR*. Diese Oder-Verknüpfung bewirkt, dass die Suche in XING sowohl Kontakte der einen als auch der anderen eingegebenen Branche anzeigt.

Diese Oder-Verknüpfung können Sie in fast allen Feldern der erweiterten Suche verwenden. So könnten Sie damit im Feld *Position (jetzt)* alle in Frage kommenden Positionen eingeben: *Geschäftsführer OR Abteilungsleiter OR Einkauf.*

Über diese Suche verschaffen Sie sich einen schnellen Überblick, wie groß das Potenzial ist, das Sie in XING finden. Verwenden Sie zur Suche nur die beiden in unserem Beispiel verwendeten Felder, zeigt Ihnen XING in der Trefferliste alle weltweiten Kontakte an, die Mitglied sind. Sie können das durch sinnvolle Eingaben in den anderen Feldern aber einschränken. Suchen Sie Kontakte in einem bestimmten Land? Dann geben Sie das in der erweiterten Suche im Feld Land (geschäftlich) vor. Die erweiterte Suche nimmt hier Bezug auf die von den Kontakten angegebene geschäftliche Adresse. Je nach Suchkriterium finden Sie in XING Tausende Kontakte. Bis zu einer Trefferzahl von 10 000 wird die genaue Zahl angezeigt, in diesem Fall 6 306, wie Sie in der folgenden Abbildung sehen.

**Abbildung 6:** Anzahl der Suchtreffer in der erweiterten Suche

In der Trefferliste darunter haben Sie Zugriff auf die Profile der gefundenen Kontakte. In der Premiummitgliedschaft werden Ihnen maximal 300 Kontakte angezeigt. Sie haben also in diesem Beispiel keinen Zugriff auf einen Großteil der 6 306 Treffer. Ist die Anzahl gefundener Treffer größer, müssen Sie die Suche weiter einschränken. Dafür können Sie alle anderen Felder der erweiterten Suche nutzen. Probieren Sie beispielweise eine regionale Einschränkung und lassen sich nur die Treffer aus dem gewünschten Bundesland, Ort oder Postleitzahlbereich anzeigen. Über das Feld PLZ können Sie Schritt für Schritt alle Postleitzahlbereiche durchsuchen und sich anzeigen lassen. Suchen Sie beispielsweise Kontakte aus dem Großraum München, geben Sie zuerst im Feld PLZ 80*** ein. Es werden Ihnen nur Kontakte mit Postleitzahlen zwischen 80000 und 80999 angezeigt. Das schränkt in den meisten Fällen die Trefferliste auf unter 300 Kontakte ein. So gehen Sie jeden in Frage kommenden Postleitzahlenbereich durch und gewinnen so Zugriff auf alle Treffer. Wichtiger Hinweis: Wenn Sie die hier beschriebene Suche nach Postleitzahlbereichen nutzen, dann geben Sie jedes Mal auch eine Länderauswahl vor, denn es gibt möglicherweise auch in anderen Ländern Postleit-zahlen, die mit den gewählten Zahlen beginnen. Was Sie mit den ge-funden Kontakten machen, schauen wir uns gleich noch an.

### Tipps für die Nutzung der erweiterten Suche

1. So schließen Sie unerwünschte Kontakte aus

Manchmal finden Sie in der Trefferliste nicht nur gewünschte Kon-takte sondern auch Wettbewerber. In unserem Beispiel werden Sie so auch die Geschäftsführer der Unternehmen finden, die ähnliche Pro-dukte anbieten und auch in der Branche Maschinenbau tätig sind. In der erweiterten Suche gibt es eine Ausschlussoption. Geben Sie in einem Suchfeld ein Minuszeichen ohne Leerzeichen vor den Suchbe-griff ein, werden die Profile in der Trefferliste nicht angezeigt, die den Suchbegriff beinhalten. Die meisten Ihrer Wettbewerber werden auf den XING-Profilen im Feld »ich biete« die jeweiligen Angebote beschrieben haben. So können Sie versuchen, über einen ausschlie-ßenden Begriff im Feld »Person bietet« die Wettbewerber auszu-schließen. Nehmen wir an, Sie verkaufen Laserschweißgeräte und wollen in XING Kontakt zu potenziellen Kunden aufbauen. Ihre Wettbewerber bieten auch Laserschweißsysteme an. Geben Sie zu-sätzlich zu den besprochenen Suchbegriffen im Feld »Person bietet« den ausschließenden Begriff *Laser* ein. Den Begriff ergänzen Sie mit einem Stern. Die vollständige Eingabe lautet dann *-Laser\**. Das Minus sorgt nun dafür, dass die Kontakte in XING, die selbst irgendetwas mit Laser zu tun haben und das im Bereich »ich biete« eingetragen haben, nicht angezeigt werden. Es kann aber sein, dass der ausschlie-ßende Begriff *Laser* zu viele sinnvolle Kontakte ausschließt. Probie-ren Sie dann andere ausschließende Begriffe, zum Beispiel *-Laser-schweißen*.

Über die Ausschlussoption können Sie aber auch einzelne Unter-nehmen ausschließen. Geben Sie dazu im Feld *Firma (jetzt)* das Mi-nuszeichen gefolgt vom Firmennamen des auszuschließenden Un-ternehmens ein. Beispiel *-Siemens* schließt in der Trefferliste alle XING-Mitglieder aus, die aktuell bei Siemens arbeiten. Experimentie-ren Sie am besten ein bisschen mit dieser Ausschlussoption herum. So finden Sie sicher schnell die für Sie sinnvollsten Varianten.

## 2. Ehemalige Mitarbeiter von Firmen finden

Mitarbeiter die ein Unternehmen verlassen, wechseln häufig in ähnliche Unternehmen gleicher Branche. Das bietet mindestens zwei Chancen. Wenn Sie Lieferant eines größeren Unternehmens sind, dann haben Sie in dieser Firma sicher eine gute Reputation. Wechselt ein Mitarbeiter in ein anderes Unternehmen könnte er dort als möglicher Empfehlungsgeber oder Türöffner dienen. Insbesondere dann, wenn das neue Unternehmen auch für Sie als Kunde in Frage kommt. Um diese Kontakte in XING zu identifizieren, geben Sie in der erweiterten Suche im Feld *Firma (zuvor)* den Namen des Unternehmens ein, das Sie beliefern und das der Kontakt verlassen hat. Zusätzlich geben Sie den Namen nochmals im Feld *Firma (jetzt)* mit dem ausschließenden Minuszeichen ein. Beispiel: Sie geben im Feld Firma (zuvor) den Begriff *IBM* und im Feld Firma (jetzt) *-IBM* ein. In der Trefferliste werden Ihnen dann alle Kontakte angezeigt, die früher bei IBM beschäftigt waren und heute nicht mehr. Diese Suche könnten Sie noch um eine Position, zum Beispiel *Einkauf,* ergänzen. Die im Ursprungsunternehmen aufgebaute Reputation könnten Sie sich über die Kontakte im neuen Unternehmen zu Nutze machen. Selbst wenn Sie bisher kein Lieferant dieses Unternehmens waren, können Sie über diesen Weg versuchen, Kontakte in Unternehmen zu finden, die für Sie als Kunde in Frage kommen können. Suchen Sie dazu gezielt nach Mitarbeitern, die Unternehmen verlassen haben, die Bedarf an Ihren Angeboten haben, die Sie aber bisher nicht beliefern konnten. Die Unternehmen, zu denen diese Kontakte hin wechseln, kommen mit hoher Wahrscheinlichkeit für Sie als Kunde in Frage.

## 3. Suchen nach dem Bedarf Ihrer potenziellen Kunden

Der entscheidende Unterschied, der Suche nach passenden Kontakten in XING, im Vergleich zu allen anderen Quellen, ist die Möglichkeit nach dem Bedarf dieser Kontakte zu suchen. Mit dem Feld *Person sucht* können Sie die komplette Mitgliederdatenbank von XING nach dem aktuellem Bedarf der Kontakte durchsuchen. Wenn Sie erst verstanden haben, wie mächtig dieses Instrument ist, werden Sie es nie wieder missen wollen. Die Profile der Mitglieder werden von diesen selbst gepflegt und aktualisiert. Sie können davon ausgehen, dass der Bedarf auf den Profilen aktuell ist. Über die Suche im

Feld *Person sucht* haben Sie Zugriff auf alle Inhalte der Profile im Feld *ich suche*. Wenn Sie XING mit der erweiterten Suche richtig zu nutzen gelernt haben, verfügen Sie über eine, sich selbst aktualisierende Datenbank an potenziellen Kunden.

Natürlich führt das nicht immer sofort zu einer guten Trefferliste. Ein Finanzdienstleister wird kaum Kontakte in XING finden, die auf ihrem Profil unter *ich suche* veröffentlich haben, dass sie eine Versicherung suchen. Die Kunst liegt darin, die passenden Suchbegriffe zu finden. Oft gelingt es aber über andere Suchbegriffe, die auf den Bedarf schließen lassen, gute Treffer zu finden. Beginnen Sie ein bisschen mit diesem Suchfeld zu experimentieren. Schauen Sie sich die gefundenen Profile im Feld *ich suche* an. Ihre Kunden verwenden oft andere Begriffe für die Beschreibung dessen, was sie suchen, als Sie selbst annehmen. Vielfach finden Sie in dem Bereich *ich suche* auch allgemeine Formulierungen wie: *suche Geschäftskotakte, suche interessante Kontakte* oder ähnlich. In Verbindung mit den anderen Suchfeldern in der erweiterten Suche können Sie so Ihre Trefferliste optimieren. Speziell dann, wenn Sie den Tipp in Punkt vier »Suchen nach Wortgruppen« berücksichtigen.

Machen Sie bitte nicht den Fehler, diesen gefundenen Kontakten sofort ein Angebot zu unterbreiten. Bauen Sie erst einen Kontakt, eine Beziehung und Vertrauen auf. Das lernen Sie hier im Buch im nächsten Kapitel. Von dieser Regel gibt es eine Ausnahme. Wenn Sie einen dringenden Bedarf auf dem Profil des gefundenen Kontaktes erkennen, den Sie schnell und gut befriedigen können, dann nehmen Sie sofort Kontakt auf. Dazu auch mehr im nächsten Kapitel Vertrauensaufbau.

### 4. Suchen nach Wortgruppen

Eine der besten Möglichkeiten, schnell eine gute Trefferliste an passenden Kontakten zu selektieren, ist die Eingabe von Wortgruppen in den einzelnen Feldern der erweiterten Suche. Geben Sie beispielsweise im Feld *Person sucht* den Suchbegriff *Kunden* ein. Dann werden Ihnen alle XING-Profile angezeigt, in denen das Wort *Kunden* vorkommt. Geben Sie stattdessen die Wortgruppe *neue Kunden* ein, werden alle Treffer angezeigt, die sowohl das Wort *neue*, als auch das Wort *Kunden* im Profil haben. Da beide Worte aber in unterschiedlichen Sätzen vorkommen können, macht es am meisten Sinn, dass

Sie die gesuchte Wortgruppe in Anführungszeichen setzen. Geben Sie im Feld Person sucht die Wortgruppe »neue Kunden« ein, werden Ihnen nur die Profile in der Trefferliste angezeigt, die tatsächlich diese Wortgruppe in Ihrem Profil stehen haben. Die Wahrscheinlichkeit, dass dieser Kontakt tatsächlich auf der Suche nach neuen Kunden ist, steigt erheblich. Wenn Sie Dienstleistungen für die Neukundengewinnung anbieten, haben Sie so die passenden Kontakte gefunden.

### 5. Kombinieren Sie Suchbegriffe

Bleiben wir bei dem Beispiel *neue Kunden* im Feld *Person sucht*. Nehmen wir an, Sie bieten Dienstleistungen für die Neukundengewinnung an, die im Grunde für alle Branchen nützlich sind. Nicht jede Branche bezeichnet diesen Bedarf als neue Kunden. Freelancer aus dem Bereich IT reden eher von neuen Projekten, während Steuerberater sicher von neuen Mandanten sprechen. Wenn Sie in der erweiterten Suche in XING im Feld *Person sucht* mehrere Wortgruppen eingeben und diese mit der Option OR verknüpfen, wird nach all diesen Wortgruppen gesucht. OR steht für eine Oderverknüpfung. Die Eingabe »neue Kunden« OR »neue Aufträge« OR »neue Mandanten« OR »neue Projekte« im Feld *Person sucht* zeigt Ihnen in der Trefferliste alle Kontakte in XING an, die nach neuen Kunden oder neuen Aufträgen oder neuen Mandanten oder neuen Projekten suchen. Das können Sie noch um Eingaben in den anderen Feldern der erweiterten Suche ergänzen. So könnten Sie sich zum Beispiel nur die Kontakte aus Ihrem Bundesland anzeigen lassen. Diese Kombination ermöglicht Ihnen die systematische Analyse der kompletten XING Mitgliederdatenbank. Dadurch gewinnen Sie regelmäßig und kostenfrei neue und passende Kontakte.

### 6. Suche um den Kontaktgrad eingrenzen

Am unteren Rand der erweiterten Suche finden Sie die Vorteilstellungen zum Kontaktgrad. Standardgemäß ist die erweiterte Suche auf *Alle XING-Mitglieder* gestellt. Damit wird, gemäß Ihrer Definition in den anderen Suchfeldern, die komplette Mitgliederdatenbank durchsucht. Es kann aber Sinn machen, nur die eigenen Kontakte zu durchsuchen. Dann wählen Sie im Kontaktgrad die Option *Nur Kontakte* aus. Dann wird nur Ihr eigenes Netzwerk in XING durchsucht.

So können Sie Ihr Netzwerk überwachen. Nehmen wir an, Sie sind Personalberater und vermitteln Fachpersonal. Da XING ursprünglich als Karriereplattform gestartet ist, wird es heute sehr intensiv für die Suche nach geeignetem Personal genutzt. Geschäftsführer oder Personalleiter veröffentlichen die Suche nach Fachkräften oft im Bereich *ich suche*. Durchsuchen Sie mit der erweiterten Suche regelmäßig Ihr eigenes Netzwerk über die Eingabe passender Suchbegriffe im Feld *Person sucht* und definieren Sie über den Kontaktgrad die Suche nur in den eigenen Kontakten. Als Personalberater können Sie mit den bisher beschriebenen Suchmethoden alle Personalleiter der von Ihnen bedienten Branchen selektieren und diese in Ihr Netzwerk einladen. Eine sinnvolle, stufenweise Vorgehensweise lernen Sie im nächsten Kapitel Vertrauensaufbau kennen. Wenn Sie als Personalberater so ein großes Netzwerk von Personalleitern aufgebaut haben, erhalten Sie über so eine Suche sicher regelmäßig Treffer mit Kontakten, die Bedarf an Personal haben. Einmal aufgebaut und sinnvoll gepflegt, ist so ein Netzwerk eine sprudelnde Quelle an möglichen Aufträgen. Das funktioniert umso leichter, je besser Sie die Tipps aus den vorhergegangenen Kapiteln zur Vermittlung eines guten ersten Eindrucks und der Positionierung umgesetzt haben.

### 7. Suche nach gemeinsamen Interessen

Bei der Gestaltung Ihres Profils haben wir schon über die Chancen im Feld Interessen gesprochen. In der erweiterten Suche können Sie dieses Feld nutzen, um nach Kontakten zu suchen, die einerseits die fachlichen Suchvorgaben erfüllen, andererseits ein spezielles oder gemeinsames Interesse haben. Dieses gemeinsame Interesse oder Hobby kann bei der Kontaktaufnahme das Zünglein an der Waage sein.

### 8. Suche in den Kontakten zweiten Grades

Wenn Sie die Suche im Kontaktgrad auf die mittlere Option *Kontakte und deren Kontakte* einschränken, erhalten Sie in der Trefferliste die Kontakte gemäß Ihrer Suchdefinition, die schon Ihr Kontakt sind oder einen direkten Kontakt zu einem Ihrer bestehenden Kontakte haben. Das sind die Kontakte zweiten Grades. Sie bieten eine besondere Chance. Diese Kontakte zweiten Grades erfüllen einerseits die fachlichen Suchvorgaben und haben andererseits einen bestehenden

Kontakt zu einem Ihrer direkten Kontakte. Auf diese Gemeinsamkeit können Sie bei der Kontaktaufnahme hinweisen. Auch das wird die Quote der bestätigten Kontaktanfragen erhöhen.

### 9. Vorgehen in schwierigen Fällen

In besonderen Fällen wird die erweiterte Suche zwar passende Kontakte liefern, die Kontaktaufnahme gestaltet sich aber schwierig. Insbesondere wenn ein starker Wettbewerb herrscht oder die gewünschten Kontakte zu einer höheren Führungsebene gehören, kann das passieren. Auch hier hilft Ihnen XING. Besuchen Sie das Profil des gefundenen Kontaktes. Auf dem Profil der Person finden Sie eine Anzeige mit der Überschrift »Ihre Verbindungen zu«. Hier finden Sie alle Ihre eigenen Kontakte, die wiederum eine direkte Verbindung zu Ihrem Zielkontakt haben. Je größer Ihr Netzwerk ist, desto mehr verschiedene Verbindungspfade gibt es zu Ihrem Zielkontakt. Jetzt können Sie einen Ihrer direkten Kontakte bitten, Sie Ihrem Zielkontakt vorzustellen. Die Wahrscheinlichkeit, dass dies einer Ihrer Kontakte macht, hängt maßgeblich davon ab, wie gut der erste Eindruck von Ihnen ist und wie Sie sich von der Masse der ähnlichen Anbieter abheben. Aus diesem Grund müssen Sie sich schon bei der Kontaktaufnahme wirksam als Experte positionieren. Wie das geht, lesen Sie im Kapitel Vertrauensaufbau. Wenn Sie Ihr Netzwerk wirkungsvoll pflegen, ist die Bereitschaft dafür in Ihrem Netzwerk deutlich höher als Sie an dieser Stelle vielleicht noch vermuten. Für diesen Fall finden Sie in XING auf dem Profil sogar die Funktion »Empfehlen«.

### Die Suchaufträge in XING

Haben Sie beim Kennenlernen der erweiterten Suche und der versteckten Möglichkeiten ein gutes Gefühl für Ihre Chancen bekommen? Speziell dann, wenn Sie sehr komplexe Suchen definieren, viele Felder in der erweiterten Suche mit Wortgruppen und Verknüpfungen gefüllt haben, wünschen Sie sich vielleicht diese Suche abzuspeichern. In der Premiummitgliedschaft können Sie genau das tun. Sie legen dazu einen Suchauftrag an. Dieser hat zwei Funktionen. Einerseits wird damit Ihre Suchdefinition mit all den komplexen Eingaben abgespeichert. Sie können die gespeicherten Suchaufträge jederzeit wieder aufrufen und die definierte Suche ausführen. Sie finden die gespeicherten Suchaufträge in XING über die Navigation Startseite, Mitglieder finden auf der rechten Seite in der Spalte »Gespeicherte Suchaufträge«. Klicken Sie auf einen der Suchaufträge werden Ihnen zunächst nur die Treffer angezeigt, die seit dem letzten Ausführen des Suchauftrages dazu gekommen sind. Wollen Sie die definierte Suche erneut und komplett ausführen, klicken Sie nach Ausführen des Suchauftrages auf den grünen Textlink »erweiterte Suche«. Es öffnet sich die erweiterte Suche mit all Ihren definierten Suchoptionen. Hier in der erweiterten Suche klicken Sie auf den grünen Button »Suchen« und Ihre Suche wird erneut ausgeführt.

Der Suchauftrag hat aber noch eine weitere, sehr nützliche Funktion. In der Premiummitgliedschaft überwacht ein einmal angelegter Suchauftrag alle neuen XING-Mitglieder. Tritt ein Kontakt diesem Netzwerk bei und erfüllt die von Ihnen definierten Kriterien, erhalten Sie das von XING automatisch mitgeteilt. Dabei können Sie bei der Anlage des Suchauftrages wählen, ob Sie das täglich oder einmal wöchentlich am Sonntag mitgeteilt bekommen wollen.

So legen Sie einen Suchauftrag an. Sie definieren in der erweiterten Suche die gewünschten Kriterien und lassen sich das Ergebnis anzeigen. In der Trefferliste finden Sie über dem ersten Treffer einen grauen Button »Suchauftrag anlegen«. Da klicken Sie drauf und geben diesem Suchauftrag einen frei wählbaren Namen, der Sie später darauf hinweist, was Sie in diesem Suchauftrag definiert haben. Dann legen Sie fest, ob Sie täglich oder wöchentlich informiert werden wollen und klicken auf speichern. Sie können bis zu 20 Suchaufträge anlegen. In einem Suchauftrag können Sie völlig frei alle vorher in der erweiterten Suche definierten Kriterien abspeichern.

Wenn Sie über eine Recruiter- oder Salesmitgliedschaft verfügen, werden Ihnen bei der Anlage eines Suchauftrages nicht nur die neuen XING-Mitglieder angezeigt, die Ihrer Suche entsprechen, sondern auch die Veränderungen in den bestehenden Profilen. Dann könnten Sie beispielsweise, die in Tipp zwei zur erweiterten Suche gezeigte Methode um die ehemaligen Mitarbeiter eines Unternehmens zu finden, mit einem Suchauftrag abspeichern. Sie würden über den so definierten Suchauftrag automatisch von XING informiert, wenn ein Mitglied das Unternehmen verlassen hat und diese Änderung in seinem Profil eingegeben hat.

### Passende Kontakte in Fach- und Branchengruppen finden

In XING, LinkedIn und Facebook gibt es eine große Menge von Gruppen zu nahezu allen Themen. Sie können davon ausgehen, dass ein erheblicher Anteil der Gruppenmitglieder aktiv an dem Thema interessiert ist. Das ist, insbesondere in XING und LinkedIn, der Weg passende Kontakte zu finden, wenn die erweiterte Suche keine gute Trefferliste bringt. Besonders bei exotischen Themen, die sich über die Felder der erweiterten Suche überhaupt nicht finden lassen, ist der Weg über Fach- und Branchengruppen ein sehr vielversprechender.

Der erste Schritt beim Finden der passenden Kontakte über Gruppen ist, die passende Gruppe selbst zu finden. In Facebook geben Sie dazu in der Suchleiste am oberen Rand einfach einen Begriff ein, der auf das passende Gruppenthema schließen lässt, klicken am unteren Rand der Trefferliste auf *weitere Ergebnisse anzeigen* und schränken das Suchergebnis links auf Gruppen ein. Im Detail schauen wir uns das hier wieder am Beispiel von XING an. In LinkedIn sind die Funktionsweisen ähnlich.

### Wie ist eine passende Gruppe definiert?

Bevor Sie hier kennenlernen, wie Sie die passenden Gruppen finden, müssen wir uns zunächst anschauen, wie eine passende Gruppe definiert ist. Nur so finden Sie sich im Dschungel der Gruppenvielfalt zurecht. Damit Sie in einer Gruppe die passenden Kontakte finden, muss sich die Gruppe mit einem Thema beschäftigen, dass darauf schließen lässt, dass die Mitglieder sich auch für Ihre Angebote interessieren. Oft liegt das auf der Hand. Eine Gruppe mit dem Thema Vertrieb und Verkauf wird sicher eine Menge Mitglieder haben, die sich dafür interessieren. Das sind aber nicht alles potenzielle Kunden. Sie finden in nahezu jeder Gruppe auch Ihre Wettbewerber. Deswegen müssen Sie prüfen, ob in der jeweiligen Gruppe auch genügend potenzielle Kunden Mitglied sind. Als drittes Kriterium prüfen Sie, ob in der Gruppe schon über für Sie relevante Themen diskutiert wird. Wenn das nicht der Fall ist, Sie aber genügend potenzielle Kunden in der Gruppe finden, prüfen Sie, ob es ein Diskussionsforum in der Gruppe gibt, in das Ihre Themen passen könnten.

1. Aufgabe: Finden der passenden Gruppen

In XING gelangen Sie über die Navigation Gruppen, Gruppen finden, in die Gruppensuche. In dieser Übersicht sehen Sie zunächst die verschiedenen Arten von Gruppen. Die offizielle XING Gruppen sind in die Regional-, die Branchen- und die Hochschulgruppen unterteilt. Diese offiziellen Gruppen werden von langjährigen XING-Mitgliedern und sehr erfahrenen Gruppenmoderatoren moderiert. Häufig sind das sehr große und aktive Gruppen. Darunter finden Sie unter der Überschrift *Alle Gruppen* die nicht offiziellen Gruppen. In den meisten Social-Media-Netzwerken, so auch in XING, darf jedes Mitglied eine Gruppe gründen. Daher gibt es eine kaum überschaubare Anzahl an großen und kleinen, aktiven wie inaktiven Gruppen. In XING finden Sie eine Unterteilung der Gruppen nach Kategorien. Schon in der ersten Kategorie *Branchen* finden Sie über 4700 verschiedene Gruppen. Diese Vielfalt lässt hoffen, dass auch für Ihre Branche in XING einige Gruppen zu finden sind. Andererseits macht diese Vielfalt den Bereich Gruppen zu einem Dschungel, indem man sich leicht verirrt.

Verschaffen Sie sich zunächst einen Überblick über die Gruppen in den verschiedenen Kategorien. Innerhalb der Kategorie können Sie die angezeigte Liste der Gruppen sortieren. Dafür finden Sie im Kopf der Gruppenübersicht in der jeweiligen Kategorie neben dem Begriff *Sortieren* einen grünen Textlink, der standardgemäß auf *Mitglieder-Anzahl* eingestellt ist. Dadurch werden Ihnen die Gruppen zuerst angezeigt, die die größte Anzahl Mitglieder haben. Sie können aber auch nach Gruppenaktivität und den meistbesuchten Gruppen sortieren. Vielleicht finden Sie in dieser Übersichtsliste schon ein paar Gruppen mit relevanten Themen. Versuchen Sie das in allen relevanten Gruppenkategorien.

Führt das nicht zum gewünschten Ziel, geben Sie in der Gruppenübersichtsseite in der Suchzeile (siehe Abbildung) einen Suchbegriff ein, der auf das passende Gruppenthema schließen lässt.

**Abbildung 7:** Gruppensuche in XING

Sie können sowohl nach den Themen der Gruppen, als auch nach den Inhalten der Beiträge in allen XING-Gruppen suchen. Am besten Sie suchen zuerst danach, ob sich eine Gruppe vom Thema mit den passenden Inhalten beschäftigt. Dazu belassen Sie die Vorein-stellung, wie sie in der Abbildung 7 gezeigt wird. Wenn Sie in den Beiträgen der Gruppen suchen wollen, klicken Sie auf die mittlere Auswahl *Beiträge* und geben den gewünschten Suchbegriff ein. Die dann angezeigte Trefferliste an Gruppen können Sie wieder sortie-ren. Ein weiteres Kriterium für die Auswahl einer Gruppe ist die Ak-tivität in der Gruppe. Ein gutes Indiz dafür ist das Verhältnis der An-zahl von Gruppenmitgliedern im Vergleich zur Anzahl der Beiträge in der Gruppe. Das wird Ihnen in XING in der Übersicht der Grup-pensuche in der Tabelle der gefundenen Gruppen angezeigt. Sie sehen die Anzahl der Mitglieder und Beiträge. Falls Sie die Anzahl der Beiträge noch nicht angezeigt bekommen, aktivieren Sie im Ta-bellenkopf rechts die Detailansicht.

In den meisten Gruppen ist die Anzahl der Mitglieder viel höher als die Anzahl der Beiträge. Sehr selten ist es umgekehrt. Das zeigt ein grundsätzliches Phänomen in Social-Media-Netzwerken. Die meisten Mitglieder sind passive Nutzer und lesen beispielsweise nur die Artikel einer Gruppe, schreiben aber selbst keine oder nur wenige Beiträge. Trotzdem sollte eine Gruppe eine gewisse Mindestaktivität aufweisen. In den meisten Fällen reicht es aus, wenn die Anzahl der Beiträge einer Gruppe mindestens zehn Prozent der Anzahl der Mit-glieder ausmacht. Je höher dieser Prozentsatz ist, desto aktiver die Gruppe.

In dieser Gruppentrefferliste wählen Sie zunächst fünf bis zehn Gruppen aus, die in die engere Wahl kommen. Noch wissen Sie ja nicht ganz genau, ob sich die Gruppen wirklich intensiv mit Ihrem Thema beschäftigen und genügend passende Kontakte dort Mitglied sind. Das prüfen Sie jetzt im zweiten Schritt.

Besuchen Sie die jeweilige Gruppe. Auf der Startseite der Gruppe wird das Thema genauer beschrieben. Ist die Gruppe öffentlich, kön-nen Sie sogar in die Diskussionsforen hineinschauen. Verschaffen Sie sich so einen ersten Überblick darüber, über was diskutiert wird und wer diskutiert. Können Sie die Diskussionsforen nicht einsehen, ist diese Gruppe nicht öffentlich. Sie müssen zunächst einen Mit-gliedantrag stellen. Es gibt in XING freischaltungspflichtige Grup-pen. Hier müssen Sie Ihren Gruppenantrag kurz begründen und die-sen stellen. Dazu klicken Sie auf der Gruppenstartseite auf den Button *Jetzt Mitglied werden.* Zur Begründung Ihres Antrags reicht meist eine allgemeine Formulierung wie: *Ich freue mich auf einen wertschätzenden und aktiven Austausch hier in der Gruppe und bitte um freundliche Aufnahme.* Nur in wenigen Ausnahmefällen ist die Mitgliedschaft in einer Gruppe von speziellen Voraussetzungen abhängig. Darüber bestimmt allein der Gruppenmoderator. Diese Voraussetzungen sind dann auf der Startseite der Gruppe veröffentlicht. Falls Sie diese nicht erfüllen oder der Moderator der Gruppe Ihre Mitgliedschaft ablehnt, müssen Sie das leider akzeptieren. Ist die Gruppe nicht freischaltungspflichtig, klicken Sie auf den Button *Jetzt Mitglied werden* und sind sofort Mitglied.

Als Gruppenmitglied haben Sie sowohl Zugriff auf die Diskussionsforen, als auch auf die Liste der Mitglieder. Prüfen Sie ob in der Gruppe in den verschiedenen Foren über relevante Themen gesprochen wird. Das sind Themen, bei denen Sie sich fachlich als Experte gemäß Ihrer Positionierung einbringen können. Wird noch nicht über Ihre Themen gesprochen, prüfen Sie, ob es ein Forum gibt, wo Sie damit anfangen können. Denken Sie bei der Suche nach passenden Gruppen auch ein bisschen um die Ecke. Ein Beispiel dafür: Sie sind als Versicherungsmakler auf die Versicherung von Photovoltaikanlagen spezialisiert. Dafür wollen Sie passende Kontakte gewinnen. Vermutlich werden Sie kaum eine Gruppe finden, die sich genau mit diesem Thema beschäftigt. Es wird aber vielleicht Gruppen geben, die sich mit dem Thema Ökostrom, Hausbau oder junge Familie beschäftigen. Mitglieder dieser Gruppen könnten sich demzufolge auch für die Absicherung von Photovoltaikanlagen interessieren.

Wenn Sie feststellen, dass die Gruppe thematisch passt, prüfen Sie noch, ob genügend passende Kontakte Mitglied der Gruppe sind. In XING-Gruppen gelangen Sie über den Reiter *Gruppenmitglieder* auf die gesamte Mitgliederliste. In Gruppen mit mehreren Tausend Mitgliedern wäre es sehr zeitaufwändig, die komplette Mitgliederliste manuell zu prüfen. Glücklicherweise müssen Sie das in XING-Gruppen gar nicht. Wenn Sie in der Übersicht der Gruppenmitglieder unterhalb des Suchfeldes auf den grünen Textlink *Erweiterte Suche* klicken, gelangen Sie in das bekannte Suchformular der erweiterten Suche. Hier stehen Ihnen alle Suchoption zur Verfügung, die Sie schon kennengelernt haben. Der entscheidende Unterschied ist, das diese erweiterte Suche nur die Liste der Gruppenmitglieder durchsucht. Die Kontakte, die Sie über diese Suche finden, haben nun die Besonderheit, dass sie sich höchstwahrscheinlich für das Gruppenthema interessieren, sonst wären sie nicht Mitglied der Gruppe geworden. Über die erweiterte Suche in der Gruppe können Sie nun weitere Kriterien Ihrer Zielgruppendefinition eingeben und klicken auf den Button *Suchen*. Sie erhalten die bekannte Trefferliste. Der Vorteil dieser Trefferliste ist, dass die Anzeige der Suchergebnisse nicht auf 300 beschränkt ist. So erhalten Sie beispielsweise schnell einen Überblick, wie viele Geschäftsführer aus der Branche Maschinenbau Mitglied der Gruppe sind.

In der erweiterten Suche können Sie auch die bekannten Suchoptionen nutzen. Nehmen wir an, Sie haben eine Gruppe gefunden, die 5 000 Mitglieder hat. Nun wollen Sie prüfen, wie viele davon Wettbewerber von Ihnen sind. Dazu rufen Sie über die Gruppenmitgliederliste die erweiterte Suche auf und geben im Feld *Person bietet* einen typischen Begriff ein, der die Angebote Ihrer Wettbewerber beschreibt. Vor diesen Begriff setzen Sie das Minuszeichen für die ausschließende Suchoption. Wollen Sie prüfen, wie viele Gruppenmitglieder selbst keine Personalberatung anbieten, geben Sie also im Feld *Person bietet* den Suchbegriff *-Personalberatung* ein. In der Trefferliste werden jetzt nur noch die Gruppenmitglieder angezeigt, die keine Personalberatung anbieten. Wenn Sie jetzt statt der Gesamtanzahl von 5 000 Mitgliedern noch 4 600 Treffer angezeigt bekommen, bietet die Differenz, in diesem Fall 400 Mitglieder, selbst Personalberatung an. Wenn Sie in XING mit der allgemeinen erweiterten Suche über alle Mitglieder schon ein paar Erfahrungen gesammelt haben, kommen Sie in der erweiterten Suche in einer Gruppe sicher schnell auf passende Ideen.

Falls die Gruppe nicht die gewünschte Anzahl oder Qualität an Mitgliedern bietet, beenden Sie Ihre Gruppenmitgliedschaft wieder. Das können Sie jederzeit tun. Selbst der Gruppenmoderator bekommt das nicht explizit mitgeteilt. Sie können also ungeniert in ein paar Gruppen eintreten, diese anschauen und aus den unpassenden wieder austreten.

Über diesen Weg suchen Sie sich die fünf bis zehn Gruppen mit den besten Voraussetzungen für die Gewinnung passender Kontakte aus. In XING dürfen Sie in 100 Gruppen Mitglied werden. Beginnen Sie mit einer überschaubaren Anzahl. Später können Sie Mitglied in weiteren Gruppen werden, um die Diskussionen in Ihrem Markt und Ihrer Branche zu überwachen. Wie Sie direkt zu den Gruppenmitgliedern Vertrauen aufbauen und die passenden in Ihr Netzwerk einladen, lernen Sie im Kapitel Vertrauensaufbau. Eine wichtige Voraussetzung dafür ist, dass Sie bei den Gruppenmitgliedern als Experte bekannt werden.

### 2. Ihre Vorstellung in einer Gruppe

Ihre nächste Aufgabe in einer Gruppe lautet, dass Sie sich den anderen Mitgliedern der Gruppen vorstellen. Gruppen sind ein bisschen wie ein virtuelles Netzwerktreffen. Bei der Vorstellung wollen Sie sich natürlich im besten Licht präsentieren. Dazu stellen Sie sich in der Gruppe vor. In jeder Gruppe gibt es dazu eine spezielles Forum. Manchmal heißt es *Who ist Who* oder einfach nur *Vorstellungsforum*. In den meisten Gruppen finden Sie im Vorstellungsforum die größte Anzahl an Beiträgen und Kommentaren. Das spiegelt das Hauptmotiv der Menschen in Social-Media-Netzwerken, sich mit anderen interessanten Personen zu vernetzten, wider. Das Vorstellungsforum zählt in den meisten Gruppen auch zu den Bereichen, die am häufigsten gelesen werden. Besuchen Sie das Vorstellungsforum und schauen sich zunächst an, wie sich die anderen Gruppenmitglieder vorgestellt haben. So wie es alle machen, sollten Sie es nicht machen. Ihr Ziel bei der Vorstellung ist, einen guten ersten Eindruck zu machen und sich mit Ihrer Positionierung als Experte vorzustellen. Dafür ist Ihr digitaler Elevator Pitch am besten geeignet.

Um diesen als Vorstellung in der Gruppe zu verwenden, klicken Sie im Vorstellungsforum rechts oben unter *Optionen* auf den Button *Neues Thema erstellen*. Es öffnet sich ein zweigeteiltes Eingabefenster. In die Zeile direkt neben Ihrem Bild tragen Sie die Überschrift für Ihre Vorstellung ein. In das größere Feld darunter fügen Sie Ihre eigentliche Vorstellung ein. Lassen Sie das voreingestellte Häkchen bei *Thema abonnieren* gesetzt. Sie erhalten dadurch von XING automatisch eine E-Mail, wenn jemand auf Ihren Beitrag reagiert und darauf in der Gruppe antwortet. Mit einem Klick auf den grünen Button *Absenden* ist Ihre Vorstellung sofort veröffentlicht.

Damit Ihre persönliche Vorstellung die beste Wirkung zeigt, müssen Sie ein paar Dinge beachten. Die gewählte Überschrift wird im Vorstellungsforum, in der Übersicht aller Vorstellungen, als Titel für

Ihr Thema angezeigt. Die Qualität dieser Überschrift entscheidet ganz erheblich darüber, wie oft Ihre Vorstellung angesehen wird. Die Wirkung ist mit der Überschrift einer Anzeige oder eines Werbebriefes vergleichbar.

Es gibt zwei Methoden, um eine aufmerksamkeitsstarke Überschrift zu texten. Sie können diese Methoden später auch für andere Artikel in Ihren Gruppen verwenden. Neugier und Provokation sind diese beiden Methoden. Texten Sie also nicht so eine langweilige Überschrift, wie das die meisten in einer Gruppe machen. Typische Überschriften finden Sie, wenn Sie das Vorstellungsforum einer Gruppe ansehen. Häufig steht dort: *Ich bin's …, Der Neue stellt sich vor …oder ich wollte mal hallo sagen …* Sie machen es anders. Wenn Sie bei Ihrem digitalen Elevator Pitch einen guten Haken zum Anbeißen entwickelt haben, ist das Ihre fertige Überschrift. In den beiden besprochenen Beispielen guter Elevator Pitches wären das: *Liebe auf der ersten Blick* oder *Ihre Retterin in kritischen Situationen*. Alternativ texten Sie jetzt eine neugierig machende Überschrift. In dieser Grafik erkennen Sie sehr gut, was eine gute Überschrift bringt.

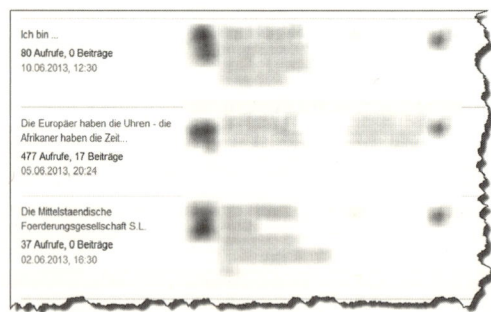

**Abbildung 8:** Beispiel für eine gelungene Überschrift

Die abgebildeten Gruppenvorstellungen sind in einem Zeitraum von acht Tagen veröffentlich worden. Zwei Vorstellungen sind 37- und 80-mal aufgerufen worden. Kein Gruppenmitglied hat darauf geantwortet. Beide haben eine ziemlich normale Überschrift. Der mittlere Vorstellungbeitrag nutzt eine Metapher als Überschrift. Diese Vorstellung wurde 477-mal aufgerufen. Zwischen sechs- und 13-mal so oft, wie die anderen Beiträge. 17-mal ist darauf geantwortet worden. In diesem Fall passt die Metapher sogar sehr gut zur Spezialisierung dieser Person. Sie ist Expertin für Afrikacoaching. Vorausgesetzt, dieses XING-Mitglied hat seine Vorstellung in einer passenden Gruppe veröffentlicht, bietet sie die Chance von bis zu 477 potenziellen Kunden wahrgenommen zu werden. Das ist vergleichbar mit einer Vorstellung in einem realen Netzwerktreffen mit 477 anwesenden Gästen.

Das folgende Beispiel zeigt umso eindrucksvoller, welche Reichweite Sie in Social-Media-Netzwerken mit einer gelungenen Überschrift für die Vorstellung in Gruppen erreichen können.

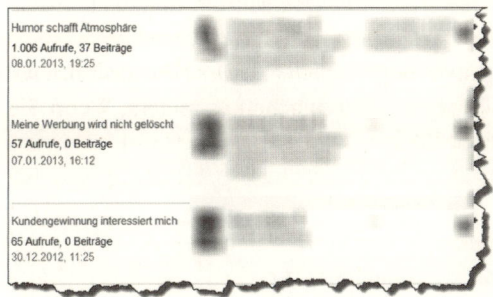

Humor schafft Atmosphäre
1.006 Aufrufe, 37 Beiträge
08.01.2013, 19:25

Meine Werbung wird nicht gelöscht
57 Aufrufe, 0 Beiträge
07.01.2013, 16:12

Kundengewinnung interessiert mich
65 Aufrufe, 0 Beiträge
30.12.2012, 11:25

**Abbildung 9:** Die Kraft einer guten Vorstellung

Die drei Gruppenvorstellungen in dieser Abbildung sind innerhalb von 10 Tagen veröffentlicht worden. Diese Abbildung (Screenshot) wurde im Juni 2013 angefertigt. In einem Zeitraum von sechs Monaten wurde die Gruppenvorstellung mit der Überschrift *Humor schafft Atmosphäre* über 1000-mal aufgerufen. Wie Sie wissen, können Sie in XING in 100 Gruppen Mitglied sein. Wenn Sie unter den über 40 000 Gruppen in XING 100 passende Gruppen finden, Ihre Vorstellung in jeder Gruppe 1000-mal aufgerufen wird, ergibt das eine Reichweite von 100 000 Zielgruppenkontakten. Wenn Sie für die Vorstellung in den Gruppen einen guten digitalen Elevator Pitch verwenden, haben bis zu 100 000 Zielgruppenkontakte ein sehr gutes Bild von Ihrer Positionierung bekommen. Das ist wirksame Werbung, ohne dass sie wie Werbung aussieht, die vom Hippocampus im Kopf Ihrer Kunden sofort blockiert wird. Bedenken Sie bitte, die Aufrufe Ihrer Gruppenvorstellung erfolgen freiwillig, meistens aus Interesse. Bis Sie so viele reale Netzwerktreffen besucht haben, um sich 100 000 Gästen vorzustellen, würden viele Jahre vergehen. Ihren Zeitaufwand dafür wollen wir gar nicht erst berechnen. Mit einer guten Überschrift und einem gelungenen digitalen Elevator Pitch, schaffen Sie das in Social-Media-Netzwerken viel schneller.

Wenn Sie passende Kontakte nicht nur in XING, sondern auch in LinkedIn und Facebook finden, können Sie die Reichweiter leicht vervielfachen. Sehr gute Überschriften schaffen es sogar, dass Ihre Vorstellung innerhalb eines Jahres bis zu 3 000-mal aufgerufen wird. Einmal eingestellt, arbeitet eine gute Gruppenvorstellung eine ganze Weile lang, ohne weiteres Dazutun für Sie. Allein an diesem direkten Vergleich erkennt man die Kraft von gut gemachtem Marketing in Social-Media-Netzwerken.

Entscheidend dafür ist eine gute Überschrift. Metaphern und Gleichnisse sind dafür gut geeignet. Auch Neugier ist ein starkes Motiv. Dazu ein paar allgemeine Beispiele für neugierig machende Überschriften:

- Zehn unbekannte Wege, um …
- Fünf gute Gründe für …
- Öffnen Sie diese Vorstellung nicht!
- Lernen Sie mich kennen.
- Sie werden mich schon noch kennenlernen.
- Es gibt Menschen, die Sie noch nicht kennen.

Sie merken sicher, dass in einigen Beispielen eine kleine, versteckte Provokation enthalten ist. Insbesondere in der reizüberfluteten Welt ist die Provokation ein gutes Mittel, um Aufmerksamkeit zu erreichen. Allerdings braucht es auch ein bisschen Mut um zu provozieren. Die glaubwürdigste Methode zu provozieren ist die Selbstbezichtigung. Sie provozieren sich oder Ihr Thema damit selbst. Gute Ideen für die Selbstbezichtigung finden Sie in der Frage 15 der 16 bei den Fragen zur Ihrer Positionierung (Was könnte die Zielgruppe davon abhalten, meine Angebote anzunehmen? Unter welchen Umständen würde die Zielgruppe mein Angebot auf jeden Fall annehmen?). Kunden haben häufig Vorurteile oder andere Kaufverhinderer. Sprechen Sie diese in Form einer Provokation aktiv an, erzeugen Sie nicht nur Aufmerksamkeit. Sie erzeugen damit sogar ein bisschen Vertrauen. Nehmen wir an, ein Versicherungsmakler möchte sich in einer Gruppe vorstellen. Ein typisches Vorurteil der Kunden könnte lauten, *das sind doch alles Halsabschneider*. Sie merken schon, wir wechseln auf die Ebene der Provokation. Statt sich mit der Vorstellung gegen dieses unausgesprochene Vorurteil zu verteidigen, greift es der Versicherungsmakler auf. Eine selbst provozierende Überschrift könnte lauten: *Wer will schon mit mir zu tun haben?* Wenn

Sie dann einen passenden Elevator Pitch in der eigentlichen Vorstellung verwenden, der zu Ihrer provozierenden Überschrift passt, lenken Sie die Provokation elegant auf die Auflösung des Vorurteils. Das schafft Vertrauen, weil der unbewusste Eindruck entsteht, dass Sie es sich offenbar leisten können, über die Vorurteile offen zu sprechen, statt diese schön zu reden. Der Eindruck von Ehrlichkeit schwingt mit.

### 3. Erhöhen Sie Ihre Bekanntheit in der Gruppe

Nicht jedes Gruppenmitglied wird Ihre Vorstellung lesen. Damit Sie auch bei den anderen Gruppenmitgliedern bekannt werden, werden Sie aktiv. Schauen Sie in regelmäßigen Abständen in die für Ihre Kundengewinnung relevanten Foren. Immer mal wieder wird dort über Themen diskutiert, die zu Ihrer Positionierung passen. Beteiligen Sie sich mit qualifizierten Beiträgen an diesen Diskussionen. Beachten Sie, dass der Inhalt Ihrer Beiträge qualifiziert und nützlich sein muss. Wenn Sie sich an den häufig ausufernden Diskussionen um die unterschiedlichen Meinungen beteiligen, verschwenden Sie nur Zeit und bieten keinen Mehrwert für die Gruppenmitglieder. So werden Sie im schlimmsten Fall als rechthaberisch wahrgenommen. Das Motto lautet, wenn Sie nichts Sinnvolles oder Nützliches zu sagen haben, halten Sie die Klappe. Bedenken Sie, dass Sie mit der Qualität Ihrer Beiträge entscheidend das öffentliche Bild über sich beeinflussen. Das Internet vergisst nichts, dieses Grundprinzip gilt auch für die Social-Media-Netzwerke. In Gruppen veröffentlichte Beiträge können nur schwer gelöscht werden und sind auch Jahre danach mit den verschiedenen Suchfunktionen auffindbar. Beiträge in öffentlichen XING-Gruppen werden sogar durch Google und andere Suchmaschinen indiziert, wenn Sie das nicht in den persönlichen Einstellungen ausgeschaltet haben. Mehr zu dieser Funktion erfahren Sie unter Punkt fünf.

Selbstverständlich dürfen Sie in Ihrer Beteiligung an einer fachlichen Diskussion auch andere Standpunkte vertreten, eine andere Meinung sagen. Aber eben nicht nur über Meinungen diskutieren. Begründen Sie eine mögliche andere Meinung immer mit einer sachlichen Stellungnahme, die auf Ihre Positionierung als Experte auf Ihrem Gebiet hinweist. Wenn Sie immer auf der sachlichen und für die anderen Gruppenmitglieder nachvollziehbaren Ebene bleiben, ist es sogar gut, wenn eine Diskussion etwas ausufert. Bedenken Sie immer, dass eine viel höhere Anzahl von Gruppenmitgliedern die Beiträge liest, aber selbst kaum aktiv wird. Weitere Tipps zum Umgang mit Kritik finden Sie hier unter Punkt sechs.

### 4. So erkennen Sie den Bedarf von Gruppenmitgliedern

Wenn Sie die passenden Gruppen gefunden haben, sind dort viele Kontakte Mitglied, die potenziell Ihr Kunde sein können. Wie wäre es, wenn es eine Möglichkeit gibt, den Bedarf dieser Kontakte zeitnah zu erkennen? Das würde gute Chancen bringen, diese Kontakte als Kunde zu gewinnen, denken Sie? In XING-Gruppen gibt es genau diese Möglichkeit. Gruppenmitglieder veröffentlichen immer mal wieder Fragen oder Beiträge, aus denen Sie als Experte einen möglichen Bedarf erkennen. Wenn Sie die in Punkt drei kennengelernte Methode Ihre Bekanntheit zu steigern einsetzen, werden Sie im Laufe der Zeit Gruppenforen entdecken, wo diese Beiträge anderer Gruppenmitglieder veröffentlicht werden. Mit der Funktion *Forenbeiträge abonnieren* können Sie sich von XING automatisch per E-Mail informieren lassen, wenn in diesem Forum ein neuer Beitrag veröffentlicht wurde. Wenn Sie nicht das ganze Forum, sondern nur einen einzelnen Beitrag überwachen wollen, dann öffnen Sie in einem Forum den Beitrag und klicken dann auf Thema abonnieren. So werden Sie per E-Mail informiert, wenn ein anderes Mitglied auf diesen Beitrag antwortet. Diese Funktionen finden Sie jeweils auf der rechten Seite unter der Überschrift *Optionen*. Wenn Sie so gezielt in den verschiedenen Gruppen die Foren abonnieren, die mit Ihrem Geschäft zu tun haben, überwachen Sie damit den möglichen Bedarf der Gruppenmitglieder. In XING dürfen Sie in 100 Gruppen Mitglied werden. So können Sie über eine geschickte Auswahl der relevanten Gruppen einen erheblichen Teil Ihres Marktes in XING überwachen.

Damit Ihr E-Mail-Posteingang nicht mit diesen Meldungen verstopft wird, legen Sie bitte in Ihrem E-Mailprogramm einen oder mehrere Ordner an. Mit einer Nachrichtenregel beauftragen Sie Ihr E-Mailprogramm dauerhaft, diese Nachrichten automatisch in diesen Ordner zu sortieren. Da XING nicht inhaltlich bewerten kann, ob ein Beitrag in einem Forum für Sie interessant ist, müssen Sie das manuell filtern. Das geht am einfachsten, wenn Sie einmal am Tag diesen Ordner mit den E-Mails überfliegen und nur die Artikel lesen, die auf einen Bedarf des Kunden schließen lassen.

Wie reagieren Sie auf einen Gruppenartikel, der auf den Bedarf eines Gruppenmitgliedes hinweist? Sie können einerseits in der Gruppe auf diesen Artikel direkt antworten. Wenn Sie das qualifiziert und aussagekräftig machen, haben auch alle anderen Gruppenmitglieder etwas davon. Ihre Bekanntheit als Experte für die Lösung dieser Art von Problemen wächst. Allerdings bekommt der potenzielle Kunde Ihre Antwort erst dann mit, wenn er wieder in die Gruppe schaut oder seinen eigenen Artikel abonniert hat. Wenn Schnelligkeit bei der Reaktion auf Anfragen in der Kundengewinnung für Sie ein wichtiger Faktor ist, sollten Sie direkt antworten. Da der Artikel dieses Gruppenmitgliedes auf einen möglichen Bedarf hinweist, ist der Kontakt ja auch grundsätzlich für Sie interessant. Es macht also Sinn, sich diesen Kontakt zu sichern und in Ihr Netzwerk einzuladen. Antworten Sie also zunächst auf den Artikel des Gruppenmitgliedes mit einer persönlichen Nachricht. Dazu besuchen Sie das Profil der Person und klicken rechts auf den Button *Nachricht schreiben*. Nehmen Sie in der Nachricht Bezug auf seinen Gruppenartikel und antworten direkt. Weisen Sie in der Antwort per Nachricht auch auf Ihre Spezialisierung auf diesen Bedarf hin. So erkennt dieser potenzielle Kunde, dass Sie ein nützlicher Kontakt sind. Zusätzlich stellen Sie eine Kontaktanfrage. In dieser weisen Sie nochmals auf den Gruppenartikel und Ihre Nachricht hin. Der Kontaktanfragetext sollte sinngemäß so formuliert werden.

Hallo Herr...,

bezugnehmend auf Ihren Artikel in der XING Gruppe ... und meine Antwort darauf, biete ich Ihnen einen schönen Platz in meinem Netzwerk an und bitte Sie um Kontaktbestätigung. Vielleicht haben Sie mal wieder eine ähnliche Frage. Dann ist es doch gut zu wissen, wer Ihnen direkt helfen kann.

Freundliche Grüße
Ihr Absendername

Dadurch sichern Sie sich diesen Kontakt für die Zukunft, auch wenn aus dem aktuellen Gruppenartikel kein Auftrag entsteht.

5. Marketing über eigene Gruppenartikel

Zusätzlich zum Reagieren und Antworten auf die Beiträge anderer Gruppenmitglieder können Sie auch selbst neue Beiträge veröffentlichen und Diskussionen initiieren. Das ist die Königsklasse der Kundengewinnung in Social-Media-Netzwerken. Die bei der Gruppenvorstellung an zwei Beispielen geschilderte Reichweite können Sie auch mit regelmäßigen Veröffentlichungen in den passenden Gruppen erreichen. Diese Methode wird vielfach auch als Content Marketing bezeichnet. Liefern Sie regelmäßig wertvolle Inhalte in Form von Gruppenartikeln, macht Sie das als Experte bekannt. Das ist von der Wirkung vergleichbar mit einer Kolumne oder einem regelmäßigen Fachartikel im Wirtschaftsteil einer Tageszeitung. Das ist aber außerhalb von Social-Media-Netzwerken nur wenigen Experten vorbehalten. In Social-Media-Netzwerken kann so jeder zu einem Experten werden.

Wichtig ist, dass die Inhalte wertvoll aus Sicht der Gruppenmitglieder und Ihrer potenziellen Kunden sein müssen. Content Marketing bedeutet also nicht, regelmäßig über Ihre Produkte oder Angebote zu berichten und damit Werbung zu machen.

*Ideen für wertvolle Gruppenartikel:*

- Ratgeberserien
- Best-Practice-Beispiele
- Fallstudien
- Tipps und Tricks
- Fachartikel

Wenn Sie beispielsweise Unternehmensberater sind, dann können Sie sicher eine Menge Tipps zu besseren Unternehmensführung geben. Aus diesem Wissen gestalten Sie eine Ratgeberserie und geben dieser einen neugierig machenden Namen wie diesen: *Die 27 besten Tipps für Ihre Unternehmensfinanzen.* Wenn Sie jede Woche einen dieser 27 Tipps in kompakter Form in einem passenden Gruppenforum veröffentlichen, können sich die Leser in der Gruppe ein gutes Bild über Ihre Qualifikation machen. Sie werden als Experte bekannt. Allerdings müssen die 27 Tipps wirklich wertvoll sein. Veröffentlichen Sie keinesfalls allgemein bekannte oder gar oberflächliche Plattitüden. So ein Gruppenartikel sollte nicht länger als 2500 Zeichen sein. Stellen Sie die Artikel immer im gleichen Forum ein. So gewöhnen sich die Mitglieder der Gruppe schneller daran. Kündigen

Sie am Ende des Artikels bereits den nächsten an. So erzeugen Sie Neugier und erhöhen die Anzahl der regelmäßigen Leser.

Sie erinnern sich an die bei der Vorstellung in Gruppen angesprochene Methode der Provokation? Diese Methode können Sie auch im Gruppenartikelmarketing einsetzen. Sie können bezogen auf sich selbst Ihre Angebote oder auf Basis der Vorurteile Ihrer Kunden provozieren. Provozierende Überschriften erzeugen in den meisten Fällen noch mehr Aufmerksamkeit. So hat ein Experte für das Marketing in Social-Media-Netzwerken in einer XING-Gruppe, die sich mit dem Thema Akquise beschäftigt, einen Artikel mit der Überschrift *Akquise über XING funktioniert nicht* gepostet. Dieser Artikel ist bis heute über 25 000-mal aufgerufen worden.

Wenn Sie für Ihr Gruppenartikelmarketing gezielt öffentliche Gruppen auswählen, werden Ihre Artikel auch von den Suchmaschinen erfasst. Sie haben damit die Chance, schneller in Google auf die vorderen Trefferplätze zu kommen und Ihre Reichweite deutlich zu steigern. Achten Sie also darauf, dass Ihre Artikel die für Sie relevanten Keywords beinhalten. Das sind die Suchbegriffe, die Ihre Kunden nutzen, um nach Ihren Angeboten zu suchen.

Wenn Sie mit Gruppenartikelmarketing beginnen, bringen Sie ein bisschen Geduld mit. Es wird eine Weile dauern, bis sich die nötige Bekanntheit aufgebaut hat. Beginnen Sie erst, wenn Sie die Artikel mindestens für die nächsten fünf Veröffentlichungen fertig haben. Das sichert das regelmäßige Veröffentlichen. Wenn Sie weitergehende Informationen zu dem Artikelthema auf Ihrer Webseite oder Ihrem Blog haben, dann verweisen Sie am Ende des Artikels darauf. So erzeugen Sie eine unterschwellige Motivation, Ihre Webseite zu besuchen. Wichtig ist vor allem, dass die Inhalte wirklich wertvoll sind. Wenn Sie nicht so viel Zeit haben, dass Sie jede Woche einen Artikel veröffentlichen, dann ist es besser Sie machen es nur alle 14 Tage oder einmal pro Monat. Hauptsache regelmäßig und im gleichen Abstand. Wollen Sie die Reichweite noch steigern? Dann wählen Sie mehrere passende Gruppen aus, in denen Ihre Artikel sinnvoll sind.

### 6. Umgang mit öffentlicher Kritik in Gruppen

Öffentliche Kritik in Gruppen ist manchmal etwas ruppiger als in der direkten Kommunikation. Fehlt in der Kommunikation das direkte Gegenüber, sinkt die Hemmschwelle. Das führt dazu, dass die

Qualität der Dialoge, insbesondere in Fällen von Kritik, etwas leidet. Öffentlich kritisierte Unternehmen neigen dazu, sich viel zu schnell zu rechtfertigen. Oft schaukelt sich erst durch so eine Rechtfertigung die Welle der öffentlichen Entrüstung auf. So prangert Greenpeace 2010 mit einem Video[22] das Unternehmen Nestlé dafür an, dass es für die Palmölherstellung den indonesischen Regenwald abholzt und damit den Lebensraum der dort lebenden Orang-Utans zerstört. Die erste Reaktion des Unternehmens war darauf hinzuweisen, dass das Logo des Unternehmens nicht verfremdet werden darf. Die Welle der Entrüstung wurde dadurch nur schlimmer. Auch wenn die gefürchteten Shitstorms, die Wellen öffentlicher Entrüstung, lang nicht so oft vorkommen wie befürchtet, müssen Sie wissen, wie Sie richtig auf eine öffentliche Kritik reagieren.

Wenn Sie sich mit regelmäßigen Artikeln in Gruppen an die Öffentlichkeit begeben, wird es Reaktionen darauf geben. Leser Ihrer Artikel werden ihre Meinung dazu äußern. Das ist gut und gewünscht. Wenn diese Meinung aber entgegengesetzt ist, tappen die meisten Menschen in die Ego-Falle und beginnen sich zu rechtfertigen. Selbst wenn Sie im Recht sind, erreichen Sie damit nichts Positives. Wie gehen Sie also mit der kleinen und großen öffentlichen Kritik um?

- *Nehmen Sie die Kritik an*: Das bedeutet nicht, dass Sie die andere Meinung teilen müssen. Aber signalisieren Sie mit Ihrer Reaktion öffentlich, dass Sie die Meinung der anderen respektieren. Seien Sie dabei aufrichtig. Wenn Sie öffentliche Kritik nach dem Motto annehmen: Danke für Ihre Meinung, aber Sie haben leider nicht Recht, bewirken Sie damit nichts Gutes. Jeder hat das Recht der freien Meinungsäußerung. Erkennen Sie diese Tatsache an, nicht die andere Meinung selbst. Reagieren Sie stattdessen in dieser Art: *Danke für Ihre Antwort, interessante Meinung. Ich schaue mir diese Sichtweise gern an.* Vielleicht gewinnen Sie durch so eine öffentliche Meinungsäußerung sogar wertvolle Informationen über die Denkweise Ihrer potenziellen Kunden. Ein kritisierender Kunde ist der beste Unternehmensberater. Er zeigt Ihnen kostenfrei, was Sie besser machen können.
- *Moderieren* statt kontrollieren: In Gruppen müssen Sie aber nicht auf jede kleine Meinungsäußerung reagieren. Manchmal wird

---

22 Quelle: http://www.youtube.com/watch?v=IzF3UGOlVDc

das auch durch den entstehenden Dialog unter den Gruppenmitgliedern selbst geregelt. Beobachten Sie das. Wenn ein Eingreifen notwendig wird, können Sie auch die anderen Gruppenmitglieder um deren Meinung bitten. Posten Sie einen Kommentar nach dem Motto: Danke für die verschiedenen Sichtweisen, was meinen denn die anderen Gruppenmitglieder dazu? Bedenken Sie immer, dass die meisten Nutzer von Social-Media-Netzwerken eher passiv sind und nur mitlesen. Das gilt aber auch für das Bild, was von Ihnen durch die Qualität Ihrer Dialoge entsteht.

- *Sachlich bleiben*: Wird in öffentlicher Kritik eine Aussage getroffen, die nachweislich falsch ist, müssen Sie diese korrigieren. Das bringt eine zusätzliche Chance, Ihre besondere Qualifikation für das Thema zu unterstreichen. Bleiben Sie hier aber immer auf der Sachebene und zeigen Sie trotz der falschen Aussage Wertschätzung. Antworten Sie nach dem Motto: *Danke für Ihre Aussage, ich kann gut nachvollziehen, dass Sie dieser Meinung sind.* Berücksichtigt man die neuesten Erkenntnisse, ergibt sich daraus folgendes Bild.

- *Lassen Sie sich nicht provozieren*: In seltenen Ausnahmefällen dient Kritik nur der Provokation. In Social-Media-Netzwerken findet man leider auch Menschen, die über diesen Weg Aufmerksamkeit suchen. Driftet öffentliche Kritik in die Richtung der persönlichen Beleidigung ab, wenden Sie sich an den Gruppenmoderator und bitten um Löschung dieser Beiträge.

### Die Powersuche in XING

Viele klassische Aktionen zur Kundengewinnung bewirken, dass potenzielle Kunden Ihre Anzeige lesen oder Ihre Webseiten besuchen, sich aber nicht bei Ihnen melden. Sie wissen also nicht, wer Ihre Anzeige oder Webseite gesehen hat. Daher können Sie diese Kontakte auch nicht weiter bearbeiten. Schön wäre es doch, wenn Sie diesen Kontakten noch ein paar ergänzende Informationen senden könnten, um diese von Ihrer Fachkompetenz zu überzeugen. Noch besser wäre es doch, wenn Sie weitere Informationen über diese Person hätten. Aus welcher Firma kommt die Person, was sucht sie genau und wo könnte der Bedarf liegen. Das wäre für die Kundengewinnung ein Traum, oder?

Genau das finden Sie in XING mit der Powersuche. Die Powersuche ist eine Zusammenstellung von verschiedenen Suchoptionen, die Sie mit der erweiterten Suche nicht nutzen können. So zeigt Ihnen die Powersuche in XING an, wer Ihr Profil besucht hat. Da Ihr persönliches Profil das Aushängeschild Ihrer Positionierung und damit auch Ihrers Angebots ist, können Sie davon ausgehen, das viele Besucher Ihres Profils irgendeine Form von Interesse an Ihnen oder Ihren Angeboten haben. Wenn Sie beginnen, sich in XING-Gruppen bekannt zu machen, werden einige Gruppenmitglieder mehr über Sie wissen wollen. Sie besuchen dafür in der Regel Ihr Profil. Da Sie über die Auswahl der passenden Gruppen eine Zielgruppenauswahl getroffen haben, sind einige Besucher Ihres Profils sicher potenzielle Kunden. Nicht jeder wird aber sofort mit Ihnen Kontakt aufnehmen. Einige Nutzer in XING kennen die dafür notwendigen Funktionen nicht, andere werden im dem Moment gerade abgelenkt und vergessen es später. Die Besucher Ihres Profils sind also sehr wertvolle Kontakte, die Sie sich sichern sollten. Die Besucher Ihres Profils werden Ihnen in XING auf der Startseite angezeigt. Klicken Sie auf weitere Besucher und Sie gelangen in die Powersuche. Hier sehen Sie eine Liste der Profilbesucher. Bei den meisten Besuchern wird Ihnen in der Spalte *Info* auch angezeigt, über welchen Weg der Besucher zu Ihnen auf Ihr Profil gelangt ist. Kontrollieren Sie diese Powersuche regelmäßig. Mit einem Klick auf den Namen der Besucher gelangen Sie auf deren Profil. Stellen Sie dann fest, dass dieser Kontakt zu Ihrer Zielgruppe passt, stellen Sie eine Kontaktanfrage und laden diesen in Ihr Netzwerk ein. Damit sichern Sie sich diesen Kontakt und können beginnen, stufenweise Vertrauen aufzubauen. Für die Kontaktanfrage können Sie sich an diesem Beispieltext orientieren:

Hallo …

Wie ich gesehen habe, waren Sie vor kurzem Gast auf meinem XING-Profil. Vielen Dank für Ihren Besuch. Haben Sie etwas Spezielles gesucht und haben Sie es auch gefunden? Darf ich Sie herzlich in mein XING-Netzwerk einladen und Sie dazu um Kontaktfreigabe bitten? Vielleicht kann ich ja mal etwas für Sie tun, Sie zum Beispiel einem meiner Kontakte vorstellen.

Beste Grüße
Ihr Name

Selbstverständlich können Sie diesen Text noch um eine konkrete, den Besuchsgrund betreffende Aussage ergänzen. So bringen Sie sich beim Profilbesucher auf angenehme Art in Erinnerung. Viele so gestellte Kontaktanfragen werden sicher positiv beantwortet. Mit der Annahme Ihrer Einladung haben Sie einen neuen Zielgruppenkontakt für Ihr Netzwerk gewonnen.

Wenn Sie die Powersuche aufrufen, ist diese standardgemäß auf die Anzeige der Profilbesucher eingestellt. Sie bietet aber noch weitere, für die Kundengewinnung sehr nützliche Funktionen. Diese erreichen Sie mit einem Klick auf den Auswahlpfeil neben der voreingestellten Suche.

Powersuche

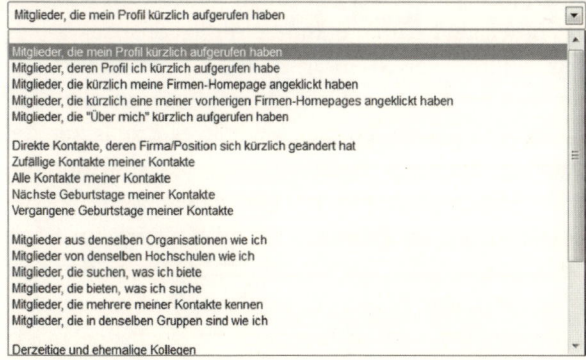

**Abbildung 10:** Weitere Funktionen der Powersuche in XING

So können Sie sich über die Powersuche sogar die Kontakte anzeigen lassen, die nicht nur Ihr Profil besucht haben, sondern auf Ihrem Profil auch auf den Link zur Ihrer Firmenwebseite geklickt haben. Das deutet ja auf ein weitergehendes Interesse hin. Nach dem Motto *Gleich und Gleich gesellt sich gern* sind sicher auch die Kontakte interessant, die mehrere Ihrer Kontakte kennen. Lassen Sie sich diese mit der Powersuche anzeigen und besuchen deren Profile. Wenn Sie feststellen, dass der jeweilige Kontakt zu Ihrer Zielgruppe passt, stellen Sie eine Kontaktanfrage und laden Sie diesen Kontakt in Ihr Netzwerk ein. Für die Kontaktanfrage und den stufenweisen Vertrauensaufbau finden Sie im Kapitel Vertrauensaufbau noch Textvorschläge, Tipps und Hinweise. In dieser Kontaktanfrage können Sie zusätzlich auf diese Gemeinsamkeit hinweisen.

Eine höchst interessante Funktion der Powersuche ist die Anzeige Ihrer direkten Kontakte, deren Firma oder Position sich kürzlich geändert hat. Über diese Funktion pflegen Sie einerseits Ihre Kontakte, andererseits kommen Sie sogar an neue Zielgruppenkontakte heran. Nehmen wir an, Sie haben in XING Kontakt zu einem Einkaufsleiter für Ihre Produkte aufgebaut. Sie haben diesen Kontakt gepflegt und Vertrauen geschaffen. Dieser Kontakt ist mit Ihnen gemeinsam Mitglied in einer Fachgruppe und hat einige Ihrer qualifizierten Beiträge gelesen. Er hat so ein sehr gutes Bild von Ihrer Positionierung als Experte bekommen. Sicher stimmen Sie mir zu, dass dieser Kontakt ein wertvoller Kontakt ist. Wenn er im Einkauf mal die Aufgabe bekommen würde, Ihre Produkte zu beschaffen, hätten Sie gute Chancen auf eine Anfrage. Dummerweise wechselt dieser Kontakt nun die Position im Unternehmen und hat eine andere Aufgabe. Jetzt wäre es doch toll, herauszufinden, wer Nachfolger dieses Kontaktes geworden ist, oder? Sie könnten sich vom bisherigen Inhaber der Position an den Nachfolger empfehlen lassen. Mit der Powersuche lassen Sie sich genau die Kontakte anzeigen, die in Ihrem XING-Profil eine Änderung der Position oder der Firma eingetragen haben. Besuchen Sie diese Profile, wird Ihnen angezeigt, was es mit der Änderung auf sich hat. Stellen Sie fest, dass der Kontakt tatsächlich die Position verlassen hat, können Sie ihm zur neuen Aufgabe gratulieren und alles Gute wünschen. Das ist sehr wertschätzend und verblüfft sicher viele Kontakte. Außerdem können Sie in dieser persönlichen Nachricht in XING fragen, wer der Nachfolger ist. Viele gut gepflegte Kontakte werden Ihnen gern helfen und Auskunft erteilen. Bitten Sie diesen Kontakt dann, Sie dem Nachfolger vorzustellen. Durch diese Empfehlung gewinnen Sie schnell mehr Vertrauen bei dem neuen Kontakt. Wenn einer Ihrer Kontakte nicht nur die Position, sondern auch die Firma wechselt, haben Sie gleich zwei Chancen. Gratulieren Sie auch hier zur neuen Position und fragen nach dem Nachfolger in der alten Firma. Vier Wochen später nehmen Sie erneut Kontakt auf und fragen nach, wie sich Ihr Kontakt im neuen Unternehmen eingelebt hat. So pflegen Sie den Kontakt auf angenehme Art. Gleichzeitig können Sie sich erkundigen, wer denn im neuen Unternehmen für Ihre Angebote zuständig ist. Wenn Sie Glück haben, ist das Ihr Kontakt selbst. So haben Sie über das aufgebaute Vertrauen einen guten Kontakt in einem neuen Unternehmen aufgebaut. Ist Ihr Kontakt nicht zuständig, kann er Sie dieser Person im neuen Unternehmen sicher vorstellen, wenn Sie freundlich darum bitten.

Am besten Sie probieren die Powersuche in XING einfach mal aus und experimentieren ein bisschen damit. Sicher kommen Sie dann noch auf weitere passende Nutzungsmöglichkeiten.

### Passende Kontakte über Teilnehmer von Events finden

Im Social-Media-Netzwerk XING werden jedes Jahr über 100 000 Events eingestellt. Jeder XING-Nutzer kann über diese Eventfunktion in XING auf seine Veranstaltungen aufmerksam machen und Teilnehmer gewinnen. Nach der Ankündigung von XING auf der Hauptversammlung 2013 wird dieser Bereich auch weiter ausgebaut. Events anderer Veranstalter in XING bieten für die Kundengewinnung eine interessante Chance. Dass die Teilnehmer eines Events Interesse am Thema des Events haben, liegt auf der Hand. Wenn Sie in XING Events finden, die sich mit Ihren Angeboten oder verwandten Themen beschäftigen, ist anzunehmen, dass die Teilnehmer dieses Events auch passende Kontakte für Sie sein können. Der Eventveranstalter kann entscheiden, ob die Teilnehmerliste öffentlich ist. Ist das der Fall, kann jedes XING-Mitglied darauf zugreifen. Je nach Thema des Events können Sie sogar davon ausgehen, dass die Teilnehmer auch Bedarf an Ihren Angeboten haben können. Im Bereich Events gibt es in XING eine ähnliche Suchfunktion wie in den XING-Gruppen. Dort können Sie nach Stichworten die passenden Events finden. Ist die Gästeliste öffentlich, können Sie die Profile der angemeldeten Teilnehmer besuchen. So finden Sie heraus, ob dieser Kontakt zu Ihrer Zielgruppe gehört. Wenn das der Fall ist, stellen Sie eine wertschätzende Kontaktanfrage und laden diesen Kontakt in Ihr Netzwerk ein.

### Zusammenfassung

Sicher haben Sie einen guten Eindruck von den Möglichkeiten der direkten Kontaktgewinnung bekommen. Richtig eingesetzt sind die passenden Social-Media-Netzwerke ein echtes Eldorado für die Kontaktgewinnung. XING genießt ein hohes Vertrauen, auch was den Datenschutz angeht. Hier ist die Aktualität der Angaben auf den Profilen der Mitglieder besonders hoch. LinkedIn genießt ein ähnliches Vertrauen und bietet im internationalen Bereich Millionen Kontakte. Beide Netzwerke bieten konkurrenzlose Möglichkeiten und Funktionen für die direkte Gewinnung der passenden Kontakte.

## Der indirekte Weg zu einem großen Netzwerk

Andere Social-Media-Netzwerke bieten keine so vielseitigen Suchfunktionen zum Finden der passenden Kontakte. In Facebook gibt es zwar sehr viele Gruppen, aber keine so genaue Suchfunktion in der Gruppe. Stattdessen können Sie in Facebook zielgruppengerechte Anzeigen schalten. Sie können in Facebook für Ihre Unternehmensseiten (Fanpages) oder auch für externe Ziele, zum Beispiel Ihre Webseite, werben. Diese Art von Kontaktaufbau kommt immer dann in Frage, wenn Sie über den direkten Weg in anderen Social-Media-Netzwerken nicht die passenden Kontakte finden.

Bitte berücksichtigen Sie, dass geschäftliche Aktivitäten in Facebook nicht über das persönliche Profil erfolgen dürfen. Sie müssen dazu eine Unternehmensseite nutzen. Werbeanzeigen in Facebook haben den Vorteil, dass Sie nur dann bezahlen, wenn diese erfolgreich sind. Sie funktionieren ähnlich Google AdWords Anzeigen. Sie legen eines oder mehrere Zielgruppenkriterien fest. Nur den Facebook-Nutzern, die diese Kriterien erfüllen, wird Ihre Werbung präsentiert. Nur wenn ein Facebook-Nutzer auf Ihre Anzeige klickt, diese damit eine Werbewirkung erreicht hat, zahlen Sie dafür zwischen 10 Cent und ein paar Euro. Dieser sogenannte Klickpreis, wird in einer Art Auktionsverfahren festgelegt. Je mehr Anzeigenschalter die gleiche Zielgruppe bewerben, desto teurer ist der Klickpreis. Facebook bietet unter diesem Link ein paar Tipps für die Anzeigenschaltung: https://www.facebook.com/business/connect.

Wenn Sie sich in Facebook ein Netzwerk an passenden Kontakten aufbauen wollen, müssen Sie Fans für Ihre Unternehmensseite gewinnen. Ein Fan ist ein Facebook-Mitglied, der Ihre Unternehmensseite besucht hat und auf den »Gefällt mir«-Button geklickt hat. Werbeanzeigen in Facebook helfen Ihnen, mehr Fans zu gewinnen. Leider bekommen Sie später wenig direkte Informationen über diese Fans angezeigt. Deswegen ist es umso wichtiger, schon bei der Gestaltung der Werbeanzeigen in Facebook auf eine gute Zielgruppenauswahl zu achten.

Unter diesem Link https://www.facebook.com/advertising erstellen Sie Ihre Werbeanzeige in Facebook. Zur Zielgruppeneinschränkung bietet Facebook unter anderem eine regionale Auswahl, die Auswahl nach Alter und Geschlecht, nach Beziehungsstatus, speziellen Interessen, Ausbildungen und Arbeitsplatz an. Wenn Sie mit diesen Kriterien Ihre Zielgruppe definieren können, kann Werbung in Facebook durchaus Sinn machen.

Diese Beispiele verdeutlichen die besonderen Chancen der Zielgruppenauswahl in Facebook.

## 1. Geburtstagsaktionen

In der Zielgruppenauswahl können Sie über die erweiterten Kategorien in der Auswahl Veranstaltungen zum Beispiel auswählen, dass Ihre Anzeige nur den Personen aus München angezeigt wird, die mindestens 21 Jahre alt sind und innerhalb der nächsten Woche Geburtstag haben. In der Abbildung 11 sehen Sie, dass Sie für diese Zielgruppe 16 600 Nutzer erreichen können.

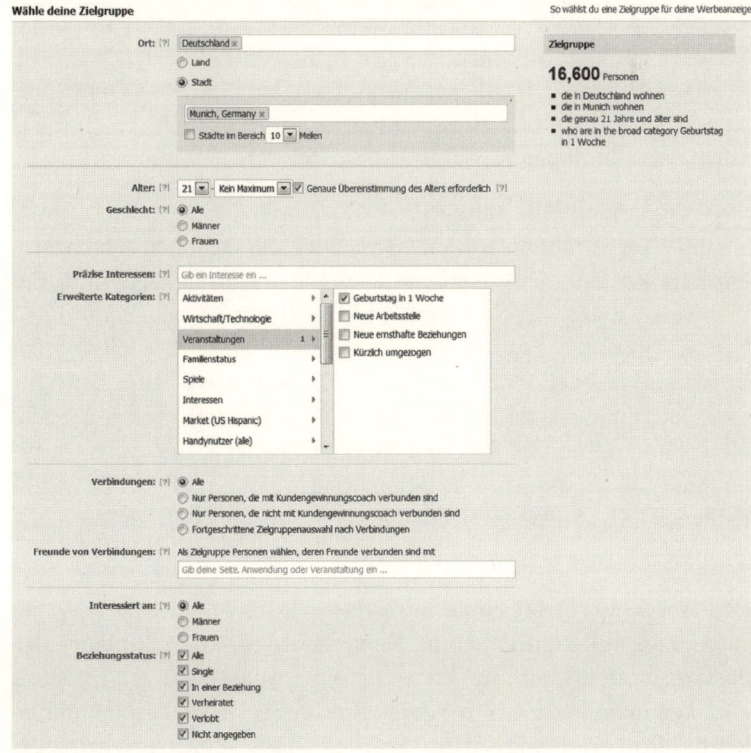

**Abbildung 11:** Zielgruppenselektion in Facebook-Anzeigen

Wenn Sie jetzt eine Anzeige gestalten, in der Sie ein besonderes Angebot für alle, die Geburtstag haben, bewerben, ist die Erfolgsquote sicher deutlich höher. Ein Geschäft oder Restaurant könnte so allen Geburtstagskindern ein Sonderangebot anbieten.

## 2. Beratungsangebote

Mit der Zielgruppenauswahl können Sie alle Facebook-Nutzer erreichen, die gerade eine neue Arbeitsstelle angenommen haben und das in Facebook auf Ihrem Profil eingegeben haben. So könnte ein Coach, der sich auf die persönliche Entwicklung spezialisiert hat, auf seiner Unternehmensseite in Facebook ein E-Book *Die fünf besten Tipps, um sich in einem neuen Arbeitsteam zu etablieren* anbieten. Besonders clever wäre dieser Coach, wenn er dieses E-Book nicht einfach so verschenkt, sondern es jedem Interessenten per E-Mail schickt, der sich auf seiner Unternehmensseite in einen Newsletter-Verteiler einträgt. So sammelt er neue Kontakte, die er regelmäßig über seinen Newsletter pflegen kann. Dazu können Sie auf einer Unternehmensseite einen sogenannten Tab anlegen. Das ist eine Art Unterseite, die wie eine Webseite gestaltet werden kann.

## 3. Urlaubsangebote vermarkten

Unter Veranstaltungen können Sie auch die Personen selektieren, die kürzlich eine neue ersthafte Beziehung eingegangen sind. Ein Reiseveranstalter oder Romantikhotel könnte einen Ratgeber mit den besten Tipps für günstige Romantikreisen bewerben. Geht man davon aus, dass erst ab einem gewissen Alter auch die Finanzkraft für eine Romantikreise da ist und diese häufiger von Männern gebucht wird, können Sie diese Kriterien zusätzlich in der Zielgruppenselektion eingeben. In der Auswahl Männer ab 25 Jahren gibt es aktuell in Facebook 38 000 Personen, die eine neue, ernsthafte Beziehung eingegangen sind und dies auf ihrem Profil angegeben haben.

## 4. Versicherungsangebote vermarkten

In der erweiterten Kategorie *Familienstatus* können Sie Eltern selektieren, deren Kind im Alter von 16 bis 19 Jahren alt ist. In dieser Zeit beginnen viele Kinder eine Ausbildung. Eine Berufsunfähigkeitsversicherung wird dann sinnvoll. Ein Versicherungsmakler könnte an diese Zielgruppe einen Ratgeber mit den besten Tipps für die Absicherung von jungen Berufsanfängern bewerben.

**Tipps für Ihren Anzeigenerfolg**

Wie Sie sicher in den Beispielen schon erkannt haben, wird nicht das Angebot direkt beworben. Stattdessen wird etwas Wertvolles verschenkt. Klassische Werbung nach dem Motto *Bitte werde mein Kunde und kaufe mir meine Angebote ab* funktioniert immer schlechter. Wie Sie schon wissen, werden diese Werbeinformationen vom Neuigkeitsdetektor im Gehirn Ihrer Kunden blockiert. Bewerben Sie etwas, das nicht so aussieht. Bieten Sie etwas Kostenfreies an, wollen das sehr viel mehr Menschen haben. Wenn dieses Geschenk dann noch mit Ihren Angeboten zu tun hat, schleusen Sie Ihre Werbung unbemerkt ein. Dieses Prinzip können Sie vor allem zum Vertrauensaufbau nutzen. Das nächste Kapitel beschäftigt sich intensiv mit diesem Thema. Wenn dieses Geschenk einen wahrnehmbaren Wert darstellt, dürfen Sie eine Gegenleistung einfordern. Diese besteht im Hinterlassen der E-Mailadresse für das Versenden des Geschenkes. Versehen Sie die Anmelderoutine für das Bestellen dieses Geschenkes mit einer rechtlich korrekten Vereinbarung (double opt in), dürfen Sie diesen Kontakten später sogar weitergehende Informationen zum Vertrauensaufbau und zu Pflege zusenden.

### Der Anzeigentitel

Verwenden Sie eine neugierig machende Titelzeile für Ihre Anzeige. Besonders wirksam sind Anzeigentitel, die der Zielgruppe sofort vermitteln, dass sie hier etwas Wichtiges findet und sie persönlich gemeint ist. In Facebook ist die Länge der Titelzeile auf 25 Zeichen begrenzt.

Beispiele für die oben beschriebenen Zielgruppen:
- Für Deinen Geburtstag
- Geburtstag?
- Eltern aufgepasst
- 5 Tipps für den neuen Job
- Kostenlose Romantiktipps

### Das Anzeigenbild

Ein Bild sagt mehr als tausend Worte. Verwenden Sie ein emotionales, farbenfreudiges Bild mit einem aufmerksamkeitsstarken Motiv. Starke Anziehungskraft lösen unter anderem diese Bilder aus:
- das menschliche Auge
- das Gesicht eines Menschen

- Kinder oder Babys, insbesondere Tierbabys
- Bilder die eine Aktion oder direkte Emotionen zeigen
- Bilder mit Symbolcharakter (Herz, Kleeblatt)

Achten Sie darauf, dass die Motive auch in einer Bildgröße von 100 × 72 Pixel noch gut erkennbar sind.

### Der Anzeigentext

*In der Kürze liegt die Würze.* Die Länge des Anzeigentextes ist in Facebook auf 90 Zeichen begrenzt. Es ist nicht immer ganz leicht, die wichtigen Botschaften in so einen kurzen Text zu verpacken. Hier können Sie die Tipps zur Wirkungsverstärkung verwenden, die Sie schon im Zusammenhang mit der Nutzensprache kennengelernt haben.

Machen Sie es konkret: *Die fünf Tipps für …* oder *Die 7 Fehler in Bezug auf …* deuten etwas Konkretes an. Machen Sie es spezifisch: *Eltern aufgepasst* oder *Für Deinen Geburtstag*.

Bieten Sie einen erkennbaren Nutzen: *Cocktail für alle Geburtstagskinder gratis* oder *Die besten Tipps für einen kostengünstigen Romantikurlaub*.

Achten Sie in der gesamten Kette aller Werbebestandteile auf glaubwürdige, nutzenorientierte Zielgruppenansprache. Angefangen von der Zielgruppenauswahl, über den Anzeigentitel, das Bild, den Text und die Gestaltung der Zielseite, die von der Anzeige beworben wird, müssen alle Bestandteile gut zusammen passen. Das in der Anzeige verwendete Bild sollte sich auch auf der Zielseite wiederfinden. Mit einem zum Anzeigentext passenden Einstieg auf der Zielseite erzeugen Sie einen konstanten Fluss. Versuchen Sie die beworbene Zielgruppe zu einer Aktion zu bringen, die es Ihnen ermöglicht, auch später noch mit diesen Kontakten in Dialog zu treten. Das kann der Klick auf den »Gefällt mir«-Button oder der Eintrag in Ihren E-Mail-Verteiler sein. Achten Sie in Facebook auch darauf, dass Sie mit Ihrer Unternehmensseite einen guten ersten Eindruck vermitteln.

Es gibt sicher noch viele andere Möglichkeiten in Social-Media-Netzwerken die passenden Kontakte zu finden. Die zwei hier vorgestellten Möglichkeiten über die direkte Kontaktgewinnung in XING und LinkedIn oder über zielgruppengerechte Werbung in Facebook kommen sicher für die meisten in Frage. Ihr Ziel ist, sich ein großes Netzwerk an Kontakten aufzubauen, bei denen Sie dann stufenweise Vertrauen gewinnen.

# Der Vertrauensaufbau

Kontakte allein reichen noch nicht aus, um in Social-Media-Netzwerken regelmäßig neue Kunden und Aufträge zu gewinnen. Ein großes Netzwerk von zielgruppengerechten Kontakten ist aber der erste Schritt. Wie machen Sie nun aus den gewonnenen Kontakten neue Kunden? Das wichtigste Bindeglied dafür ist Vertrauen. Erst wenn das Vertrauen Ihrer Kontakte in Sie und Ihre Angebote groß genug ist, werden diese bei Bedarf Ihre Kunden. Die Kunden- und Auftragsgewinnung durchläuft in den meisten Fällen diese fünf Stufen.

1. Sie gewinnen geeignete Kontakte.
2. Sie bauen eine persönliche Beziehung auf.
3. Sie erzeugen Sympathie.
4. Sie vermitteln Fach- oder Produktkompetenz.
5. Daraus entsteht Vertrauen.

Vertrauen ist das Fundament für die Kundengewinnung. Erst wenn Ihre Kontakte genügend Vertrauen entwickelt haben, wird dem Nutzen Ihrer Angebote Glauben geschenkt.

Die Kontakte in Social-Media-Netzwerken begegnen Ihnen dort nur virtuell. Anders als beispielsweise in einem Ladengeschäft oder auf einer Messe, haben Sie weniger Chancen mit Ihrer Persönlichkeit, mit der Gestaltung des Geschäftes oder dem Vorführen Ihrer Angebote zu überzeugen. Wenn Sie in Social-Media-Netzwerken zu früh mit der Präsentation des Nutzens Ihrer Angebote beginnen, verpufft deren Wirkung. Ihre potenziellen Kunden glauben Ihnen diesen Nutzen einfach noch nicht. Dabei ist es wichtig, Vertrauen auf zwei Ebenen aufzubauen. Vertrauen in Ihre Person oder Ihre Fachkompetenz und Vertrauen in Ihre Angebote und Lösungen.

In diesem Kapitel schauen wir uns die besten Möglichkeiten an, Vertrauen aufzubauen und den Prozess zu systematisieren. Dadurch wird die Kunden- und Auftragsgewinnung nicht mehr nur das Ergebnis einer zufälligen Anfrage sein, die ab und zu mal bei Ihnen eintrudelt. Mit dem hier vorgestellten System sind Sie in der Lage, einen regelmäßigen Strom an neuen Kunden und Aufträgen zu erzeugen. Dieses System ist der letzte Abschnitt auf dem Weg zur Quelle, aus der regelmäßig die passenden Kunden sprudeln. Erinnern Sie sich an die Piratenschatzkarte im Vorwort? Dieses System sorgt gleichzeitig dafür, dass Sie dauerhaft im Kopf Ihrer Kunden bleiben. Gleichzeitig entschlüsseln Sie damit das größte Mysterium in der Kundengewinnung und sichern die Existenz Ihres Unternehmens. Ein regelmäßiger Strom an passenden Neukunden oder Aufträgen ist die Lebensader jedes Unternehmens.

## In vier Stufen von einem Kontakt zum Auftrag

Die folgenden vier Stufen schauen auf den ersten Blick simpel aus. Sie werden aber gleich erkennen, dass die Magie und die Wirkung im Verborgenen liegen.

1. Stufe: Der gute erste Eindruck bei der Kontaktgewinnung
2. Stufe: Lösung des größten Mysteriums
3. Stufe: Pflege und Stärkung des Vertrauens
4. Stufe: Niedrigschwelliges Angebot

Für den Erfolg dieses System ist es sehr wichtig, dass Sie alle Stufen der Reihe nach einhalten und diese an Ihr Unternehmen und Ihre Kontakte anpassen.

### 1. Stufe: Der gute erste Eindruck bei der Kontaktgewinnung

In dieser ersten Stufe geht es nicht, wie Sie vielleicht vermuten, um den guten ersten Eindruck, den wir hier im Buch schon besprochen haben. Bevor dieser durch den Besuch Ihres Profils überhaupt entstehen kann, müssen Sie schon davor bei der Kontaktaufnahme punkten. In Facebook-Werbeanzeigen machen Sie das in allgemeiner Form mit der Gestaltung der Anzeige selbst. Dazu haben Sie im letzten Kapitel schon einige Tipps kennengelernt. Hier beschäftigen wir uns mit dem guten ersten Eindruck beim direkten Kontaktaufbau, wie Sie ihn in XING und LinkedIn nutzen können. Da XING für die meisten von Ihnen eher dafür in Frage kommt als LinkedIn besprechen wir das hier wieder am Beispiel von XING. Wenn Sie über die beschriebenen Methoden passende Kontakte gefunden haben, wagen Sie sich nun aus der Deckung und gehen den ersten Schritt. Das ist die Kontaktaufnahme. Dazu besuchen Sie das Profil des Kontaktes und stellen eine Kontaktanfrage. Sie laden diesen Kontakt damit ein, Mitglied in Ihrem Netzwerk zu werden. Um hier einen guten ersten Eindruck zu erzeugen, dürfen Sie allerdings nicht mit der *Werbetür* ins Haus fallen.

Berücksichtigen Sie bei allen Aktionen das Grundmotiv der Menschen in Social-Media-Netzwerken, sich mit anderen interessanten Personen zu vernetzen. Interessant wirken Sie in dieser ersten Kontaktaufnahme insbesondere dadurch, dass Sie diese anders gestalten als die anderen das machen.

Wenn Sie Mitglied in XING sind, kennen Sie sicher Kontaktanfragen dieser Art: *Ich möchte Sie als Kontakt hinzufügen* oder *Wollen wir uns verxingen?* In LinkedIn gibt es dafür den Standarttext: *Ich möchte Sie gerne zu meinem beruflichen Netzwerk auf LinkedIn hinzufügen.* Das ist langweilig, kaum wertschätzend und erst Recht nicht interessant. Um interessant zu wirken und damit zu erreichen, dass der Kontakt Ihr Profil besucht, zeigen Sie Wertschätzung und erzeugen Neugier. Wenn Sie dann noch ein gutes Motiv für die Bestätigung Ihrer Kontaktanfrage erzeugen, gewinnen Sie erfolgreich neue und passende Kontakte.

Die außergewöhnliche Chance in den Social-Media-Netzwerken besteht darin, dass Sie fremde Kontakte zur Vorstellung Ihrer Person oder Ihres Unternehmens anschreiben dürfen. Was außerhalb von XING und Co. als Spam gilt, ist in den Social-Media-Netzwerken unter Berücksichtigung der AGB erlaubt. In XING müssen Sie dafür die folgenden Regeln einhalten. Jede Kontaktanfrage, Nachricht oder Gruppeneinladung an fremde Personen muss eine persönliche Anrede, einen konkreten Bezug zum Profil der Person aufweisen. Der Profilbezug soll sich dabei an den Inhalten der Felder *Ich biete*, *Ich suche*, der beruflichen Position oder dem Inhalt des Feldes *Interessen* orientieren. Halten Sie diese Regeln ein, dürfen Sie die passenden Kontakte in XING anschreiben, auch wenn Sie diese noch nicht kennen oder mit diesen in einer Geschäftsbeziehung stehen. Die Einhaltung dieser Regel hat einen weiteren Vorteil: Sie zeigen Wertschätzung durch Aufmerksamkeit. Sie zeigen dem Kontakt, den Sie gewinnen wollen mit der Bezugnahme auf das Profil, dass Sie sich mit diesem beschäftigt haben. Nutzen Sie stattdessen einen langweiligen und unpersönlichen Standarttext wie *Ich möchte Sie als Kontakt hinzufügen*, gehen dem Kontakt möglicherweise die folgenden Gedanken durch den Kopf: *Das ist ja toll, aber warum soll ich das tun?*

Eine gute Kontaktanfrage beinhaltet folgende Elemente:
• Persönliche Anrede
• Wertschätzender und konkreter Bezug zur Person
• Motiv für die Kontaktbestätigung
• Handlungsaufforderung
• Grußformel

### Die persönliche Anrede

In Social-Media-Netzwerken ist die Sprache etwas weniger formell als in der klassischen geschäftlichen Kommunikation. Trotzdem stellt sich die Frage, welches die passende Anredeform ist. Auch wenn man meinen könnte in Facebook ist die Anredeform *Du* Standard, gilt das nicht grundsätzlich. Kommunizieren Sie in der Neukundengewinnung mit geschäftlichen Kontakten in Facebook, hängt die Anredeform auch von den Gepflogenheiten der Zielgruppe ab. Wählen Sie im Zweifelsfall lieber eine geschäftlich korrekte Anrede. Ein guter Kompromiss ist die Anrede mit *Hallo Herr …* oder *Hallo Frau …*

### Wertschätzender und Konkreter Bezug zur Person

Wenn Sie mit den beschriebenen Methoden die passenden Kontakte selektiert haben, besuchen Sie die einzelnen Profile für einen letzten Check. Dabei gewinnen Sie oft wertvolle Informationen. Was bietet der Kontakt an, was sucht er, wie lange ist er bereits in der Position, welche Interessen hat er oder in welchem Unternehmen war er vorher. Diese und andere Informationen bieten konkrete Bezugspunkte, auf die Sie sich in Ihrer Kontaktanfrage beziehen können.

Hier ein paar Formulierungsbeispiele:
• Wie ich in Ihrem Profile lese, suchen Sie …
• Ich habe heute Ihr interessantes Profil besucht und sehe, dass …
• Auf Ihrem Profil lese ich, dass wir beide das gemeinsame Interesse … teilen.

- Da Sie schon seit 10 Jahren als Vertriebsleiter tätig sind, ...
- Als Personalleiter im Maschinenbau kennen Sie sicher das Problem ...
- Da Sie gerade neu die Verantwortung als Projektleiter übernommen haben, wissen Sie sicher ...

Beachten Sie bitte, dass diese Bezugspunkte ehrlich gemeint sein müssen. Wenn Sie ein lieblos gestaltetes Profil entdecken, sollten Sie nicht schreiben: *Ich habe heute Ihr interessantes Profil besucht.* Am besten Sie suchen sich einen konkreten Bezug zum Profil raus, der gleichzeitig zu Ihrer Positionierung passt. Sind Sie Personalberater und haben sich auf die Vermittlung von Vertriebsingenieuren im Maschinenbau spezialisiert? Dann könnten Sie folgende Formulierung benutzen: *Als Personalleiter im Maschinenbau kennen Sie sicher das Problem, gute Vertriebsingenieure zu finden, oder?* Umso wirksamer ist diese Formulierung, wenn Sie auf dem Profil lesen, dass dieses Unternehmen gerade Vertriebsingenieure sucht.

Das Grundprinzip einer guten Formulierung lautet: *Finde heraus, was andere wollen und hilf Ihnen das zu bekommen.* Da XING und LinkedIn geschäftlich genutzte Netzwerke sind, finden Sie im Bereich *Ich suche* häufig auch geschäftliche Gesuche. Wenn Sie die Kontakte nach passenden Zielgruppen selektieren, ergibt sich automatisch, dass Sie im Bereich *Ich suche* die Dinge finden, die Sie anbieten.

Wenn Sie beispielsweise als Werbeagentur eine spezielle Dienstleistung zur Mandantengewinnung über das Internet für Rechtsanwälte und Steuerberater anbieten, finden Sie in XING 2 500 Rechtsanwälte und Steuerberater, die nach neuen Mandanten oder Mandaten suchen. Mit der erweiterten Suche können Sie diese sehr genau selektieren.

Eine der wirksamsten Formen der Wertschätzung ist eine ehrlich gemeinte Anerkennung. Schon Sigmund Freud hat gesagt: *Gegen Angriffe können wir uns wehren. Gegen Lob sind wir machtlos.* Finden Sie auf einem Profil etwas Anerkennenswertes, nutzen Sie diese Chance ähnlich wie im folgenden Beispiel: *Auf Ihrem Profil sehe ich, dass Sie schon seit 15 Jahren Vertriebsleiter in der Schweißtechnik sind. So einem erfahrenen Hasen macht sicher keiner mehr etwas vor, oder?*

Vielleicht kommt Ihnen diese Art noch etwas komisch vor. Es kann auch sein, dass Sie diese individuelle Ansprache als sehr zeitaufwändig empfinden. Wenn Sie die Social-Media-Netzwerke zur Kundengewinnung benutzen und dadurch mehr Umsatz und Gewinn machen wollen, bedenken Sie immer, dass Wertschöpfung am besten über Wertschätzung funktioniert. Im Vergleich zur klassischen Werbung geht es nicht darum, eine einmalige Botschaft zu platzieren, sondern ein Netzwerk an passenden Kontakten zu schaffen. Aus diesem Netzwerk gewinnen Sie zukünftig regelmäßig mehr Aufträge und Kunden. Immer wenn Sie das Gefühl haben, dieser Weg sei zu aufwändig, fragen Sie sich, was so eine automatische Quelle an Neukunden wert ist. Eine Quelle, die regelmäßig für genügend neue Anfragen sorgt und damit die Zukunft Ihres Unternehmens sichert. Ist dieses Netzwerk einmal aufgebaut und sprudelt diese Quelle, reduziert sich der Aufwand auf die Pflege des Netzwerkes. Wie Sie das mit wenig Zeiteinsatz erreichen, lernen Sie in der dritten und vierten Stufe kennen. Es lohnt sich also mehrfach, am Anfang ein bisschen mehr Zeit für die Auswahl und die wertschätzende Ansprache der Kontakte zu investieren. Sie fallen dadurch angenehm anders auf und steigern die Quote der Kontaktbestätigungen.

### Motiv für die Kontaktbestätigung

Ihr Ziel ist eine möglichst hohe Bestätigungsquote Ihrer Kontaktanfragen. Der wertschätzende Bezug zum Profil der Person legt dafür eine solide Grundlage. Er spricht das Hauptmotiv der Menschen in Social-Media-Netzwerken, sich mit anderen interessanten Personen zu verbinden, an. Damit die Wunschkontakte Ihre Anfrage auch bestätigen, müssen Sie zusätzlich ein gutes Motiv für die gewünschte Handlung, die Kontaktbestätigung liefern. Was könnte so ein Motiv sein und wie finden Sie das passende? Die Antwort finden Sie wiederum in dem Grundprinzip: *Finde heraus, was andere wollen und hilf Ihnen das zu bekommen.* Wenn Sie also im Bereich *Ich suche* auf dem Profil des Kontaktes einen Wunsch, ein Gesuch finden, könnten Sie darauf ein Motiv aufbauen. Deuten Sie an, dass Sie bei der Befriedigung dieses Gesuchs behilflich sein können. Achten Sie aber darauf, dass Sie nicht gleich die große Marketingkeule schwingen und konkrete Angebote machen. Formulieren Sie das Motiv lieber auf der persönlichen Ebene.

Ein Beispiel. Finden Sie im Profil eines Rechtsanwaltes das Gesuch nach neuen Mandanten oder Mandaten, bieten Sie als Werbeagentur nicht sofort die Optimierung der Webseite an. Stattdessen können

Sie Ihr Motiv wie folgt formulieren: *Wie ich auf Ihrem Profil lese, sind Sie auch an neuen Mandanten interessiert. Ich verfüge in und außerhalb von XING über ein interessantes Netzwerk an Kontakten. Wenn Sie mir mitteilen, in welchem Fachbereich Sie am liebsten neue Mandanten gewinnen wollen, empfehle ich Sie in meinem Netzwerk gern bei passender Gelegenheit weiter.* Wow, was für ein starkes Motiv. Nahezu jeder möchte gern empfohlen werden. Denken Sie an die Grundmotive, die Sie schon im Kapitel für die Entwicklung Ihres digitalen Elevator Pitches kennengelernt haben. Prestige gehört dazu. Außerdem könnte eine Werbeagentur so leicht herausfinden, ob die Webseite des Rechtsanwaltes schon so gestaltet ist, dass diese Spezialisierung, für die er gern Empfehlungen hätte, gut erkennbar ist. Oft ist das nicht der Fall. Schon weiß der Inhaber dieser Werbeagentur, wo diesen Rechtsanwalt der Schuh drücken könnte. Darauf könnten Sie mit der Gestaltung des inhaltlich wertvollen Geschenkes im nächsten Schritt eingehen.

Dieses Motiv können Sie nahezu universell einsetzen, wenn Sie es mit dem Angebot der Weiterempfehlung ehrlich meinen. Da dieses Motiv so stark ist, lassen Sie uns hier einen Moment die besondere Magie dahinter betrachten. Das Prinzip *Finde heraus, was andere wollen und hilf Ihnen das zu bekommen*, ist die beste Methode viel Erfolg zu erzielen. Sie können es auch als Gesetz von Ursache und Wirkung bezeichnen. Je mehr Menschen oder Unternehmen Sie helfen, das zu bekommen, was diese wollen, desto mehr Geld werden Sie verdienen. Das ist eine radikale Umkehr der üblichen Denkweise in der Wirtschaft. Provokant formuliert, besteht ein großer Teil der Wirtschaft aus Räubern, die anderen etwas wegnehmen. Unternehmen nehmen ihren Wettbewerbern möglichst viele Marktanteile weg. Verkäufer wollen ihren Kunden möglichst viel Geld wegnehmen. Zwar wird das kaum so drastisch kommuniziert, Kunden empfinden das aber oft so. Wenn der Verkäufer zu seinem Kunden sagt *Wir wollen nur Ihr Bestes*, denken Kunden häufig: *Schon klar, der will ja nur mein Geld.* In Jahresberichten oder auf Hauptversammlungen wird es etwas eleganter formuliert: *Im letzten Jahr konnten wir, im Vergleich zum Wettbewerb, unseren Marktanteil um sieben Prozent steigern*, tönt es aus dem Mund des Vorstandsvorsitzenden. In begrenzten Märkten passiert das durch Wegnahme oder Verdrängung. Wenn Sie jetzt denken, dass dies normal sei, haben Sie leider Recht. In Social-Media-

Netzwerken ist diese Strategie aber fehl am Platz. Kein Mensch wird Sie als interessant erachten und sich mit Ihnen vernetzen, wenn Sie erkennbar zu den Räubern gehören. Da es aber schon so viele Räuber gibt, ist es glücklicherweise leicht, sich abzuheben und angenehm aufzufallen. Wie? Sie machen es einfach anders als die Räuber. Ihr direktes Ziel ist es nicht, einen Auftrag zu bekommen, als Werbeagentur Ihre Webseitenoptimierung zu verkaufen. Sie bieten stattdessen Ihre persönliche Hilfe und Unterstützung für das an, was der Kontakt sucht. In unserem Beispiel machen Sie das mit der Bereitschaft eine Empfehlung auszusprechen. Jeder von Ihnen hat ein Netzwerk an Kontakten. Selbst wenn Sie in XING gerade erst angefangen haben, eigene Kontakte aufzubauen, ist dieses Motiv glaubhaft, vorausgesetzt, Sie meinen es ernst. Vielleicht denken Sie an dieser Stelle, dass Sie diesen Rechtsanwalt ja noch gar nicht kennen und deswegen schlecht empfehlen können. Das ist prinzipiell richtig. Allerdings funktionieren die Prinzipien der Empfehlung in Social-Media-Netzwerken etwas anders. Sie empfehlen nicht direkt die Qualität der Leistung, die Sie in diesem Beispiel ja auch nicht beurteilen können, sondern nur den Kontakt an sich. Wenn Sie auf Ihre Frage nach dem Fachbereich in der Kontaktanbahnung, in welchen der Anwalt empfohlen werden möchte, mitgeteilt bekommen, dass es sich um einen Spezialisten für Verkehrsrecht handelt, können Sie zumindest das empfehlen.

Dieses Motiv ist auch deswegen so universell, weil die meisten Menschen in Social-Media-Netzwerken an neuen Kontakten interessiert sind. Selbst wenn Sie auf dem Profil des Kontaktes unter *Ich suche* keine konkreten Gesuche finden, steht dort oft allgemein formuliert, dass Kontakte oder Netzwerkpartner gesucht werden. Deswegen ist dieses Motiv immer dann gut geeignet, wenn Sie keine anderen konkreten Motive erkennen und anbieten können. Vorausgesetzt Sie stehen zu diesem Prinzip. In einigen Social-Media-Netzwerken gibt es sogar Funktionen dafür. In XING können Sie in den persönlichen Einstellungen festlegen, dass in Ihrem Netzwerk als News angezeigt wird, wenn Sie einen neuen Kontakt gewonnen haben. Diesen können Sie sogar direkt als Empfehlung in Ihrem Netzwerk vorstellen. In Facebook ist jeder Klick auf *gefällt mir* eine Art Empfehlung, die auch den Kontakten in Ihrem Netzwerk angezeigt wird.

### Handlungsaufforderung

Vermutlich denken Sie jetzt, dass ein gutes Motiv und der wert-schätzende Bezug zum Profil schon reichen, um eine hohe Erfolgs-quote an Kontaktbestätigungen zu bekommen. Richtig, es fehlt auch nur noch eine Kleinigkeit. Sagen Sie dem angeschriebenen Kontakt klar und eindeutig, was er tun soll. Das klingt simpel, erhöht aber die Quote merklich. Einige Kontakte wissen sonst nicht, was Sie von ihnen erwarten. Ergänzen Sie das in unserem Beispiel vorgestellte Motiv um die Handlungsaufforderung.

Wenn Sie mir mitteilen, in welchem Fachbereich Sie am liebsten neuen Mandanten gewinnen, empfehle ich Sie in meinem Netz-werk gern bei passender Gelegenheit weiter. Dazu bitte ich Sie hier um Kontaktbestätigung.

### Grußformel

Schließen Sie Ihren Text zur Kontaktanfrage mit einer passenden Grußformel. Hier haben Sie nochmal eine Chance, einen kleinen, aber auffallenden *Farbtupfer* zu setzen. Sie könnten statt der üblichen Formulierung *Freundliche Grüße* eine etwas persönliche Grußformel verwenden.

- Herzliche Grüße nach Berlin (Ort)
- Ein schönes Wochenende wünscht
- Einen gelungenen Wochenstart wünscht
- Mit besten Wünschen für viele neue Mandanten (Kunden, Aufträge)
- Alles Gute und herzliche Grüße

### Beispiele für Kontaktanfragetexte

In den folgenden Beispielen finden Sie sicher einige Anregungen für die Entwicklung eigener Texte. Wenn Sie sich mit einzelnen For-mulierungen identifizieren, können Sie diese direkt übernehmen. Ansonsten passen Sie diese einfach an Ihren Sprachgebrauch und die konkrete Situation an.

**Beispiel: Kontakt sucht Aufträge oder Kunden.**

Hallo Herr Meier,

wie ich in Ihrem Profil lese, interessieren Sie sich auch für neue Aufträge und Kunden. Die kann man ja in der heutigen Zeit auch nicht genug haben, oder?
Darf ich Ihnen einen schönen Platz in meinem Netzwerk bereiten und Sie um Kontaktfreigabe bitten?
Vielleicht kann ich Sie ja mal direkt in meinem über 5000 Kontakte großen Netzwerk empfehlen. Für mich besteht Networking eher aus Geben, statt nur zu nehmen.

Mit besten Wünschen für viele neue Kunden und Aufträge

**Beispiel: Kontakt ist in der gleichen Branche tätig**

Hallo Frau Lehmann,

ich habe gerade Ihr Profil besucht und sehe dort, dass Sie sich auch für … interessieren. Ist das noch aktuell?
Ich verfüge über ein interessantes Netzwerk an Kontakten. Da wir in der gleichen Branche tätig sind, möchte ich Sie einladen und Ihnen einen schönen Platz in meinem Netzwerk anbieten. Dazu bitte ich Sie um Kontaktfreigabe.
Vielleicht kann ich Sie ja sogar mal direkt in meinem Netzwerk empfehlen. Für mich besteht Networking eher aus Geben, statt nur zu nehmen.

Beste Grüße nach Hamburg

**Beispiel: Kontakt gehört zu Ihrer speziellen Zielgruppe**

Hallo Herr Müller,

wie ich auf Ihrem Profil erkenne, sind Sie im Lebensmittelgroßhandel tätig. Als Transportexperte bin ich auf die Lösung dringender und kniffliger Transportaufgaben für Frischwaren spezialisiert.
Da wir in der gleichen Branche tätig sind, möchte ich Sie einladen und Ihnen einen schönen Platz in meinem Netzwerk anbieten. Dazu bitte ich Sie um Kontaktfreigabe.

Ich verfüge über ein interessantes Netzwerk an Kontakten. Vielleicht kann ich Sie ja sogar mal direkt in meinem Netzwerk empfehlen. Für mich besteht Networking eher aus Geben, statt nur zu nehmen.

Ein schönes Wochenende wünscht

**Beispiel: Kontakt hat einige gemeinsame Kontakte mit Ihnen**

Hallo Herr Müller,

Ich habe gerade Ihr Profil besucht und gesehen, dass wir 36 gemeinsame Kontakte haben. Ich würde sagen, dass kann kein Zufall sein. Vermutlich sind Sie als … (Position) auch an wertvollen Kontakten interessiert. Ich verfüge über ein Netzwerk interessanter Kontakte. Vielleicht kann ich ja mal etwas Gutes für Sie tun oder Sie bei passender Gelegenheit sogar weiterempfehlen. Für mich besteht Networking eher aus Geben, statt nur zu nehmen.
Daher lade ich Sie herzlich in mein Netzwerk ein und bitte Sie um Kontaktfreigabe.

Alles Gute und herzliche Grüße

**Beispiel: Kontakt ist in der gleichen Position tätig**

Hallo Herr Müller,

Ich habe gerade Ihr Profil besucht und gesehen, dass wir beide als Geschäftsführer in der Branche … tätig sind. Ich verfüge über ein Netzwerk interessanter Kontakte. Vielleicht kann ich ja mal etwas Gutes für Sie tun oder Sie bei passender Gelegenheit sogar weiterempfehlen. Für mich besteht Networking eher aus Geben, statt nur zu nehmen.
Daher lade ich Sie herzlich in mein Netzwerk ein und bitte Sie um Kontaktfreigabe.

Herzliche Grüße

## 2. Stufe: Lösung des größten Mysteriums

In den seltensten Fällen wird ein neuer Kontakt sofort Ihr Kunde. Wenn Sie für die Kontaktanfrage gemäß unserer Definition die passenden Kontakte selektiert und um Kontaktfreigabe gebeten haben, ist eine Grundvoraussetzung bereits geschaffen. Sie haben mit Ihrem Text der Kontaktanfrage erreicht, dass die Kontakte Ihr Profil besuchen und so einen guten ersten Eindruck bekommen. Falls Sie sich für die Methode *Geben ist seliger als Nehmen* entschieden haben, sind Sie auch als interessanter Kontakt auf der persönlichen Ebene positioniert. Wenn dieser Kontakt im Moment keinen Bedarf an Ihren Angeboten hat, kann er nicht Ihr Kunde werden. Selbst wenn das der Fall ist, fehlt in dieser frühen Phase oft noch das nötige Vertrauen.

Worin besteht nun das größte Mysterium in der Kundengewinnung? Es besteht im Wesentlichen in einem zeitlichen Problem. Sie wissen nämlich häufig nicht, wann der Zeitpunkt gekommen ist, wo Ihr potenzieller Kunde Bedarf an Ihren Angeboten bekommt. Dieses Problem zieht sich durch die ganze Kette der Kundengewinnung. Demzufolge fragen wir uns oft: Soll ich ihn heute oder morgen kontaktieren oder lieber doch so lange warten, bis sich der Kontakt von alleine meldet?

Ja das wäre toll, wenn jederzeit und immer genügend neue Interessenten bei uns anrufen oder vor unserer Tür stehen würden und sagen: *Bitte, bitte lass mich heute dein Kunde werden.* Aber Hand aufs Herz, bei wie vielen Unternehmen ist das der Fall? Sie müssen also Ihre Kontakte regelmäßig pflegen. Dann könnten Sie Glück haben, dass einer Ihrer Impulse zur Pflege genau dann bei einem der Interessenten ankommt, wenn dieser Bedarf hat. Das Problem dabei: Versenden Sie zu viele dieser Impulse, kann das für Ihre Interessenten schnell lästig werden. Versenden Sie zu wenige, verpassen Sie vielleicht den richtigen Zeitpunkt. Das scheint ein bisschen wie ein Teufelskreis zu sein, oder wie ein Mysterium. Außerdem ist die Pflege eines großen Kontaktnetzwerkes sehr aufwändig. Nur selten wissen Sie genau, wann der Zeitpunkt da ist, wo einer Ihrer potenziellen Kunden Bedarf an Ihren Angeboten hat. Die gute Botschaft lautet aber: Es gibt jemanden, der das weiß, sogar immer und ganz genau. Wer das ist, fragen Sie? Ihr potenzieller Kunde weiß, sogar ganz genau, wann er Bedarf an Ihren Angeboten hat. Und damit hilft er Ihnen, das größte Mysterium in der Kundengewinnung zu lösen.

Wie machen Sie das? Sie müssen sich im Rahmen der ersten Kontaktaufnahme auf eine so spezielle Art präsentieren, dass Sie bei Ihrem neuen Kontakt dauerhaft im Gedächtnis bleiben. Sie müssen mit dieser speziellen Art dafür sorgen, dass Ihr Kunde, in dem Moment wo er Bedarf bekommt, sofort an Sie denkt. Dann wird er von ganz allein bei Ihnen anrufen.

Stellt sich nur noch die Frage, wie Sie sich schon bei der ersten Kontaktaufnahme so dauerhaft im Kopf ihrer potenziellen Kunden einnisten, dass diese im passenden Moment an Sie denken. Optimal wäre es, wenn Sie gleichzeitig genügend Vertrauen schaffen, dass sich Ihre Kontakte in diesem Moment auch bei Ihnen melden.

Die beste Methode dafür ist, sich von Beginn an und dauerhaft bei Ihren Kontakten glaubhaft als Experte zu positionieren. Ja, das ist schon die ganze Methode, die gleichzeitig das größte Mysterium in der Kundengewinnung löst. Diese Positionierung als Experte sorgt nämlich dafür, dass sich Ihre Kontakte genau in dem Moment an Sie erinnern, wo sie Bedarf bekommen oder von anderen um einen Rat gefragt werden und Sie dann weiter empfehlen. Wenn Sie wollen, dass sich Ihre Kunden dauerhaft an Sie erinnern, müssen Sie sich als Marke aufbauen. Zum Markenaufbau sollten Sie sich im wahrsten Sinn des Wortes auch merkwürdig verhalten. Natürlich im positiven Sinn. Denn Marke kommt von merken. Das gilt für Selbstständige genauso wie für Konzerne.

Außerdem haben Sie durch die Anwendung dieser Methode einen weiteren, enorm wertvollen Vorteil. Haben Sie schon mal erlebt, dass ein Kunde, den Sie beraten haben oder der ein Angebot von Ihnen bekommen hat, von dem Sie genau wissen, dass dieser Kunde dringenden Bedarf an Ihren Angeboten hat und sich diese auch leisten kann, dann aber doch nicht bei Ihnen gekauft hat? Es passt also offenbar alles zusammen und trotzdem kommt kein Geschäft zustande. Die häufigste Ursache dafür: Diese Kunden haben nicht genügend Vertrauen in Sie oder Ihre Angebote. Die Methode, sich von Beginn an in den Köpfen Ihrer potenziellen Kunden als Experte zu positionieren, löst nämlich den zweiten Teil dieses größten Mysteriums. Selbst wenn Sie Ihre Interessentendatenbank regelmäßig pflegen, bewirken diese Impulse wenig, wenn man Ihnen nicht vertraut.

Wenn Sie sich mit dieser Methode im Kopf ihrer potenziellen Kunden als Experte positioniert haben, vertraut man ihnen automatisch mehr.

Stellt sich die Frage, wie machen Sie das am besten und transportieren Ihre Expertenpositionierung zu Ihrem neuen Kontakt? Eine gute Chance dafür haben Sie, wenn der angefragte Kontakt Ihre Anfrage bestätigt hat und Mitglied in Ihrem Netzwerk geworden ist. Bedanken Sie sich für die Kontaktbestätigung mit einer weiteren Nachricht. Diese wird garantiert gelesen, wenn Sie das zeitnah machen. Das findet in Social-Media-Netzwerken noch selten statt. Viele Unternehmer sind der Meinung, dass dies zu zeitaufwändig und nicht notwendig wäre. Sie verschenken eine gewaltige Chance, wenn Sie das nicht tun. Immerhin hat sich der neue Kontakt mit Ihnen beschäftigt, vermutlich Ihr Profil besucht und mit der Kontaktbestätigung ein erstes Mal auch *ja* zu Ihnen gesagt. Dafür bedanken Sie sich zunächst mit einer wertschätzenden Antwort. Gleichzeitig transportieren Sie in dieser Nachricht Ihre Expertenpositionierung. Die Methode dafür ist das *inhaltlich wertvolle Geschenk*.

Ihr inhaltlich wertvolles Geschenk muss folgende Kriterien erfüllen:
- Es muss kostenlos, schnell und massenhaft transportiert werden können.
- Der Inhalt muss erkennbar nützlich sein.
- Der Inhalt muss zum Aufheben motivieren.
- Das Geschenk muss Ihre Expertenpositionierung vermitteln.

Vermutlich überlegen Sie jetzt schon, was Sie dafür verwenden könnten, oder? Sie brauchen dafür nur zwei Dinge. Den Kittel-Brenn-Faktor, den Sie für Ihre Zielgruppe herausgearbeitet haben, und einen Teil Ihres Wissens rund um die Lösungen, die Sie zur Lösung des Kittel-Brenn-Faktors anbieten. Dieses Wissen packen Sie in eine Form, die Sie jedem potenziellen Kunden in der Nachricht nach der Kontaktbestätigung mitsenden können. Das können ein Expertenbrief, ein E-Book, ein Whitepaper, eine Sammlung von Best-Practice-Beispielen mit Checklisten oder ein Fachdokument sein. Als Form bietet sich ein PDF-Dokument an. Es kann aber auch ein spezielles Video sein. Das PDF oder Video stellen Sie im Internet oder auf Ihrer Webseite zum Download oder Ansehen bereit. In der Nachricht versenden Sie dann nur den Link zu Ihrem inhaltlich wertvollen Geschenk. So können Sie es tausendfach und kostenlos transportieren.

Die Form ist nicht das wichtigste. Viel wichtiger ist, dass Ihr neuer Kontakt beim Verarbeiten der Inhalte einen Aha-Effekt nach dem Motto *das habe ich ja nicht gar nicht gewusst* hat. Wenn die Inhalte dann noch einen sofort einsetzbaren Nutzen bieten, haben Sie schon viel erreicht. Perfekt ist Ihr inhaltlich wertvolles Geschenk, wenn es eine schöne Verpackung bekommt. Die Verpackung ist ein neugierig machender Titel und ein professionelles Layout. Wenn Ihr inhaltlich wertvolles Geschenk diese Kriterien erfüllt, folgen Sie damit dem wissenschaftlich belegten Prinzip der Reziprozität das Robert Cialdini in seinem Buch »Die Psychologie des Überzeugens« beschrieben hat.

Damit sind Sie auf äußerst wirkungsvolle Art anders als Ihre Wettbewerber. Denn statt von Ihrem Kunden gleich am Anfang etwas zu wollen, einen Auftrag, sein Geld oder was auch immer, geben Sie etwas Wertvolles. Es ist übrigens nicht wichtig, ob Ihr Kunde diese Inhalte sofort anwenden wird. Es reicht, wenn er erkennt, dass sie wertvoll sind und wie er sie für sich einsetzen kann, wenn er sie denn mal benötigt.

Wenn Sie dieses inhaltlich wertvolle Geschenk dann noch in einer Form zur Verfügung stellen, die es dem Kunden leicht macht, es aufzuheben, wird er es tun. Nach dem Motto: *Hey das ist wichtig, das muss ich mir gut aufheben, für den Fall, dass ich es mal brauche.* Und so bleiben Sie auf eine angenehm andere Art als Experte im Kopf ihrer potenziellen Kunden.

### Tipps zur Gestaltung Ihres Inhaltlich wertvollen Geschenkes

Am einfachsten ist es, Ihr inhaltlich wertvolles Geschenk in der Form eines PDF-Dokumentes zu gestalten. Vielleicht haben Sie im Unternehmen Präsentationen, Broschüren oder ähnliches Material, auf dem Sie aufbauen können. Nehmen Sie aus diesem Material den wertvollen Inhalt, der hilft, den Kittel-Brenn-Faktor Ihrer Kunden zu lösen. Bringen Sie die Inhalte in eine leicht lesbare Form. Sie können zum Beispiel fünf konkrete Tipps zur Lösung des Kittel-Brenn-Faktors herausarbeiten. Texten Sie dann zu jeden Tipp eine DIN-A4-Seite in Schriftgröße 12 bis 14 und einem gut lesbaren Zeilenabstand von 1,5 Zeilen. So besteht Ihr PDF inklusive Titelblatt und einer Seite zur Einführung aus sieben Seiten. Erschlagen Sie Ihren neuen Kontakt nicht mit zu viel Text. Schmücken Sie die einzelnen Seiten mit ein paar passenden Grafiken oder lassen das Layout gleich von einem

Grafiker gestalten. Wenn Sie keinen Kontakt zu einem Grafiker haben, schreiben Sie diesen Auftrag bei www.myhammer.de aus. Dort können Sie nicht nur Handwerker finden, sondern auch alle anderen Dienstleistungen ausschreiben.

### Entwickeln Sie einen neugierig machenden Titel für Ihr Geschenk

Wie wichtig der Titel einer Anzeige oder eines Gruppenartikels ist, haben wir schon besprochen. Für Ihr inhaltlich wertvolles Geschenk gilt das genauso. Die Wirkung des Geschenkes entsteht nur, wenn der Kontakt es auch liest oder ansieht. Der Titel hat dafür eine entscheidende Verantwortung. Hier ein paar Beispiele zur Anregung für einen neugierig machenden Titel:

- Die sieben Todsünden bei der variablen Vergütung Ihrer Mitarbeiter.
- Die fünf besten Tipps für die Auswahl des richtigen Unternehmensberaters.
- Sieben Tipps, um Finanzengpässe im Unternehmen zu vermeiden.
- Diese unbekannten Fakten wird Ihnen Ihr Banker nie verraten.
- Fünf magische Fragen, die Ihre Verkaufsquote drastisch erhöhen.
- Die fünf größten Irrtümer bei Planung der Altersvorsorge.
- Sechs Tipps zur Auswahl des richtigen Handwerkers.
- Die fünf fatalsten Fehler bei der Mitarbeiterführung und wie Sie diese vermeiden.

Mit ein bisschen Kreativität können Sie diese Beispiele an Ihren Bedarf anpassen. Wenn Sie die Inhalte Ihres Geschenkes auf den Kittel-Brenn-Faktor Ihrer Kunden abstimmen, erzielen Sie immer eine hohe Aufmerksamkeit. Sie erinnern sich, der Kittel-Brenn-Faktor hat ein eingebautes Motiv. Ihre Kunden wollen ihn loswerden. Wenn Sie sich mit den Tipps in Ihrem inhaltlich wertvollen Geschenk als Experte für die Lösung des KBF positionieren, sind Sie ein wertvoller Kontakt, den man sich merken muss. Wenn die Tipps in Ihrem Geschenk auch noch konkret und praktisch anwendbar sind, wird Ihr Kontakt das Geschenk lesen und aufheben, selbst wenn er im Moment keine konkrete Verwendung hat.

### Fallbeispiel Ulrike Parthen, www.wortgerecht.de

An folgendem Beispiel erkennen Sie die Struktur und Gestaltung eines guten inhaltlich wertvollen Geschenkes. Frau Parthen ist Werbetexterin. Der Kittel-Brenn-Faktor ihrer Kunden ist, dass diese selbst keine verkaufsstarken Texte schreiben können. Die meisten Texte auf Webseiten, in Broschüren oder auch in Briefen sind langweilig. Nicht jeder kann aber gleich einen Werbetexter dafür beauftragen. Das ist aber genau die Positionierung, die sie vermitteln will. Deswegen gibt sie ihren Kontakten ein inhaltlich wertvolles Geschenk mit dem Titel *Die fünf wertvollsten Geheimtipps für einen verkaufsstarken Werbetext* mit.[23] Nach einem ansprechend gestalteten Titelblatt folgt sofort der erste Tipp. Pro Seite gibt es einen praktischen Tipp zur Entwicklung eines verkaufsstarken Werbetextes.

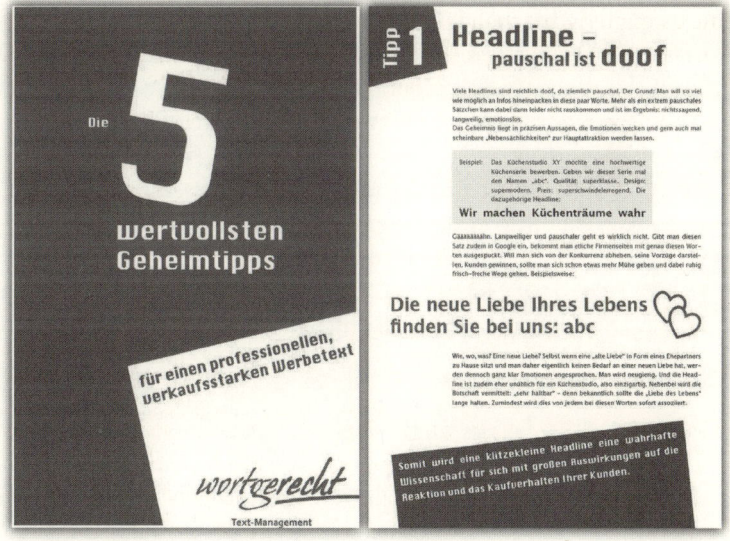

**Abbildung 12:** Titelblatt und erste Seite des Geschenkes von Ulrike Parten

Durch dieses Geschenk in Form eines PDF erkennt der Empfänger, dass Ulrike Parthen eine gute Werbetexterin ist. Was glauben Sie, wen wird der Empfänger dieses Geschenkes wohl um ein Angebot bitten, wenn er selbst keine Werbetexte schreiben will? Klar ist, dass der Leser dieses Geschenkes wirklich gute und praktisch einsetzbare Tipps bekommt, aber deswegen noch lange kein guter Werbetexter

**23** Mit freundlicher Genehmigung von Ulrike Parthen, www.wortgerecht.de

geworden ist. Geben Sie in Ihrem inhaltlich wertvollen Geschenk also wirklich gute Tipps. Bleiben Sie nicht an der Oberfläche und vermitteln keine allgemein bekannten Floskeln. Geben Sie so wertvolle Tipps, dass Sie diese auch gegen Honorar verkaufen könnten. Die Angst, dass Sie Ihren Kontakten damit zu viel geben und selbst gar nicht mehr benötigt werden, ist unbegründet. Selbst wenn der Empfänger dieser fünf Tipps im Moment keinen Bedarf hat, wird er diese wahrscheinlich aufheben. So bleibt Ulrike Parthen dauerhaft als Expertin im Gedächtnis ihrer Kontakte.

Nach dem Motto *Geben ist seliger als Nehmen* geben Sie in den ersten beiden Stufen zuerst etwas, statt Ihre Strategie darauf auszurichten, möglichst viel zu bekommen. Wenn Sie jetzt denken, dass es doch Ihr Ziel sein muss, selbst viel zu bekommen und Gewinn zu machen, ist das grundsätzlich richtig. Nur der direkte Weg dorthin funktioniert in Social-Media-Netzwerken kaum. Der bessere und kürzere Weg, dauerhaft mehr Gewinn zu machen, funktioniert genau anders herum. Gehen wir diesen Weg von *Geben ist seliger als Nehmen* in Gedanken mal Schritt für Schritt durch, damit Sie erkennen, welche Folgen die einzelnen Stationen haben.

| Schritt | Wirkung oder Folge |
| --- | --- |
| Sie bieten bei der Kontaktanbahnung schon eine Weiterempfehlung an. | Ihr neuer Kontakt ist angenehm verwundert. Sie erhalten mehr Aufmerksamkeit und Besucher auf Ihrem Profil. Dadurch wird der gute erste Eindruck verstärkt. Unterschwellig wird auch Ihre Positionierung vermittelt. Die Zahl der Kontaktbestätigungen wächst. |
| Im zweiten Schritt bedanken Sie sich für die Kontaktbestätigung und verschenken etwas Wertvolles, das einen Nutzen für das bietet, was Ihr Kontakt sucht (Lösung des Kittel-Brenn-Faktors). | Ihr Kontakt erfährt Bestätigung. Sie haben mit dem Prinzip »Geben ist seliger als Nehmen« Wort gehalten. Das Vertrauen wächst. |
| Ihr Kontakt setzt die Tipps aus dem Geschenk inhaltlich ein und erfährt so einen Nutzen. | Ihr Kontakt erinnert sich an die Quelle für den Tipp, an Sie. Der Kontakt wird automatisch gepflegt. |
| Ihr Kontakt hebt das Geschenk auf, da es auch zukünftig nützlich sein kann. | Sie bleiben weiter im Gedächtnis. Wird Ihr Kontakt um einen Rat gefragt, könnte er Sie weiterempfehlen. Sie gewinnen neue Kunden. |

| Schritt | Wirkung oder Folge |
| --- | --- |
| Wenn Sie an dieser Stelle dem Kontakt ein thematisch passendes Angebot machen, hat dieser sehr viel mehr Vertrauen in Sie. | Die Erfolgsquote steigt, Sie gewinnen leichter und mehr Aufträge. |

**Tabelle 14:** Die Wirkung von Geben und Nehmen

Sie können am Ende Ihres inhaltlich wertvollen Geschenkes auch ein passendes unwiderstehliches Angebot platzieren. Das könnte ein preisreduziertes Sonderangebot oder ein exklusives Angebot mit Zusatzleistungen sein. Ulrike Parthen hat in einem weiteren inhaltlich wertvollen Geschenk auf der letzten Seite einen Werbebrieftausch angeboten.

**Abbildung 13:** Unwiderstehliches Angebot Ulrike Parthen

Der Unterschied in der Wirkung und der Erfolgsquote ist, dass Ihr Kontakt zunächst etwas Wertvolles erhalten hat. Das transportiert die Expertenpositionierung und ist keine klassische Werbung. Erst danach wird das Angebot als Werbebrieftausch offeriert. Wenn sie das Angebot gleich zu Beginn der Kontaktaufnahme offeriert, würde es deutlich weniger Wirkung zeigen.

Wenn die Tipps, die Sie im inhaltlich wertvollen Geschenk vermitteln, sehr komplex sind, sollten Sie diese statt in einem PDF in Form eines Videos transportieren. So schenke ich meinen neuen Kontakten in XING ein Videoseminar zur zeitsparenden Nutzung von XING. Es erläutert in ungefähr 40 Minuten die wichtigsten Funktionen in diesem Netzwerk. So müssen meine Kontakte nicht lange suchen und sparen Zeit. Unterschwellig wird meine Fachkompetenz zum Thema XING vermittelt. Ein Beispiel dazu finden Sie unter diesem Link: http://Kundengewinnungscoach.de/buch.htm.

Insbesondere, wenn Ihre Angebote der Vorführung bedürfen oder stark erklärungsbedürftig sind, ist ein Video als inhaltlich wertvolles Geschenk das Mittel der Wahl.

### Textbeispiel für den Transport Ihres Geschenkes

Mit der Nachricht zur Kontaktbestätigung transportieren Sie Ihr Geschenk und verstärken Ihre Positionierung. Gleichzeitig unterstreichen Sie nochmals das besondere Prinzip von *Geben ist seliger als Nehmen*.

Anrede
vielen Dank für die Ihre Kontaktbestätigung und herzlich willkommen in meinem Netzwerk. Ich habe ein kleines Willkommensgeschenk für Sie. Richtig eingesetzt kann es etwas Wertvolles für Sie bringen: ZEIT.
Haben Sie sich auch schon ab und zu gefragt, wo Sie hier in XING die gewünschten Funktionen und Einstellungen finden? Wie Sie beispielsweise Ihre XING-Startseite einstellen, um nur die wichtigen Informationen zu lesen?
Diese und viele andere Antworten habe ich in einem kurzen kostenfreien Videoseminar zusammengefasst.
Ich schenke es Ihnen. Einfach anmelden unter: ...
Falls Sie in meinem Netzwerk einen Kontakt finden, der für Sie wertvoll ist, stelle ich Sie diesem Kontakt gerne vor.

Beste Grüße
...

P.S. Wenn Sie Unterstützung im Bereich ... benötigen, helfe ich gern. Rufen Sie einfach an: 0123/456789

Dieser Text löst in Verbindung mit einem guten inhaltlich wertvollen Geschenk sicher einen echten Wow-Effekt aus. Sie verblüffen oder begeistern Ihre Kontakte. Das ist die Grundlage für eine leichte und zeitsparende Pflege, wie wir sie uns im dritten Schritt anschauen werden. Wenn Sie jetzt einen neuen Bezug zur Nutzung von Social-Media-Netzwerken gefunden haben, dann werden Sie viel Spaß und Erfolg ernten. Wenn Ihre Denkweise überwiegend davon geprägt ist, dass Sie Ihre Netzwerkkontakte bei Bedarf mit Empfehlungen und Ihren eigenen Netzwerken unterstützen, dann werden Sie selbst auch viel Unterstützung erfahren.

Wenn Sie die Kontakte zielgruppengerecht aufbauen und die Tipps aus dem ersten Schritt berücksichtigen, sollten mindestens 20 Prozent der angefragten Kontakte Ihre Anfrage bestätigen. Sie können diese Erfolgsquote dadurch steigern, dass Sie das inhaltlich wertvolle Geschenk schon im Text der Kontaktanfrage andeuten und dadurch ein zusätzliches Motiv schaffen. Je besser das Motiv und die Texte zu den Kontakten passen, desto höher die Quote der Kontaktbestätigungen. Die Quoten bewegen sich üblicherweise im Bereich von 20 bis 60 Prozent.

### Ihr inhaltlich wertvolles Geschenk in Facebook

Wenn Sie in Facebook neue Kontakte mittels Werbeanzeigen oder Weiterempfehlungen gewinnen, können Sie diese kaum so direkt kontaktieren, wie wir das hier am Beispiel von XING oder LinkedIn beschrieben haben. In Facebook können Sie Ihr inhaltlich wertvolles Geschenk über Ihre Unternehmensseite (Fanpage) auf einem Tab, also einer Unterseite präsentieren.

**Abbildung 14:** So platzieren Sie Ihr Geschenk auf einer Fanpage

Wählen Sie für diesen Tab, über dem die Kontakte Ihrer Fanpage das Geschenk erhalten, eine auffallende Farbe, eine neugierig machende Grafik und eine gute Bezeichnung (Geschenk, kostenlos, 5 Tipps) aus. Das lenkt die Aufmerksamkeit dorthin. Leider dürfen Sie in der Kopfgrafik nicht werblich auf diesen Tab hinweisen (Stand 07/2013). Diese Unterseite können Sie so gestalten, dass Ihr neuer Kontakt das Geschenk dort sofort ansehen kann. Etwas cleverer handeln Sie, wenn Sie das Geschenk auf der Unterseite gut präsentieren, Neugier erzeugen und dann die Auslieferung per E-Mail anbieten. Dazu muss sich der Kontakt in den Verteiler Ihres Newsletters eintragen. Die meisten Systeme für den Newsletter-Versand bieten mit einem Autoresponder eine automatische Versendung an. So wird das Geschenk automatisch an jeden neuen Kontakt, der sich auf Ihrer Fanpage eingetragen hat, verschickt. Dafür passen Sie den Beispieltext etwas an. Über den Newsletter können Sie Ihre Kontakte dann auch leichter pflegen.

### Ihr Netzwerkaufbauplan

Wie setzen Sie diese Methode nun erfolgreich in Ihrer Kundengewinnungspraxis ein? Wie Sie schon wissen, ist es Ihr Ziel, sich ein großes Netzwerk an passenden Zielgruppenkontakten aufzubauen. Entsprechend gepflegt, wird dieses Netzwerk zu einer Quelle an regelmäßig sprudelnden Aufträgen. Es lohnt sich also, ein bisschen Zeit dafür zu investieren. So ein Netzwerk baut sich aber nicht in vier Wochen auf. Wenn Ihnen der Weg zu einem großen Netzwerk wie eine ewig währende Reise vorkommt, hilft Ihnen der Netzwerkaufbauplan zur Orientierung. Nach dem Motto *Auch die längste Reise beginnt mit einem kleinen Schritt* legen Sie fest, wie viele neue Kontakte Sie pro Tag selektieren und Ihnen Kontaktanfragen stellen können. Wenn Sie sich etwas eingearbeitet haben, brauchen Sie für jede Kontaktanfrage kaum mehr als eine Minute. Investieren Sie jeden Tag 20 bis 30 Minuten, haben Sie in der Variante eins nach 12 Monaten bereits 1 200 Zielgruppenkontakte in Ihrem Netzwerk. Die Beispiele in der Tabelle basieren auf 300 Tagen, die Sie pro Jahr für den Kontaktaufbau einsetzen können. Diese Kontakte schätzen Ihre besondere Art und kennen Ihre Positionierung. Vielleicht reicht das schon, um den Strom an neuen Aufträgen in Gang zu setzen. Wenn Ihre Zielgruppe größer ist oder Sie mehr Kontakte benötigen, dann setzen Sie einfach etwas mehr Zeit ein. Wenn Sie dann noch so lange an den Stellschrauben für die Kontaktbestätigungsquote schrauben, bis Sie das Optimum erreicht haben, können Sie nach 12 Monaten sogar 7 500 Kontakte in Ihrem Netzwerk haben.

| Beispiel: Variante 1 | | Beispiel: Variante 2 | |
|---|---|---|---|
| Anzahl neue Kontaktanfragen pro Tag | 20 | Anzahl neue Kontaktanfragen pro Tag | 50 |
| Kontaktbestätigungsquote | 20% | Kontaktbestätigungsquote | 50% |
| Neue Kontakte pro Tag | 4 | Neue Kontakte pro Tag | 25 |
| Netzwerk nach 12 Monaten | 1200 | Netzwerk nach 12 Monaten | 7500 |

**Tabelle 15:** Netzwerkaufbauplan

Vielleicht stellen Sie sich die Frage, wie groß Ihr Netzwerk sein muss. Das lässt sich leider nicht pauschal beantworten und hängt sehr stark von der Zielgruppe und Ihren Angeboten ab. Bauen Sie einfach so lange weiter neue Kontakte für Ihr Netzwerk auf, bis regelmäßig genügend neue Aufträge aus dieser Quelle sprudeln. Überlegen Sie doch mal, was es bedeutet, wenn Sie beispielsweise in XING 70 Prozent aller Kontakte aus Ihrer Zielgruppe in Ihrem Netzwerk haben. Alle Kontakte hatten einen sehr angenehmen ersten Eindruck, sind durch Ihre Art der Kontaktanfrage positiv verblüfft und haben einen ersten Nutzen durch Ihr inhaltlich wertvolles Geschenk erhalten. Können Sie sich vorstellen, dass sich dadurch auch Ihre allgemeine Bekanntheit in der Zielgruppe positiv verändert?

**Powertipp:** Versehen Sie Ihre Kontakte von Beginn an mit sinnvollen Kennzeichen. So können Sie später zielgruppengerecht mit diesen Kontakten arbeiten. In vielen Social-Media-Netzwerken gibt es dafür die Möglichkeit, Ihre Kontakte in Listen, Kreisen oder mit Kategorien zu organisieren. In XING haben Sie beispielsweise den Vorteil, dass Sie mit einem Mausklick alle Kontakte, die zu einer Kategorie gehören, zu einem Event einladen können. Sinnvolle Kategorien, können regionale, fachliche oder zielgruppenspezifische Aspekte sein. Wenn Sie beispielsweise Personalberater sind und Ihre Zielgruppe sind Personalleiter, dann macht es Sinn, jedem neuen Kontakt, der Personalleiter ist, diese Kategorie zu vergeben. Möglicherweise macht es auch Sinn weitere Kategorien, zum Beispiel regionale Zuordnungen, zu vergeben. So könnten Sie dann sehr spezifisch alle Personalleiter aus einem Gebiet zu einem regionalen Event einladen.

Möglicherweise fragen Sie sich auch, wie Sie ein so großes Netzwerk von 7500 Kontakten pflegen. Das schauen wir uns nun an.

### 3. Stufe: Pflege und Stärkung des Vertrauens

Neben vielen passenden Kontakten, die Sie in Social-Media-Netzwerken finden, bieten diese Netzwerke einen weiteren Vorteil. Es ist hier leichter viele Kontakte zu pflegen. Speziell dann, wenn Sie in Schritt eins und zwei alles richtig gemacht haben, müssen Sie deutlich weniger Zeit in die Pflege investieren. Während herkömmliche Systeme zur Pflege Ihrer Kontakte jetzt erst stufenweise beginnen, Vertrauen zu schaffen, haben Sie das bereits in der Stufe eins und zwei erreicht. Sie müssen mit der Pflege nur noch im Gedächtnis bleiben und das Vertrauen geringfügig ausbauen. Das macht die Pflege viel leichter und spart Zeit. Wenn Ihre Kontakte Bedarf bekommen, werden diese sich von allein bei Ihnen melden. Je größer das Netzwerk ist, desto mehr dieser Anfragen bekommen Sie. Kein Angst, Sie sind aber nicht zur passiven Untätigkeit verdammt. In der Stufe vier zeige ich Ihnen, wie Sie aus Ihrem Netzwerk aktiv neue Aufträge gewinnen. Schauen wir uns nun die Möglichkeiten der Pflege Ihres Netzwerkes an.

#### Pflege über Statusmeldungen und interessante Informationen

Ihre Kontakte wissen über Ihr Profil und das inhaltlich wertvolle Geschenk von Beginn an, für welchen Bereich Sie Experte sind. Sind Sie in weiteren Bereichen Experte, können Sie Ihr Netzwerk im Rahmen der Pflege darüber informieren. Haben Sie weitere Themen, die sich für ein zusätzliches inhaltlich wertvolles Geschenk eignen? Dann entwickeln Sie ein paar weitere Geschenke und senden diese alle ein bis zwei Monate an Ihre Kontakte. In jedem Social-Media-Netzwerk gibt es Möglichkeiten, seine Kontakte zu informieren. Auf Ihrer Fanpage in Facebook können Sie in sinnvollen Abständen fachlich relevante Tipps veröffentlichen. Sie können auf neue Inhalte in Ihrem Blog oder Ihrer Webseite hinweisen. Diese Inhalte werden Ihren Kontakten als Neuigkeiten aus Ihrem Netz angezeigt. Je öfter und intensiver die Kontakte mit Ihrer Fanpage interagieren, desto prominenter werden Ihre Meldungen im Netzwerk der Kontakte angezeigt. Achten Sie also immer darauf, dass diese Informationen inhaltlich relevant sind und idealerweise sogar einen Nutzen haben. So werden Sie zu einem begehrten Sender von Informationen. Ihre Kontakte gewöhnen sich daran, dass die Neuigkeiten von Ihnen nützlich oder wenigstens interessant sind. Halten Sie sich mit Werbung zurück. Veröffentlichen Sie Werbung nur im Verhältnis 90 Prozent fachlich relevante und nützliche News und 10 Prozent Werbung. Insbesondere Facebook können Sie aber auch dafür nutzen, um über ein paar persönliche Dinge zu berichten, die üblicherweise nicht in die klassische Marketingkommunikation hineinpassen. Menschen interessieren sich für Menschen. Speziell, wenn Ihnen witzige oder kuriose Dinge passiert sind, könnten Sie ab und zu darüber berichten. Das macht Sie als Person greifbarer und rundet, wie eine Prise Salz in der Suppe, das gute Bild über Sie ab.

Berichten Sie aber vor allem über fachlich relevante Dinge, die Ihre Kontakte auch interessieren. Wenn Sie sich als Sender der aktuellsten Neuigkeiten aus Ihrer Branche etablieren, gewinnen Sie zusätzlich an Kompetenz. Viele dieser Informationen sind zwar im Internet verfügbar, aber wer hat schon die Zeit täglich Tausende Meldungen zu lesen? Selektieren Sie die wichtigsten Meldungen heraus und veröffentlichen diese in sinnvollen Abständen in Ihrem Netzwerk. Die Suchmaschine Google bietet dafür einen kostenlosen Dienst an. Unter www.google.de/alerts können Sie nach Suchbegriffen eine automatische Information beauftragen. Google schickt Ihnen dann täglich, wöchentlich oder sofort bei Veröffentlichung eine E-Mail mit allen gefundenen Meldungen, die zu dem Suchbegriff passen.

In XING können Sie über die Funktion *Neuigkeiten* Meldungen in Ihr Netzwerk posten. In LinkedIn heißt diese Funktion *Update*. Die Meldungen werden Ihren Kontakten als Newsmeldung angezeigt. Hat ein Kontakt allerdings noch viele andere Kontakte in seinem Netzwerk und posten diese auch regelmäßig Neuigkeiten, kann Ihre Meldung schnell untergehen. Wenn die überwiegende Anzahl Ihrer Kontakte selbst wiederum viele Kontakte hat, sollten Sie lieber etwas öfter eine neue und relevante Meldung veröffentlichen, um nicht unterzugehen. Dieses Problem können Sie dadurch minimieren, dass Sie Ihr erstes inhaltlich wertvolles Geschenk nicht direkt versenden, sondern es gegen Eintrag der E-Mail-Adresse in Ihrem Newsletter-Verteiler verschenken. So können Sie die Informationen direkt per Newsletter in das Postfach Ihrer Kontakte schicken. Penetrieren Sie aber die Postfächer Ihrer Kontakte nicht ständig. Ein guter Weg ist die monatliche Zusammenfassung der fünf wichtigsten, relevantesten und nützlichsten Meldungen in einem Newsletter. Qualität geht vor Quantität.

Je besser Ihre Veröffentlichungen sind, desto höher die Wahrscheinlichkeit, dass diese auch weiter empfohlen werden. Auch dafür gibt es in jedem Social-Media-Netzwerk Funktionen. Die bekanntesten sind die Funktionen *gefällt mir* und *teilen* in Facebook. Hier werden jeden Tag weltweit über 2,7 Milliarden Empfehlungen in Form des Klicks auf den *gefällt mir*-Button ausgesprochen. Klickt einer Ihrer Kontakte auf diese Funktion, wird das wiederum seinen Kontakten in seinem Netzwerk angezeigt. Ihre Reichweite lässt sich so erheblich steigern

### Ideen für Ihre Newsmeldungen

- Neue Technologien in Ihrer Branche
- Fallbeispiele und Best-Practice-Erfahrungen
- Tippsammlungen
- Weitere inhaltlich wertvolle Geschenke
- News aus der Branche
- Produkt-Unternehmensnews
- News aus Ihrem Unternehmen
- Probleme in der Branche
- Neue Referenzen

### Pflege über das Monitoring

Im Kapitel zum Kontaktaufbau haben Sie die Powersuche in XING kennengelernt. Sie zeigt unter anderem aktuelle Veränderungen in Ihrem Netzwerk an. Diese können Sie zum Anlass nehmen, um die einzelnen Kontakte zu pflegen. Sie können zum Karriereschritt oder zum neuen Job gratulieren oder die Veränderungen in geeigneter Art kommentieren oder sogar einen passenden Tipp aussprechen.

Auch Ihnen werden ja die News Ihrer Kontakte angezeigt, schauen Sie diese in sinnvollen Abständen an. Auch diese bieten immer mal wieder eine gute Gelegenheit, direkt darauf zu reagieren und sich so in Erinnerung zu bringen.

### Gratulationen zum Geburtstag

Viele Social-Media-Netzwerke bieten eine Erinnerungsfunktion für die Geburtstage Ihrer Netzwerkkontakte an. Schauen Sie diese täglich an und gratulieren Sie mit einem persönlichen und herzlichen Text, der zu den Kontakten passt. So können Sie sich einmal im Jahr auch auf der persönlichen Ebene angenehm anders von den anderen abheben.

### Pflege der Kontakte über eine eigene Fachgruppe

In vielen Social-Media-Netzwerken können Sie als Mitglied eine eigene Gruppe gründen. Als Gründer und Moderator Ihrer eigenen Gruppe bestimmen Sie, wer dort Mitglied werden darf und über welche Themenbereiche in der Gruppe diskutiert wird. Die Gründung einer eigenen Gruppe ist eine hervorragende Möglichkeit, sehr viele Kontakte zu pflegen. Wenn Sie alle neuen Kontakte Ihres Netzwerkes mit der Kontaktbestätigung zusätzlich in Ihre Gruppe einladen, können Sie dort Fachartikel und wertvollen Tipps veröffentlichen. In XING haben Sie, aus Gründen der Spamvermeidungspolitik der XING AG, keine Möglichkeit, mit einem Newsletter alle Kontakte direkt zu erreichen. In einer Gruppe geht das. Als Moderator dürfen Sie per Newsletter gruppenrelevante Themen an alle Mitglieder senden. Sie können Ihren Kontakten so ein Diskussions- oder Austauschforum schaffen. Als Gründer einer Gruppe in XING bestimmen Sie die Einstellungen der Gruppe. Ist die Gruppe nicht öffentlich, schaffen Sie so Ihren Gruppenmitgliedern einen geschützten Raum für den Austausch. Genauso können Sie die Gruppe so einstellen, dass neue Mitglieder einen Antrag auf Aufnahme stellen müssen, den Sie als Moderator genehmigen oder ablehnen. So können Sie eine zielgruppenhomogene Gruppe aufbauen. Andererseits können Sie die Gruppe aber öffentlich gestalten. Füllen Sie diese regelmäßig mit interessanten und nützlichen Inhalten, werden viele andere Mitglieder des Netzwerkes Mitglied werden wollen. Eine eigene Gruppe kann also einerseits als Sammelbecken für Ihre zu pflegenden Kontakte dienen. Andererseits ist sie, entsprechend eingerichtet, auch ein sehr gutes Instrument, um neue Zielgruppenkontakte zu gewinnen. Der Moderator einer Gruppe genießt in den Augen der Mitglieder automatisch eine etwas höhere Kompetenz.

### Tipps zur Gründung einer eigenen Gruppe

Geben Sie der Gruppe einen aussagekräftigen Namen, der neugierig macht. Eine meiner Gruppen in XING trägt den Namen *1000 Tipps zur Umsatzsteigerung und Kundengewinnung*. Jedem ist sofort klar, worum es in der Gruppe geht und was der Nutzen ist. Gruppen, die eine Zahl zu Beginn des Namens tragen, werden in der alphabetischen Auflistung am Anfang angezeigt und fallen so mehr auf.

In XING können Sie die Startseite der Gruppe, die Nichtmitgliedern angezeigt wird, mit passenden Inhalten und Grafiken gestalten. Vermitteln Sie über die Gestaltung der Startseite den Nutzen aus einer Mitgliedschaft. So überzeugen Sie Kontakte schneller, in der Gruppe Mitglied zu werden.

### 4. Stufe: Niedrigschwelliges Angebot

Wenn Sie Ihr Netzwerk mit passenden Zielgruppenkontakten aufgebaut, ein gutes inhaltlich wertvolles Geschenk verschickt und diese regelmäßig gepflegt haben, dann vertrauen Ihnen diese Kontakte. Im Laufe der Zeit werden Sie zu einem bekannten und anerkannten Experten auf Ihrem Gebiet. Nach dem Motto *Geben ist seliger als Nehmen*, haben Sie im Laufe der Zeit mit wertvollen Tipps einiges für Ihre Kontakte getan. Auf dieser Basis sind Ihre Kontakte jetzt auch eher bereit, etwas für Sie zu tun, sich zum Beispiel Ihre Angebote genauer anzusehen. In dieser vierten Stufe sorgen Sie jetzt dafür, dass aus Ihrem gut gepflegten Netzwerk regelmäßig neue Aufträge und Kunden entstehen. In der vierten Stufe machen Sie es Ihren Kontakten leicht, den nächsten Schritt zu gehen. Dafür entwickeln Sie eine Brücke, über die Ihr Kontakt gern zu Ihnen gehen will. Diese Brücke ist das niedrigschwellige Angebot.

Entwickeln Sie ein attraktives Angebot, das sich auf die Lösung des Kittel-Brenn-Faktors Ihrer Kontakte bezieht. Auf Basis des aufgebauten Vertrauens, werden Ihre Kontakte dieser Offerte mehr Aufmerksamkeit schenken. Je nach Struktur und Art Ihrer Angebote kann ein niedrigschwelliges Angebot eines dieser Dinge sein:

- Teilnahme an einer Hausmesse
- Einladung zu einer Präsentation
- Kostenfreie Erstberatung
- Testangebot
- Preisreduziertes Sonderangebot
- Kostenfreie Analyse
- Teilnahme an einem kostenfreien Webinar

Achten Sie bei der Entwicklung dieses attraktiven Angebotes auf einen einfachen Zugang. Machen Sie es Ihren Kontakten leicht, das Angebot annehmen zu können. Wenn Sie beispielsweise auf einer Hausmesse die Lösung eines Kittel-Brenn-Faktors präsentieren, dann laden Sie die Kontakte aus Ihrer näheren Umgebung ein. Wollen Sie eine kostenfreie Erstberatung durchführen? Dann bieten Sie dem Kontakt an, ihn zu besuchen. Vielleicht können Sie die kostenfreie Erstberatung aber auch über das Telefon oder via Internetkonferenz durchführen. So könnte die in unserem Beispiel beschriebene Werbeagentur ihren Kontakten anbieten, die Webseite des Rechtsanwaltes kostenfrei zu analysieren und in einem Telefonat die Ergebnisse zu präsentieren. Wenn der Rechtsanwalt durch diese Analyse erkennt, dass ein Bedarf zur Optimierung der Webseite besteht, hat diese Werbeagentur beste Chancen, einen Auftrag zu bekommen.

Mit einem möglichen Vorurteil möchte ich an dieser Stelle noch aufräumen. Denken Sie, dass der beschriebene vierstufige Weg zu einem Auftrag ziemlich mühevoll oder lang ist? Stellen Sie sich die Frage, ob es nicht schneller oder einfacher geht? Schließlich könnte die Werbeagentur doch mit einer Suche in Google direkt alle Seiten der Rechtsanwälte und anderer potenzieller Kunden recherchieren. Im Impressum findet man die Kontaktdaten. Man könnte also dort anrufen oder eine E-Mail an den potenziellen Kunden senden und auf die Defizite der Webseite hinweisen. Das würde doch schneller gehen, als die mühsame, stufenweise Vorgehensweise, oder?

Das erste Problem dieser Vorgehensweise ist, dass Sie vermutlich gegen bestehende Gesetze verstoßen. Die werbliche Kontaktaufnahme ohne die Einwilligung des Empfängers ist in den meisten Fällen weder per Telefon noch per E-Mail gestattet. Selbst wenn Ihnen auf diesem Weg einige Kontakte etwas Aufmerksamkeit schenken würden, fehlt das für die Auftragsgewinnung entscheidende Bindeglied: Vertrauen. Nur in den seltensten Fällen ist es möglich, in einem ersten Telefonat so viel Vertrauen aufzubauen, dass der Gesprächspartner bereit für den nächsten Schritt ist. Oftmals fehlt schon die Bereitschaft, sich überhaupt ein unverbindliches Angebot erstellen zu lassen. Es ist ein sehr weit verbreiteter Fehler anzunehmen, dass kostenfreie Angebote nicht verkauft werden müssen. Jeder Kunde weiß, welchen Zweck ein Angebot hat. Sie wollen einen Kunden gewinnen. Dazu bedarf es Vertrauen. Ein Angebot allein, kann das nötige Vertrauen kaum erzeugen. Deswegen müssten Sie in dieser direkten Vorgehensweise mit sehr vielen Ablehnungen rechnen. Das macht wenig Spaß und würde Sie sicher sehr schnell aufgeben lassen. Wenn Sie also keine Lust auf die sogenannte Kaltakquise haben, dann nutzen Sie den stufenweisen Vertrauensaufbau. Das ist für Sie und Ihre Kontakte angenehmer. Entscheidungen zu treffen, fällt vielen Menschen schwer. Auch eine Kaufentscheidung ist mit Risiken behaftet. *Wird der Anbieter Wort halten, werden die zugesagten Vorteile auch eintreten*, so oder ähnlich denken Ihre Kontakte. Für eine Entscheidung ist deswegen vor allem Sicherheit wichtig. Vertrauen ist dafür die wichtigste Grundlage.

### Webinare zur Kundengewinnung

Der wesentliche Zweck des niedrigschwelligen Angebotes ist, den Kontakt als Kunde zu gewinnen. Meistens benötigt Ihr Kunde dafür lediglich noch ein paar Informationen. Er muss erkennen, dass er Bedarf hat und Sie diesen Bedarf befriedigen können. Bisher haben Sie diese Informationen in einem Gespräch, einer Präsentation oder auf einer Messe vermittelt. Was spricht dagegen, diese Informationen über eine Präsentation im Internet zu vermitteln? Nahezu alles, was Sie in einer persönlichen Präsentation an Informationen übermitteln, können Sie auch über eine Präsentation im Internet transportieren. Der Begriff Webinar stammt ursprünglich aus der Weiterbildungsbranche. Er setzt sich aus dem Wort *Web* für Internet und dem Wort *Seminar* zusammen. Ein Webinar ist also die Vermittlung von Informationen über das Internet. Noch vor wenigen Jahren war das allerdings auf die Bereitstellung von reinen Text- und Audioinformationen beschränkt und oft ziemlich langweilig. Die rasante Entwicklung der Technik und die nahezu flächendeckende Verbreitung von schnellen Internetanschlüssen eröffnen ungeahnte Möglichkeiten. Heute können Sie, ähnlich einer Fernsehsendung, in einem Webinar gleichzeitig live Video- und Audioinformationen in Verbindung mit einer Präsentation übertragen. Es gibt sogar schon Möglichkeiten, die Zuschauer live einzubinden und deren Fragen zu beantworten. Die technischen Voraussetzungen auf der Seite der Teilnehmer eines Webinars sind überall bereits vorhanden. Lediglich ein Computer mit Internetanschluss und Lautsprecher für den Empfang des Tons sind notwendig. Fragen der Teilnehmer können während des Webinars im

Live-Chat gestellt werden. Verfügt der Teilnehmer über ein angeschlossenes Mikrofon oder eine Webcam, kann er optional sogar live zum Webinar dazu geschaltet werden. Fragen können dann, ähnlich einer persönlichen Präsentation, durch die anwesenden Gäste im Webinar gestellt werden.

Die auf der Anbieterseite notwendige Technik bedarf keines großen Investments. Neben einem modernen Computer und einem schnellen Internetanschluss benötigen Sie als Mindestausrüstung eine gute Webcam und ein Mikrofon. Beides zusammen ist bereits ab 150 Euro zu haben. Wenn Sie zur Kundengewinnung im Wesentlichen Informationen übertragen müssen, sind Webinare sehr gut geeignet, um ein niedrigschwelliges Angebot zu entwickeln und zu transportieren.

### Vorteile von gut gemachten Webinaren

Statt Ihre Angebote und Lösungen immer nur einer Person gegenüber zu präsentieren, können Sie den Nutzen mehreren Hundert Personen gleichzeitig vorstellen. Sie müssen selbst für die Präsentation nicht reisen. Ein konkurrenzloser Effizienzgewinn.

Die Hürde für die Teilnahme an einem kostenfreien Webinar ist niedrig. Die Teilnehmer müssen, im Vergleich zu klassischen Präsentationsmöglichkeiten wie Messen Kongressen, nicht anreisen und sparen so Zeit und Geld. Das Medium Webinar ist in vielen Zielgruppen noch neu. Die Neugier motiviert. Dadurch steigt die Bereitschaft zur Teilnahme. Zusätzlich gewinnen Sie Interessenten, die keine Zeit für den Besuch einer klassischen Präsentation haben.

Ist ein Webinar einmal fertig entwickelt, können Sie es mit kleinem Aufwand sehr oft wiederholen. Im Vergleich zur Organisation eines Messeauftritts sind die Kosten für ein Webinar verschwindend gering. Ein Webinar können Sie beliebig oft wiederholen. Sie können es auch aufzeichnen und den Teilnehmern zur Verfügung stellen. So wirken Ihre Präsentationen länger nach.

Ihre Teilnehmer können sich ein besseres Bild über Sie, Ihre Angebote, die Einsatzmöglichkeiten und ihre Vorteile machen. Damit schaffen Sie eine wichtige Grundlage für eine Kaufentscheidung. Bieten Sie am Ende der Präsentation über Ihr Webinar ein passendes Angebot an, gewinnen Sie über das Webinar direkt neue Kunden oder Aufträge.

Wenn Ihre Angebote nicht für den direkten Verkauf über ein Webinar geeignet sind, können Sie alternativ das ernsthafte Interesse herausfiltern. Bieten Sie den Teilnehmern Ihres Webinars am Ende die Möglichkeit an, einen persönlichen Beratungstermin zu vereinbaren. Sie oder Ihre Mitarbeiter fahren dann nur noch zu bereits vorinformierten und damit qualifizierten Kontakten. Die Erfolgsquote von persönlichen Präsentationen vor diesen Kontakten ist um ein Vielfaches höher. Teure Reisezeit wird minimiert. Sie erzielen bessere Ergebnisse in kürzerer Zeit.

### Nachteile einer Webinarpräsentation

Wo Licht ist, finden Sie auch Schatten. Bei allen Vorteilen müssen Sie die Nachteile kennen und berücksichtigen. Das Webinar ist abhängig von dem Funktionieren der Technik. Fällt in einem Vortrag auf einem Kongress das Mikrofon aus, können Sie das vielleicht noch durch etwas lauteres Sprechen kompensieren. Fällt in einem Webinar die Internetverbindung aus, ist gar nichts mehr zu sehen und zu hören.

Ist das Webinar langweilig und sind die Inhalte wertlos, sind die Teilnehmer schneller wieder weg. Auf einem Kongress ist die Hürde, den Raum zu verlassen immer noch etwas höher. Der Vorteil der hohen Reichweite eines Webinars mutiert dann zum größten Nachteil. Den langweiligen Vortrag auf einem Kongress sehen vielleicht nur 50 Teilnehmer. Haben Sie in einem Webinar 500 Teilnehmer, bekommen sehr viel mehr potenzielle Kunden einen schlechten Eindruck von Ihnen.

In einem Webinar kann der Teilnehmer Ihre Produkte nicht anfassen, probieren, kosten oder riechen. Ist das für den Verkauf Ihrer Produkte und damit für die Kundengewinnung unverzichtbar, sind Webinare kaum geeignet. Aber selbst in diesem Fall könnten Sie prüfen, ob allgemeine Informationen über das Webinar vermittelbar sind. Interessierte Teilnehmer können danach Ihr Geschäft besuchen oder einen Besuchstermin vereinbaren. Über die heute zur Verfügung stehende Technologie ist es möglich, Ihre Produkte über das Internet ähnlich professionell zu präsentieren wie in einer Sendung eines Shoppingkanals im Fernsehen.

Einer der Hauptnachteile für Sie als Anbieter ist die Tatsache, dass Webinare für Sie vermutlich neu sind. Sie haben keine Erfahrungen damit. Vielleicht fehlen Ihnen auch die Ideen für passende Inhalte.

Lösen Sie sich von den altbackenen Vorstellungen und Denkweisen. Die folgenden Ideen mögen ein bisschen überzogen oder unrealistisch klingen. Sie sind mit Absicht so gewählt, um Ihren Denkhorizont zu erweitern. Nicht alle Ideen sollen so umgesetzt werden. Aber vielleicht regen diese Ideen zum Nachdenken an, und Sie können daraus eine gute Idee für ein eigenes Webinar entwickeln.

### Sammlung der verrückten Webinarideen

Ein Konditormeister könnte jeden Monat ein Webinar zur Vorstellung eines besonderen Rezeptes machen. Er würde sich so in den Köpfen seiner Zielgruppe als der beste Experte für die leckersten Torten der Stadt etablieren. In jedem Webinar könnte er die Teilnehmer bitten, das nächste Webinar in deren Social-Media-Netzwerken zu empfehlen. Am Ende des Webinars bietet der Konditor die Zusendung des Rezeptes gegen Eintrag der E-Mail-Adresse auf seiner Webseite an. So kann er per Newsletter zum nächsten Webinar einladen. Regelmäßig könnte er Sonderthemen in seinen Webinaren präsentieren: Welche Hochzeitstorten gibt es, wie kann man eine Torte als Geschenk personalisieren. Die so ständig zunehmende Bekanntheit wird ihm sicher neue Kunden in seinem Geschäft bringen.

Ähnlich wie der Konditormeister könnte auch ein Restaurant oder Feinkostgeschäft vergleichbare Tipps geben. Ein Haushaltswarenladen könnte Tipps für den Sonntagsbraten geben und somit unterschwellig auf neue Produkte hinweisen.

Eine Herrenboutique könnte in sinnvollen Abständen Tipps zum modernen Styling für Männer geben. Welche Krawatte passt zu welchem Hemd? Was ist gerade angesagt und welche Farbe trägt man heute nicht mehr?

Ein Heilpraktiker könnte saisonal bedingte Tipps zu Vorbeugung von Krankheiten geben: *Fit durch die kalte Jahreszeit, so geht es*, wäre ein passendes Thema für ein Webinar im September.

Ein Fahrradgeschäft könnte über Webinare Tipps für passende Fahrradreisen oder Tagesausflüge, sortiert nach verschiedenen Themen, Schwierigkeitsgraden und Ausflugsgebieten, geben.

Diese Webinare können Sie dann regelmäßig Ihren Kontakten in den passenden Social-Media-Netzwerken kostenfrei anbieten. Wenn Ihre Kontakte ein paarmal daran teilgenommen und die nützlichen Tipps erlebt haben, sind sie sicher bereit, die nächsten Webinare auch in ihren Social-Media-Netzwerken zu empfehlen. Die wichtigste Grundlage dafür ist, dass Ihre Webinare eine hohe Qualität aufweisen und wirklich nützliche Tipps vermittelt werden. Bieten Sie wertvolle, nützliche Inhalte und vermitteln Sie diese auf angenehme, motivierende Art.

### Dramaturgie und Gestaltung eines guten Webinars

Haben Sie schon mal einen spannenden Film gesehen und sich am Ende des Films gefragt, wie schnell doch die 90 Minuten vergangen sind? Die gute Dramaturgie dieses Films hat Sie gefesselt, es wurde nie langweilig. Ihr Webinar müssen Sie mit einer ähnlichen Dramaturgie gestalten. Immer dann, wenn die Aufmerksamkeit etwas abzusinken droht, bieten Sie eine neue, die Spannung fördernde Information. Die Dramaturgie eines Krimis läuft so. Zu Anfang des Films wird der Mord oder die Leiche gezeigt. Eine dunkle Gestalt verschwindet in der nächtlichen Gasse. Das ist das erste Spannungsmoment. Wer ist der Mörder? Der Kommissar fängt an zu ermitteln und befragt alle möglichen Leute. Die Spannung sinkt langsam ab. Doch plötzlich keimt ein Verdacht auf. War es der Gärtner? Das ist das nächste Spannungsmoment. Die Aufmerksamkeit steigt. Der Gärtner wird verhört und leugnet die Tat. War er es doch nicht? Die Spannung sinkt wieder etwas. Plötzlich kommt der entscheidende Hinweis. Es war gar nicht der Gärtner, sondern die eifersüchtige Ehefrau. Doch wo ist sie? Die Spannung steigt und entlädt sich in einer wilden Verfolgungsjagt auf dessen Höhepunkt der Kommissar unter Einsatz seines Lebens das Auto der flüchtigen Täterin fünf Minuten vor Ende des Films stoppt. Eine letzte spannende Frage ist, wird sie den Mord gestehen?

So ähnlich muss auch die Dramaturgie Ihrer Webinare aufgebaut sein. Selbstverständlich berichten Sie nicht über eine Mordermittlung. Die Reihenfolge und die spannungssteigernden Elemente sind aber ähnlich. Auch der Sonntagskrimi macht schon mit einem spannenden Titel *Die unbekannte Leiche im Moor* Werbung. So bekommt Ihr Webinar als erstes dramaturgisches Element einen spannenden oder neugierig machenden Titel. Statt *Neues Rezept für die Erdbeertorte* könnte unser Konditor seinem Webinar den Titel *Das neue Erdbeertorten-Rezept – so begeistern Sie Ihre Kaffeegäste* geben. Die Neugier könnte er noch mit einem Untertitel für sein Webinar steigern: *Mit diesen fünf Profitipps gelingt Ihre Erdbeertorte garantiert.*

Wenn Sie die Dramaturgie Ihres Webinars nach den folgenden Schritten aufbauen, heben Sie sich von Beginn an angenehm anders von allen anderen Webinaren ab. Wir spielen die Dramaturgie eines guten Webinars hier am Beispiel des Konditors und der Erdbeertorte durch. Das ist so herrlich ungewöhnlich und leicht fassbar. Sie können den Konditor aber ganz einfach gegen Ihre eigene Positionierung austauschen. Statt der Erdbeertorte bauen Sie die fachlichen Tipps oder Inhalte aus Ihren Angeboten ein.

- 1. Schritt: Neugierig machender Titel: Entwickeln Sie einen neugierig machenden Titel. Neugierig machen konkrete Aussagen: *Neues Rezept, fünf Tipps für eine besondere Erdbeertorte vom Profi.* Auch ein in Aussicht gestellter besonderer Nutzen motiviert zur Teilnahme: *So begeistern Sie Ihre Kaffeegäste* oder *mit diesen Tipps gelingt die Torte garantiert.*
- 2. Schritt: Motivierende Webinareröffnung: Schon die ersten 60 Sekunden sollten Lust darauf machen, das ganze Webinar ansehen zu wollen. Stellen Sie gleich am Anfang einen Nutzen in Aussicht und geben Sie darauf basierend ein Versprechen ab. *In diesem Webinar zeige ich Ihnen ein Rezept für eine ganz besondere Erdbeertorte, die Ihre Gäste zum Schwärmen bringt. Haben Sie bisher auch gedacht, Erdbeertorte zu machen ist kompliziert und zeitaufwändig? Mit meinen fünf Tipps vom Konditormeister gelingt Ihre Torte sogar dann, wenn Sie mal wenig Zeit haben.*
- 3. Schritt: Abholen bei den unausgesprochenen Zuschauerfragen: Holen Sie die Webinarteilnehmer sofort nach der Eröffnung bei den unausgesprochenen Zuschauerfragen ab und beantworten diese. Das schafft Vertrauen, erzeugt eine menschliche Verbindung und gibt das Gefühl, dass der Referent die Zuschauer versteht. Unausgesprochene Zuschauerfragen können die Erwartungen an das Webinar, aber auch mögliche Befürchtungen sein. Unser Konditor könnte das wie folgt formulieren. *Vielleicht sind Sie das erste Mal auf einem Webinar von einem Konditor und fragen sich, ob sich die folgenden 45 Minuten wirklich lohnen werden. Möglicherweise haben Sie selbst schon sehr viele verschiedene Erdbeertorten gemacht und denken sich, ob Sie hier überhaupt noch was Neues lernen können und was das sein wird. Aber selbst wenn Sie noch nie eine Erdbeertorte gemacht haben, helfe ich Ihnen mit meinen fünf Tipps. Ich fand die Idee, als Konditor ein Webinar zu veranstalten, anfangs*

*auch ziemlich ungewöhnlich, genauso ungewöhnlich, wie die Erdbeer-
torten, die ich in den letzten 20 Jahren gemacht habe. Vielleicht fragen
Sie sich aber auch einfach nur, wer spricht denn da zu Ihnen.*

- 4. Schritt: Kurzvorstellung: Eine der unausgesprochenen Zuschauerfragen könnte die Frage sein, wer denn da dieses Webinar
hält und ob der überhaupt kompetent ist. Stellen Sie sich in maximal 60 Sekunden vor. Nutzen Sie dafür die Elemente, die Sie
aus der Entwicklung des Elevator Pitches schon kennen. Bringen
Sie Spannung in Ihre Vorstellung und vermitteln Sie Ihre Kompetenz glaubhaft. Bitte keine Vorstellungen à la *Ich habe als selbstständiger Konditor 15 Filialen, mit 105 Mitarbeitern, in sieben Städten
und wir fertigen jeden Monat 1731 Torten.* Bringen Sie stattdessen
eine kleine Geschichte in die Vorstellung. Das könnte zum Beispiel der Weg zum Experten für Erdbeertorten sein.

- 5. Schritt: Dramatisieren Sie: Jetzt steigen Sie in den ersten fachlichen Block Ihres Webinares ein. Dramatisieren Sie in passen-
dem Ausmaß das übliche Problem bei der Herstellung einer Erdbeertorte. Die Zuschauer sollen sich dabei wiederfinden ohne an-
geprangert oder vorgeführt zu werden. Schildern Sie auf unterhaltsame Art, wie sich der Nichtexperte bei der Herstellung einer
Torte abmüht. Verstärken Sie das Problem durch eine witzige
Schilderung der üblichen Pannen. Schildern Sie die Probleme
entweder in der Ich-Form oder anhand eines fiktiven Dritten.
Sagen Sie also nicht: *Die meisten von Ihnen machen folgenden Fehler,* sondern: *Ich habe früher auch immer gedacht ... und deswegen
folgenden Fehler gemacht.* In Form des fiktiven Dritten könnten Sie
sagen: *Nehmen wir eine unerfahrene Hausfrau, die das erste Mal eine
Erdbeertorte macht, sie vergisst häufig, dass ....* Diese Form der indi-
rekten Ansprache hilft Ihren Zuschauern, eigene Fehler leichter
anzunehmen. Fassen Sie diesen Block am Ende zusammen und
treiben sie die Spannung das erste Mal auf einen kleinen Höhepunkt. Der Konditor könnte das sinngemäß wie folgt formulieren. *Wie Sie gesehen haben, sind die drei typischen Fehler, die dafür
sorgen, dass eine Erdbeertorte nur so lala schmeckt diese: 1. Fehler,
2. Fehler, 3. Fehler. Dabei ist es völlig normal, dass diese Fehler so verbreitet sind. In den meisten Rezeptbüchern steht es ja genauso drin.
Dabei ist es ganz leicht, diese Fehler zu vermeiden und eine besondere
Erdbeertorte zu zaubern. Wie das geht, zeige ich Ihnen jetzt. Diese*

Zusammenfassung gibt dem Zuschauer, der diese Fehler gemacht hat, das Gefühl nicht allein zu sein. Das schafft eine emotionale Verbindung. Gleichzeitig wird die sofortige Lösung angekündigt. Die Aufmerksamkeit bleibt erhalten.

- 6. Schritt: Konkreter Nutzen: Jetzt präsentieren Sie in kompakter und leicht verständlicher Form den Nutzen. Im Fall unseres Konditors kommen jetzt die fünf Profitipps, mit denen die Erdbeertorte selbst dann gelingt, wenn wenig Zeit ist. Achten Sie darauf, dass diese Tipps wirklich außergewöhnlich sind. Ziel ist es einen Aha-Effekt à la *Das hätte ich mal eher wissen sollen* auszulösen. Sie müssen dabei nicht fürchten, dass Sie durch diese Tipps zu viel Wissen verschenken. Ähnlich wie bei der Entwicklung Ihres inhaltlich wertvollen Geschenkes, werden die Zuschauer eher sagen: *Wenn ich mal eine außergewöhnliche Torte brauche, dann weiß ich jetzt zu welchem Konditor ich gehen muss.* So bekommt unser Konditor mehr der Sorte Kunde, die auch bereit sind einen guten Preis für eine Torte zu bezahlen. Die andere Sorte Zuschauer, die diese Tipps selbst einsetzen, um eine außergewöhnliche Torte zu machen, wollen Geld sparen. Diese Sorte Kunde will der Konditor sowieso nicht gewinnen. Trotzdem profitiert auch diese Sorte Zuschauer. Sie können zu einem Multiplikator werden. Je größer der Nutzen ist, desto besser wird die Positionierung als Experte transportiert.

Dieser Block ist der längste in einem Webinar. Deswegen müssen Sie immer mal wieder ein motivierendes oder Spannung förderndes Element einbauen. Das machen Sie ganz einfach über die Vorankündigung des Nutzens aus einem der nächsten Tipps. Unser Konditor könnte das sinngemäß so formulieren: *Im zweiten Tipp haben Sie gerade gesehen, wie die Sahne für Ihre Torte schneller steif wird. Dabei müssen Sie aber auch auf … achten. Das zeige ich Ihnen gleich noch in Tipp Nummer vier. Zunächst verrate ich Ihnen in Tipp drei aber …*

- 7. Schritt: Führen Sie zum Ziel: Haben Sie auf unterhaltsame Art Ihre Tipps vermittelt? Dann wissen die Zuschauer auch, dass Sie ein echter Experte sind. Sie haben über die Tipps einen konkreten Nutzen vermittelt. Deswegen bekommen Sie jetzt auch die Legitimation, Ihre Zuschauer zu Ihrem angestrebten Ziel zu führen. Das Ziel muss unbedingt mit dem Thema des Webinars zu tun haben. Unser Konditor könnte am Ende des Webinars zum Beispiel einen Wochenendkurs für Hobby-Konditoren anbieten und so Teilnehmer dafür gewinnen. Genauso könnte er über einen Rabattgutschein die Teilnehmer in seine Konditorei locken, die Bedarf an einer Torte haben. Wenn der Konditor clever ist, erlaubt er sogar den Rabattgutschein zu verschenken. So werden die Teilnehmer zu Multiplikatoren. Betreibt der Konditor ein Café könnte er einen Gutschein für ein kostenloses Stück Torte ausgeben. Die Gäste, die zu ihm kommen, werden vermutlich zu der Torte noch einen Kaffee trinken oder anderen Zusatzumsatz machen. Jedenfalls hätte er neue Gäste in seinem Café, die er sonst so schnell nicht gewonnen hätte.

Denken Sie bei der Auswahl des passenden Ziels am Ende Ihres Webinars auch an einen möglichst langfristigen Effekt. Die folgenden allgemeinen Beispiele liefern sicher für alle Nichtkonditoren ein paar Anregungen dafür:

- Kostenlose Erstberatung
- Preisreduziertes Testangebot
- Rabattgutschein für Neukunden oder Erstbestellung
- Direkter Verkauf Ihrer Angebote
- Eintrag in einen Newsletter gegen Zusendung weitergehender Information
- Vereinbarung einer Probefahrt
- Ausfüllen eines Analysefragebogens zur Bedarfsermittlung

Das anspruchsvollste Ziel ist sicher der direkte Verkauf Ihrer Angebote in einem Webinar. Wenn diese von der Art her über diesen Kanal verkauft werden können, erzielen Sie die höchste Quote mit einem unwiderstehlichen Angebot. Bieten Sie Ihre Angebote nicht einfach so zu den üblichen Standartkonditionen an. Es müssen nicht immer hohe Rabatte sein. Attraktive Zugaben eignen sich auch. Unwiderstehlich ist Ihr Angebot dann, wenn Sie einen nennenswerten Rabatt mit einer attraktiven Zugabe und einer zeitlichen Befristung kombinieren.

### Beispiele für den Einsatz von Webinaren zur Kundengewinnung

Aufgrund der geschilderten Vorteile gibt es nur wenig Bereiche, wo Webinare für die Kundengewinnung in Social-Media-Netzwerken nicht sinnvoll sind. Speziell bei erklärungsbedürftigen Angeboten sind Webinare ein sehr kostengünstiges Mittel. Immerhin können

Sie vor mehreren Zuschauern gleichzeitig präsentieren, statt jede Präsentation einzeln durchzuführen. Wenn Sie virtuelle oder Beratungsdienstleistungen anbieten, müssen die potenziellen Kunden zunächst genügend Vertrauen gewinnen. Über eine kleine Serie an Webinaren lässt sich das hervorragend machen.

War Ihnen die Beispieldramaturgie für das Webinar des Konditors noch zu abstrakt? Dann finden Sie im Folgenden sicher ein paar Anregungen, die sich auf Ihre Branche adaptieren lassen.

### Webinare für Berater, Trainer und Coaches

Für Berater, Trainer und Coaches sind Webinare hervorragend geeignet. Falls Sie in einer dieser Branchen tätig sind, verdienen Sie Ihr Geld immer mit der Anwendung oder dem Verkauf von Wissen. Dieses Gut passt hervorragend zum Medium Webinare. Falls Sie noch kein besseres Instrument zur Kundengewinnung gefunden haben, sind Webinare für Sie geradezu das Mittel der ersten Wahl. Hier ein Auszug der Einsatzmöglichkeiten:

- Gewinnung von Interessenten (Leads)
- Steigerung der Bekanntheit
- Präsentation von neuen Angeboten
- Kunden- und Kontaktpflege
- Verkauf von Dienstleistungspaketen

### Ideen für Webinartitel und Themen für Trainer, Berater und Coaches

- So kommen Sie ohne Schaden durch eine Betriebsprüfung, neun Tipps vom Experten.
- Sieben kostenfreie Tipps zur Vermeidung von Burnout.
- Die fünf fatalsten Fehler bei der Beauftragung eines Unternehmensberaters.
- Mit diesen Tipps sparen Sie jeden Tag eine Stunde Zeit bei der E-Mail-Bearbeitung.
- Diese sechs magischen Fragen dürfen in keinem Verkaufsgespräch fehlen.
- Diese neue Methode schützt Sie vor schädlichem Stress.
- Man hat ja vor einiger Zeit schon entdeckt, dass Frauen schlecht einparken und Männer nicht zuhören. Wollen Sie wissen wieso? In diesem Webinar erfahren Sie es.
- Haben Sie schon mal bemerkt, dass einige Menschen erfolgreicher sind? Diese sieben Faktoren unterscheiden sie.

- Fünf einfache Tipps für die stressfreie Kindererziehung.
- Gibt es sie wirklich, die Geheimnisse glücklicher Beziehungen? Diese 12 Tipps zeigen einen neuen Weg.
- Mit dieser neuen Methode erledigen Sie Ihre Buchhaltung dreimal schneller.
- Drei alternative Behandlungsmethoden für Bandscheibenvorfälle.
- Fit durch die kalte Jahreszeit. Sieben Tipps, wie Sie Ihr Immunsystem so richtig ankurbeln.

Tauschen Sie einfach in den vorliegenden Ideen die Inhalte gegen Ihre Themen aus. Schon haben Sie eine gute Idee für ein eigenes Webinar inklusive Titel dafür.

### Webinare für sonstige Produktanbieter

Wenn Sie physische Produkte statt virtuellem Wissen verkaufen, scheinen Webinare weniger geeignet. Das stimmt nur teilweise. Richtig ist, dass Sie eine Probefahrt mit einem Auto genauso wenig in einem Webinar anbieten können wie die Anprobe von einem Anzug. Der Autoverkäufer könnte aber beispielsweise ein Webinar mit dem Thema *Fünf Tipps zum passenden Familienauto* durchführen. Den Titel könnte man sogar noch mit einem Untertitel dramatisieren: *Was Ihnen noch kein Autoverkäufer verraten hat.* Jeder Produktanbieter hat rund um seine Produkte auch Wissen anzubieten. Anwendungstipps oder Fallbeispiele. Aus diesen Tipps können Sie eine Ratgeberserie produzieren, die Sie über verschiedene Webinare vermitteln. Der Herrenausstatter könnte regelmäßig Tipps für das perfekte Styling zu verschiedenen Anlässen geben.

Vielleicht denken Sie jetzt, dass Sie dieses Wissen erst dann weiter geben, wenn ein Kunde auch bei Ihnen gekauft hat. Sie müssen ja nicht das komplette Wissen weitergeben. Nehmen Sie einen kleinen Teil daraus. Für die Qualität Ihrer Webinar-Inhalte gilt der gleiche Maßstab wie für die Entwicklung Ihres inhaltlich wertvollen Geschenkes. Je tiefer und besser Ihre Webinar-Inhalte sind, desto besser wird Vertrauen aufgebaut. Ein Blumenladen könnte zum Beispiel eine Ratgeberreihe für die passende Blumendekoration in Form mehrerer Webinare durchführen. Mit dem Titel *Fünf Tipps, wie Sie Ihre Firmenveranstaltung kostengünstig mit Blumen dekorieren* sprechen Sie die verantwortliche Zielgruppe in Social-Media-Netzwerken an.

Vielleicht erscheinen Ihnen diese konkreten Beispiele als ungeeignet. Dann liegt das sicher daran, dass Sie in Ihrer Branche noch kein vergleichbares oder gutes Webinar erlebt haben. Wenn in Ihrer Branche noch nicht mit Webinaren gearbeitet wird, könnten Sie der Erste sein. In so einer Situation kann Ihnen eine Serie von gut gemachten Webinaren einen erheblichen Marktvorsprung bescheren. Haben Sie den Mut, die allgemeinen Regeln Ihrer Branche zu durchbrechen. Das ist die besondere Chance besonders für kleine und mittelständige Unternehmen. Webinare können dafür das passende Medium sein.

### Hardware für eine Webinar Präsentation

Webinare gibt es in unterschiedlichen Formen. Die einfachste Form ist die visuelle Anzeige einer Präsentation oder anderer Inhalte in Verbindung mit den Kommentaren des Moderators über die Sprache. Der Moderator ist dabei nicht live zu sehen. Während der Präsentation wird dann nur ein Bild des Moderators als Platzhalter angezeigt. So wissen die Teilnehmer, wer zu ihnen spricht. Für diese einfache Form des Webinars benötigen Sie:

- einen schnellen Internetanschluss (DSL 6 000 oder besser),
- einen modernen PC (maximal 3 Jahre alt),
- Ein Mikrofon mit guter Tonqualität.

Gerade beim Mikrofon sollten Sie auf eine gute Qualität und eine einfache Anschlussmöglichkeit an den PC achten. Bewährt haben sich Mikrofone, die Sie direkt an den USB-Anschluss von Ihrem Computer anschließen können. Die meisten PC-Headsets sind dafür geeignet. Es gibt sogar kabellose Varianten mit vernünftiger Audio-Qualität. Ein Vertreter dieser Gattung ist das Asus Travelite HS-1000W. Achten Sie bei der Positionierung des Mikrofons darauf, dass es nicht zu nah am Mund platziert wird. Der Luftstrom beim Sprechen kann dann unangenehme Zisch- oder Ploppgeräusche verursachen. Am besten Sie testen das Mikrofon über eine Aufnahme an Ihrem Computer und ermitteln so die richtige Entfernung des Mikrofons. Wenn Sie mit Ihren Webinar-Teilnehmern nur über den Chat in Dialog treten, brauchen Sie selbst eigentlich kein Headset. Die unnötigen Kopfhörerschalen des Headsets sind manchmal bei der Moderation und dem Sprechen unangenehm. In so einem Fall eignet sich ein reines USB-Mikrofon. Hier bekommen Sie bei den einschlägigen Händlern im Internet gute Modelle ab 80 Euro. Geben Sie einfach in der Suchmaschine den Suchbegriff USB-Mikrofon ein. Sie werden schnell fündig. Sie können auch bei spezialisierten Händlern wie www.thomann.de oder www.amazon.de suchen. Beide bieten den Vorteil, dass Sie auf die Bewertungen anderer Kunden zurückgreifen können. Ein empfehlenswerter Vertreter dieser Klasse ist das the *t.bone SC 440 USB*. Stand 07/2013 ist es zum Preis von 59 Euro bei www.thomann.de zu erwerben[24]. Die mitgelieferte Spinnennetzhalterung verhindert die Übertragung von Körperschallgeräuschen. Wenn Sie das Mikrofon auf einem kleinen Tischständer befestigen und mit einem Poppkiller[25] versehen, sind Sie für einen guten Ton im Webinar bestens gerüstet.

### Webinare mit Livebild

Etwas persönlicher ist es, wenn Sie im Webinar auch live zu sehen sind. Diese Webinare gehören schon zur Oberliga. Sie können über das Livebild deutlich mehr von Ihrer Persönlichkeit und Ihren Emotionen übertragen. Je nach Wahl des Bildausschnittes ist die Mimik in Ihrem Gesicht oder sogar Ihre Gestik mit den Händen zu sehen. Ihr Videobild wird dann parallel zu ihrem Moderatorenton und der Präsentation übertragen. Dafür benötigen Sie zusätzlich eine Webcam, die ein Videosignal übertragen kann. Die meisten Webcams können direkt per USB angeschlossen werden. Verzichten Sie möglichst auf die in Laptops eingebauten Webcams. Sie können diese nicht so anordnen, wie es notwendig ist. Die Qualität ist oft schlechter als die der externen Webcams. Zwei empfehlenswerte Webcams sind die *Microsoft LifeCam Studio* und *die Logitech C310*.

Da in diesem Fall, neben dem statischen Bild der Präsentation und dem Ton zusätzlich das Videosignal übertragen werden muss, benötigen Sie einen Internetanschluss mit einer hohen Übertragungsgeschwindigkeit ins Internet (Upstream). Alle normalen DSL-Internetanschlüsse haben eine sogenannte asynchrone Datenübertragungsgeschwindigkeit. Der Download ist schneller als der Upload (Upstream). Für die normale Internetnutzung macht das auch Sinn, denn es werden mehr Daten auf Ihren Rechner übermittelt, als Sie selbst senden. Wenn Sie in Ihrem Webinar ein Livevideobild senden, verhält sich das anders. Damit dieses flüssig übertragen werden

24 http://www.thomann.de/de/the_tbone_sc440_usb.htm
25 http://www.thomann.de/de/t-bone_ms180.htm

kann, empfiehlt sich eine Upstream-Geschwindigkeit von mindestens 500 Kbit/s. Sicherheitshalber sollten Sie mindestens mit einem DSL-Anschluss 16 000 arbeiten. Je höher die zu übertragende Auflösung des Livevideobildes ist, desto mehr Upstream-Geschwindigkeit benötigen Sie. Die Angaben zur Geschwindigkeit des Upstreams in den Angaben der Netzbetreiber sind nur theoretische Werte. Sie sind nicht garantiert. Nun in wenigen Fällen liegt die angegebene Geschwindigkeit dauerhaft konstant an. Wenn Sie qualitativ hochwertige Videobilder in Ihrem Webinaren einsetzen wollen, legen Sie sich sicherheitshalber einen schnelleren Internetanschluss als DSL 16 000 zu.

Webinare mit einer Livebild-Übertragung gehören zwar zur Oberliga und sind sehr zu empfehlen, allerdings bergen sie ein zusätzliches Risiko. Erzeugen Sie vor der Kamera keinen guten Eindruck, machen Sie mit dem Livebild möglicherweise sogar etwas von der Wirkung kaputt. Die folgenden Tipps helfen Ihnen, Webinare der Oberliga zu veranstalten, ohne Opfer der typischen Fallen zu werden.

### Technische Tipps für Webinare mit Livebild

Positionieren Sie Ihre Webcam so, dass Sie vor einem neutralen Hintergrund zu sehen sind. Am besten geeignet ist eine weiße oder cremefarbene Wand. Knallige Farben wie grün oder rot sind keinesfalls geeignet. Entfernen Sie im Hintergrund alles, was ablenken könnte. Im Webinar geht es um Ihre Zuschauer, die Inhalte und um Sie. Alles, was davon ablenkt, muss entfernt werden. Vor allem dürfen im Hintergrund keine Blumen, bunte Bilder, keine Fenster oder andere markante Gegenstände zu sehen sein. Falls ein Teil Ihres Büros sichtbar ist, dann sorgen Sie in diesem Teil für Ordnung. Wenn Sie keinen geeigneten Hintergrund haben, schaffen Sie diesen. Das geht einfach mit einem neutralen Vorhang, einer weißen Leinwand oder einer Stoffbahn, die Sie aufhängen. Der Hintergrund muss nur so groß wie der Bildschirmausschnitt sein. Wenn Sie Stoff für die Gestaltung Ihres Hintergrundes verwenden, nehmen Sie am besten Bühnen-Molton. Das ist ein schwerer Stoff, der glatt fällt und wenig Falten wirft. Bühnen-Molton gibt es günstig in verschiedenen Farben zu kaufen. Bei Amazon können Sie weißen B1 Bühnen-Molton in der Breite von drei Metern zum Preis von 7,60 Euro pro laufendem Meter kaufen.[26]

26 Stand 07/2013

Positionieren Sie die Webcam auf Augenhöhe. Schon deshalb ist eine in den Laptop eingebaute Webcam ungeeignet. Sie schauen dann von oben herab in die Webcam. Das sieht unprofessionell aus. Außerdem wirkt die Blickrichtung von oben herab etwas arrogant. Sie können die Webcam auf den oberen Bildschirmrand festklemmen und die Höhe der oberen Bildschirmkante auf Höhe Ihrer Augen positionieren. Alternativ können Sie die Webcam auch auf einem Stativ befestigen. Dafür eignet sich besonders das Modell *Microsoft LifeCam Studio*.

Wählen Sie einen passenden Bildausschnitt. Die meisten Webinarplattformen lassen nur die Übertragung eines kleinen Livebildes in Passbildgröße zu. Wenn Sie die Webcam so anordnen, dass ein Großteil Ihres Körpers zu sehen ist, wird dem Zuschauer in dem kleinen Livebild nur eine kaum erkennbare Figur präsentiert. Die Mimik in Ihrem Gesicht ist dann kaum zu erkennen. Sie gehört aber zu den wichtigen emotionalen Wirkmitteln. Wählen Sie deswegen einen Bildausschnitt, der nur Ihr Gesicht und den Oberkörper bis zur Brust zeigt. Nur für diesen Bildausschnitt benötigen Sie einen neutralen Hintergrund. Den Bildausschnitt wählen Sie am einfachsten über die Positionierung der Webcam. In den meisten Fällen bietet die Positionierung der Webcam am oberen Rand des Bildschirms einen brauchbaren Ausschnitt.

Achten Sie auf eine gute Ausleuchtung. Die beiden empfohlenen Webcam-Modelle liefern bei guter Büroausleuchtung ein brauchbares Livebild. Achten Sie darauf, dass vor allem Ihr Gesicht gut zu erkennen ist. Fenster oder andere einseitige Lichtquellen können für unschöne Schatten auf der anderen Gesichtshälfte sorgen. Wenn Sie nicht wie das Phantom der Oper wirken wollen, hellen Sie dunkle Partien auf. Manchmal reicht dafür schon eine Schreibtischlampe aus. Etwas professioneller ist es, wenn Sie sich für die Beleuchtung eine oder zwei Softboxen zulegen. Softboxen erzeugen ein angenehm diffuses Licht. Sie finden Softboxen, wenn Sie im Internet den Suchbegriff *Softboxen Beleuchtung* eingeben.

Sorgen Sie für einen guten Ton. Nichts ist anstrengender als einem Webinar voller Störgeräusche über 45 Minuten zu lauschen. Schalten Sie zunächst sämtliche Störgeräusche im Raum aus. Es bringt Sie sicher aus der Ruhe, wenn während Ihrer Moderation das Telefon oder Fax klingelt. Wenn Ihr Webinar eine Präsentation ist und Sie mit den

Teilnehmern nur über den Chat in Interaktion treten, sollten Sie für die Tonübertragung kein Headset verwenden. So ein Headset zerstört immer ein bisschen die gute Optik und Wirkung Ihrer Person. Es ist ein ungewohnter Fremdkörper auf dem Kopf. Sie brauchen die Funktion *Hören* des Headsets dann nicht. Verwenden Sie statt einem Headset dann lieber ein separates USB-Mikrofon der Klasse *t.bone SC 440 USB*. Das können Sie mit einem kleinen Tischstativ auf Ihrem Schreibtisch so anordnen, dass es im Bild nicht zu sehen ist. So wirken Sie sehr professionell.

Achten Sie auf eine angemessene Kleidung. Wenn Sie als Finanzberater besser verdienende Anleger in Ihrem Webinar haben, sollten Sie sich geschäftlich korrekt kleiden. Vermutlich erwartet diese Zielgruppe ein Outfit mit Anzug und Krawatte. Achten Sie vor allem darauf, dass die gewählte Kleidung keine auffälligen Muster hat. Hemden, Blusen oder Sakkos mit Karomustern sind ungeeignet. Wenn Sie sich für einen weißen Hintergrund entschieden haben, sollten Sie kein weißes Hemd anziehen.

Wählen Sie eine stehende Position bei Ihrer Moderation. Das ist vermutlich der Tipp, der den größten Effekt bringt. Wenn Sie stehen, haben Sie auf der körperlichen Ebene automatisch mehr Ausdruck. Ihre Lunge hat mehr Platz sich zu entfalten. Ihre Stimme wirkt kraftvoller. Ihre gesamte Rhetorik wirkt dynamischer, wenn Ihr Körper beweglich ist. Sie können Ihren Bildschirm inklusive Webcam dazu zum Beispiel auf einen Bistrotisch stellen. Alternativ bringen Sie an der Wand eine Ablage an, auf der Bildschirm, Webcam, Tastatur und Mikrofon Platz haben. Dahinter positionieren Sie Ihren Hintergrund. Sie können eine Stoffbahn Bühnen-Molton an die Decke hängen oder eine weiße Leinwand in entsprechender Größe aufstellen.

### Software für die Webinar-Präsentation

Um die Inhalte Ihres Webinars über das Internet an Ihre Zielgruppe zu übertragen, benötigen Sie eine geeignete Software. Dafür gibt es am Markt bereits fertige Lösungen. Die meisten Angebote können Sie zur Miete nutzen. Das bindet kein Kapital und Sie können sofort starten. Die meisten Anbieter stellen vorkonfigurierte Webinarräume zur Verfügung.

In der folgenden Tabelle finden Sie wichtige Kriterien für die Auswahl des passenden Anbieters.

| Kriterien | Tipps und Hinweise |
|---|---|
| Anzahl der Teilnehmer | Die meisten Anbieter bieten Pakete mit einer maximalen Anzahl von zehn bis 500 Teilnehmern. Je höher die maximale Teilnehmerzahl, desto teurer die Nutzungspauschale. |
| Anzahl der Webinare | Viele Anbieter bieten eine Flatrate für eine unbegrenzte Anzahl an Webinaren an. Pro Monat können Sie dann so viele Webinare veranstalten, wie Sie wollen. |
| Anzahl der gleichzeitigen Webinare | In der Regel haben Sie in dem Mietpaket des Webinar Anbieters die Möglichkeit, nur ein Webinar zu einem Zeitpunkt zu veranstalten. Nutzen Sie Webinare sehr intensiv oder veranstalten gleichzeitig mehrere Webinare müssen Sie das häufig extra bezahlen. |
| Länge pro Webinar | Die meisten Webinare dauern zwischen 45 und 90 Minuten. Das bieten nahezu alle Anbieter an. |
| Teilnehmerzugang zum Webinar | Der Zugang zum Webinar sollte einfach sein. Ideal ist es, wenn der Teilnehmer mit einem einfachen Klick auf einen Zugangslink in das Webinar gelangt. Auch die zusätzliche Eingabe von Vor- und Nachname ist zumutbar. Einige Webinar-Anbieter verlangen für den Zugang den Download und die Installation einer Software. Das sollten Sie vermeiden. |
| Qualität der Livebild Übertragung | Wenn Sie sich für die Königsklasse der Webinare entscheiden, sollte das Livebild Ihrer Webcam in guter Qualität übertragen werden. Die Qualität misst sich in der Größe des Livebildes und in der Bildwiederholrate (Framerate). Die Qualität der meisten Anbieter reicht bestenfalls für ein kleines Vorschaubild in doppelter Passbildgröße. Für die Präsentation des Moderators reicht das aus. Für eine flüssige Übertragung eines Livebildes benötigen Sie mindestens 25 Bilder pro Sekunde (Framerate: 25). Wollen Sie über das Livebild Produkte präsentieren, reicht ein kleines Vorschaubild nicht aus. Hier sollten Sie auf einen Vollbildmodus des Livebildes und auf eine Auflösung von mindestens $1280 \times 720$ Pixeln achten. |
| Alternative Tonübertragung | Hat jeder Ihrer Teilnehmer einen Lautsprecher an seinem PC? Teilnehmer aus speziellen Zielgruppen im Geschäftskundenumfeld haben das nicht immer. Wenn Sie in diesen Zielgruppen Webinare anbieten, halten Sie eine alternative Tonübertragung über eine Telefonkonferenz bereit. Einige Anbieter haben hier fertige Lösungen (www.spreed.de und www.gotowebinar.de). |

| Kriterien | Tipps und Hinweise |
|---|---|
| Organisation von Sonderformen | Bieten Sie nur sporadisch einzelne Webinare an oder wollen Sie eine Serie von Webinaren verwalten oder sogar Kurse veranstalten? Dann achten Sie auf diese Möglichkeiten. Der Anbieter www.edudip.de bietet hier gute Möglichkeiten. |
| Verwaltung der angemeldeten Teilnehmer | Wo werden die angemeldeten Teilnehmer erfasst? Werden die Teilnehmer automatisch an das Webinar erinnert? Gibt es eine Benachrichtigungsfunktion? Ist die Teilnahme von einer Gebühr anhängig? Wie erfolgen das Inkasso und die Überwachung des Zahlungseingangs? Der Anbieter www.edudip.de bietet dafür eine Komplettlösung. |
| Möglichkeit des Videomitschnitts | Wollen Sie als besonderen Service allen angemeldeten Teilnehmern einen Videomitschnitt zur Verfügung stellen? Dann achten Sie darauf, welche Mitschnittmöglichkeit Ihnen der Anbieter bereitstellt. Achten Sie auch auf die Bereitstellungsmöglichkeit des Mitschnitts. Wer darf den Mitschnitt sehen und wie erfolgt die Rechteverwaltung? |
| Einspielen von Zusatzmedien | Möchten Sie neben Ihrer Präsentation weitere Medien, wie Audiofiles oder Videoclips einspielen? Dann achten Sie auch die Möglichkeiten dazu. Einige Anbieter bieten zum Beispiel nur das Einspielen von Videos an, die auf einer bestimmten Plattform gespeichert sind. |
| Sonderformen von Webinaren | Haben Sie Gefallen an Webinaren gefunden? Über einige Webinar-Plattformen können Sie virtuelle Meetings oder sogar Seminare veranstalten. Dafür gibt es bei einigen Anbietern virtuelle Whiteboards, Mindmaps oder andere Möglichkeiten der Zusammenarbeit in einem Webinar. Wollen Sie Teilnehmer auch per Webcam dazu schalten, dann prüfen Sie sowohl die maximale Anzahl als auch die technischen Voraussetzungen dafür. |
| Support und Sprache der Software | Ist der Support deutschsprachig? In welcher Form steht er zur Verfügung? Benötigen Sie einen Einrichtungsservice? Ist die Bediensprache der Webinar-Plattform deutschsprachig? |
| Ist ein kostenfreier Test möglich? | Fragen Sie auch nach dem Leistungsumfang der kostenfreien Testversion. Achten Sie darauf, dass Sie auch alle benötigten Leistungskriterien testen können. |

**Tabelle 16:** Kriterien für die Auswahl der passenden Webinar-Software

### Auswahl von Anbietern

Die folgenden Anbieter haben im deutschsprachigen Raum einen großen Marktanteil und verfügen über mehrjährige Erfahrungen im Bereich Webinare. Für alle in der Tabelle genannten Kriterien bieten die genannten Anbieter eine Lösung. Allerdings bietet keiner der nachfolgend genannten Anbieter alle Kriterien gleichzeitig.[27] Vermutlich werden Sie das auch nicht benötigen. Wählen Sie also den Anbieter, der Ihren Anforderungen am besten gerecht wird. Wenn Sie unsicher sind, schließen Sie nach einem kostenfreien Test zunächst eine kurze Vertragslaufzeit ab.

| Anbieter | Besonderheiten |
|---|---|
| www.spreed.de | Telefonische Einwahlmöglichkeit vorhanden. Test mit bis zu drei Teilnehmen möglich. |
| www.edudip.de | Eigene Webinar-Akademie inklusive komplettem Branding, mit guter Verwaltungsfunktion von Teilnehmern und Webinaren, Inkassoangebot für Gebühren von Teilnehmern (Seminare), sehr gute Integration in Social-Media-Netzwerke. Plattform bietet Vermarktung von Webinaren gegen Provision. Telefonische Einwahl ist in Kürze möglich. Voller Funktionsumfang im 14-Tage-Test möglich. |
| www.gotomeeting.de | Teilnehmer muss einmalig eine Software für den Zugang downloaden. 30-Tage-Test in vollem Umfang möglich. Telefonische Einwahl möglich. Verspricht Livebild-Übertragung in HD-Qualität. |
| www.adobeconnect.de | Sehr großer Funktionsumfang, der nicht immer für die Kundengewinnung notwendig ist. Kann auch auf einem eigenen Server betrieben und installiert werden. Einrichtung aufgrund des großen Funktionsumfangs nicht sehr intuitiv. Kostenfreier Test muss individuell beantragt werden. |

**Tabelle 17:** Anbieter von Webinar-Software

Da der Markt der Webinare einer sehr schnellen Entwicklung unterliegt, werden sicher auch neue Anbieter dazukommen und Funktionen hinzukommen. Insbesondere, wenn Sie Ihr Livebild in sehr hoher Qualität und Bildschirm füllend übertragen wollen, stoßen die meisten Webinar-Anbieter an ihre Grenzen. In so einem Fall finden

---

27 Stand 07/2013

Sie bei einem Live-Streaming-Anbieter sicher die bessere Lösung. Diese Technologie macht es möglich, über das Internet eine Präsentation oder Produktvorstellung an Tausende Teilnehmer in HD-Qualität zu übertragen.

Organisatorische Tipps für die Durchführung Ihrer Webinare

Gestalten Sie Ihre Präsentation mit mehr Bildern als sonst. Die goldene Regel für die Gestaltung Ihrer Präsentation lautet: pro Folie nur eine Kernaussage. Am besten Sie präsentieren die Aussage auf der Folie mit einer Überschrift und einem eindeutigen Bild. Bedarf es zu dem Bild noch einem textlichen Kommentar, dann beschränken Sie sich auf einen Satz oder eine Aufzählung mit maximal drei Punkten. Oft werden PowerPoint-Präsentationsfolien als Vorlesehilfe für den Moderator missbraucht. Auf der Folie steht in Textform genau das, was der Moderator erzählt. Das ist an Langeweile kaum zu überbieten. Sie machen es so nicht. Schreiben Sie sich Ihren Sprechertext oder Notizen zu Ihrer Moderation in PowerPoint in das Feld unterhalb der Folie.

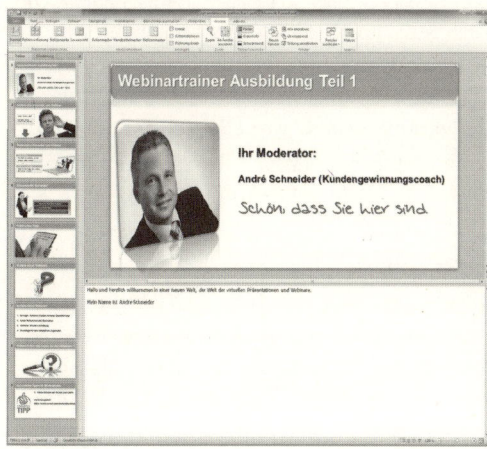

**Abbildung 15:** Tipps zur Präsentation

Während der Webinardurchführung können Sie sich die Power-Point-Präsentation auf die eine Hälfte des Bildschirms legen. Auf die andere Hälfte des Bildschirms legen Sie sich das Fenster mit der Steuerung Ihres Webinars. Ihre PowerPoint-Präsentation bietet Ihnen so, mit den Notizen unter jeder Folie, eine inhaltliche Führung. Sie können immer mal einen Blick auf Ihre Notizen werfen. Das fällt weniger auf, als wenn Sie sich die Präsentation inklusive Notizen ausdrucken und dann immer nach unten auf Ihren Schreibtisch schauen müssen, insbesondere bei Webinaren mit der Livebild-Übertragung des Moderators.

Da Sie in einem Webinar weniger mit Ihrer Persönlichkeit wirken, müssen die Inhalte der Präsentation abwechslungsreich sein. Daher wechseln Sie lieber öfter zur nächsten Folie. Zehn Minuten zu einer Folie zu referieren, ist langweilig. Bieten Sie auch für das Auge lebendige und abwechslungsreiche Inhalte. Wenn Sie den Tipp, auf jeder Folie nur eine Kernaussage zu präsentieren, berücksichtigen, wird Ihre Präsentation automatisch aus deutlich mehr Folien bestehen. Sie wird lebendiger und abwechslungsreicher.

Wenn Ihr Webinar komplett gestaltet ist, dann sprechen Sie es einmal zum Test durch. Sprechen Sie dieses Trockentraining so, wie Sie es im Webinar auch moderieren würden. Stoppen Sie die Zeit. So stellen Sie sicher, dass die angekündigte Dauer auch eingehalten wird.

Die Generalprobe führen Sie dann auf der Plattform unter Nutzung der Webinar-Software durch, die Sie gebucht haben. Laden Sie dazu zwei bis drei Freunde, Mitarbeiter oder andere Kontakte ein. Bitten Sie diese, sich wie ein Teilnehmer zu verhalten. So können Sie die Livesituation üben. Machen Sie sich umfassend mit der Technik und der Bedienung der Webinar-Software vertraut. Üben Sie während der Präsentation auf einzelne Fragen einzugehen. Üben Sie Ihr Webinar in diesem Rahmen so oft, bis Sie sich sicher fühlen. Auch eine Aufzeichnung dieser Test-Webinare hilft, sich selbst zu reflektieren und Optimierungspotenzial zu erkennen.

So vorbereitet und trainiert sind Sie reif für die Webinar-Bühne. Trauen Sie sich in die Öffentlichkeit und laden Sie zunächst nur einen kleinen Kreis zu Ihren ersten Webinaren ein. Bitten Sie die ersten Teilnehmer um ein genaues Feedback. Das wertvollste Feedback bekommen Sie, wenn Sie den Teilnehmern eine anonyme Möglichkeit für das Feedback einräumen. Am besten gestalten Sie dazu einen Fragebogen, der online ausgefüllt werden kann. Sie finden dafür im Internet mit dem Suchbegriff *Umfrage erstellen* verschiedene Anbieter. Die meisten bieten einen kostenfreien Test ihrer Umfragetools an. Gestalten Sie diesen Fragebogen mit fünf bis acht Fragen. Lassen Sie auch offene Antworten zu und fragen nach Kritik und Verbesserungsideen. So gewinnen Sie schnell wertvolles Feedback. Wenn Sie durch das Feedback der ersten Teilnehmer Ihr Webinar optimiert und einige praktische Erfahrung gesammelt haben, können Sie sich auf die große Bühne wagen. Laden Sie alle passenden Kontakte aus Ihren Social-Media-Netzwerken regelmäßig zu Ihren Webinaren ein.

Wenn Sie gleich in die Oberliga der Webinare inklusive Livebild-Übertragung wollen, sollten Sie diese Variante intensiv üben. Wichtig ist, dass Sie den Teilnehmern das Gefühl geben, mit Ihnen zu sprechen. Dazu sollten Sie bei über 50 Prozent der Webinar-Dauer direkt in die Webcam schauen können. Das geht nur, wenn Sie sich der Moderation und Ihrer Sache sehr sicher sind. Solange das nicht der Fall ist, sollten Sie auf die Übertragung des Livebildes verzichten. Stellen Sie sich doch bitte mal den Sprecher der Nachrichten vor, der die ganze Sendung über auf seine Notizen schaut. Wenn Sie nicht sicher sind, üben Sie die ersten Webinare ohne Livebild. Ein guter Kompromiss ist, die Webcam zu Beginn und zur Begrüßung einzuschalten und dann während der Präsentation wieder auszuschalten.

Bedenken Sie immer, dass die professionelle Vorbereitung und Durchführung eines Webinars mit Livebild auch positiv auf Ihre Person und Ihre Angebote abfärbt. Umgekehrt ist es allerdings genauso.

# Der Turbo für Ihre Kundengewinnung

Wenn Sie sich in den passenden Social-Media-Netzwerken große Netzwerke aufgebaut haben, gewinnen Sie einen zusätzlichen Vorteil. Sie werden zu einem begehrten Sender. Jeder, der über seine Netzwerke eine große Anzahl an Zielgruppenkontakten erreichen kann, ist für andere Kooperationspartner interessant. In den Social-Media-Netzwerken geht es dabei weniger darum, diese Netzwerke für simple Werbung zu missbrauchen, sondern sich gegenseitig zu unterstützen. Wenn Sie beispielsweise ein Netzwerk mit 5 000 passenden Zielgruppenkontakten aufgebaut haben, können Sie Ihre Reichweite schnell und kostengünstig vervielfachen. Das Beste daran, Sie müssen dafür selbst noch nicht mal einen einzigen Kontakt mehr aufbauen.

## Kooperationspartner-Marketing

Der Weg zu einer schneller Erweiterung Ihrer Netzwerke und Vergrößerung der Reichweite geht über Kooperationen. Glücklicherweise gibt es in den Social-Media-Netzwerken auch andere Menschen, die über große Netzwerke verfügen. In XING gibt es Moderatoren, die Gruppen mit über 100 000 Mitgliedern aufgebaut haben. Genauso finden Sie dort Mitglieder, die weit über 10 000 eigene Kontakte in Ihrem Netzwerk haben. In Facebook finden wir Unternehmensseiten mit mehr als einer Million Kontakten (Fans). Diese Menschen sind aktive Netzwerker und haben grundsätzlich das gleiche Interesse wie Sie. Sie wollen Ihr Netzwerk mit weiteren interessanten Kontakten füllen, um damit ihre eigenen Ziele zu erreichen. Andererseits können diese großen Netzwerke auch für Sie und Ihre Kundengewinnung interessant sein. Nehmen wir einmal an, Sie würden nur zehn

Kooperationspartner finden, die selbst wiederum über ein eigenes Netzwerk von je 100 000 direkten Kontakten verfügen, dann könnten Sie eine Million Menschen erreichen. Sie glauben, dass dies immer nur ein Traum bleiben wird? Mit der geeigneten Kooperationspartner-Strategie wird dieser Traum für Sie wahr. Dabei bietet die Kooperationspartner Strategie einen unschätzbaren Vorteil. Sie ist sehr günstig und bringt schnell Ergebnisse. Wenn diese zehn Netzwerker Sie und Ihre Angebote an deren je 100 000 Kontakte empfehlen, dann werden Sie schnell bekannter, gewinnen mehr eigene Kontakte und Kunden. Die 100 000-Dollar-Frage lautet nun: Wie finden Sie diese Kooperationspartner, die bereit sind Sie zu empfehlen?

Die Antwort finden Sie in einer Umkehr der grundsätzlichen Denkweise im Marketing. Suchen Sie nicht nach Kooperationspartnern, von denen Sie viele Empfehlungen bekommen können. Suchen Sie also nicht nach Kooperationspartnern, die viel für Sie tun können, sondern suchen Sie Kooperationspartner, für die Sie viel tun können. Wenn Sie einem Kooperationspartner viel bieten können, dann ist das wiederum die Grundlage dafür, selbst eine Menge zu erhalten. Das ist der Schlüssel zu einem erfolgreichen Kooperationspartner-Marketing. Menschen, die große Netzwerke aufgebaut haben, wecken Begehrlichkeiten. Sie werden demzufolge oft von anderen Personen kontaktiert, die deren Netzwerke für Werbung nutzen wollen. Sie sind es gewohnt, dass andere Menschen etwas von ihnen wollen und sind dies immer mehr leid. Sie heben sich in Ihrer Suche nach geeigneten Kooperationspartnern mit den schon bekannten sechs »As« (angenehm anders, als alle anderen arbeiten) ab. Nach dem Motto *Geben ist seliger als Nehmen* fragen Sie sich zuerst, was Sie für einen Kooperationspartner tun können. Dadurch finden Sie sicher Gehör bei potenziellen Kooperationspartnern.

Selbstverständlich dürfen Sie auch fragen, was der Kooperationspartner für Sie tun kann. Sie suchen also Kontakte für eine echte Win-win-Partnerschaft. In Social-Media-Netzwerken stoßen Sie bei einer Suche dieser Qualität auf offene Ohren. Erinnern Sie sich an das Hauptmotiv der Menschen in Social-Media-Netzwerken? Richtig, sich mit anderen interessanten Menschen vernetzen. Wenn Sie ein großes Netzwerk aufgebaut haben und mit dieser Strategie von *Geben ist seliger als Nehmen* Ihre Kooperationspartner suchen, wirken Sie schon auf den ersten Blick äußerst interessant. Die Kunst Kooperationspartner-Marketing zu nutzen, besteht also darin passende Kooperationspartner zu finden, für die Sie etwas tun können und deren Netzwerke gleichzeitig auch für Sie interessant sind. Eine so funktionierende Kooperation ist ein echter Goldschatz.

Vermutlich haben Sie diese Schätze bereits in Ihrem Netzwerk, wenn Sie über mehr als 1000 Kontakte verfügen. Damit Sie nicht lange suchen müssen, kennzeichnen Sie schon beim Kontaktaufbau alle Kontakte mit einer entsprechenden Kategorie, die später als Kooperationspartner in Frage kommen. Wenn Sie dann selbst ein großes Netzwerk aufgebaut haben, finden Sie diese Kontakte schnell wieder. Wenn Sie die Kooperationspartner-Strategie von Beginn an im Kopf haben, können Sie diese Kontakte von Beginn an besonders pflegen. Einige dieser Kontakte werden dann von allein auf Sie zukommen und Ihnen eine Kooperation anbieten.

### Die Vorteile von Kooperationspartner-Marketing

Beide Kooperationspartner profitieren vom Vertrauensvorschuss. Die Kontakte im Netzwerk des jeweiligen Kooperationspartners hören sicher auf eine Empfehlung mehr, als wenn Sie die einzelnen Kontakte direkt ansprechen würden. Allein daran erkennen Sie den Wert Ihres gut gepflegten Netzwerkes.

Die Wirkung Ihres Marketings steigt enorm an. Teure Streuverluste der klassischen Werbung gibt es im Kooperationspartner-Marketing kaum.

Sie können die Zusammenarbeit mit Ihren Kooperationspartnern nicht nur für die gegenseitige Empfehlung nutzen. Sie können sich auch inhaltlich ergänzen und gemeinsame Ideen, Angebote oder Produkte entwickeln. So potenzieren Sie das gemeinsame Wissen zu besseren Lösungen. Das verschafft Ihnen und Ihrem Kooperationspartner einen Marktvorsprung.

Sie erschließen sich Zielgruppen, an die Sie sonst nur schwer herankommen.

Sie pflegen auch Ihre eigenen Kontakte besser. Je mehr Sie für Ihre Kontakte tun, desto dankbarer sind diese. Mit sinnvollen Angeboten für Ihre Kooperationspartner können Sie das leicht und schnell erreichen.

### Wie finden Sie geeignete Kooperationspartner?

Fragen Sie sich zuerst, was Sie zu bieten haben. Was könnte für andere Kontakte und deren Netzwerke interessant sein und einen Nutzen bringen? Da sind zuerst Ihre eigenen Kontakte. Wem könnten Ihre Kontakte nutzen? Sind Sie beispielsweise Versicherungsmakler und haben sich auf mittelständische Unternehmen aus Ihrer Region spezialisiert, könnten Ihre Kontakte zum Beispiel auch für einen Steuerberater interessant sein, der neue Mandanten sucht. In den Social-Media-Netzwerken, wo Sie gezielt nach verschiedenen Kriterien suchen können, finden Sie solche Kontakte leicht. In XING und LinkedIn können Sie dafür die schon bekannten Möglichkeiten der erweiterten Suche nutzen. Sicher findet ein Versicherungsmakler so einige Steuerberater, die neue Mandanten suchen.

Suchen Sie gezielt nach Kontakten, die selbst wiederum große Netzwerke mit passenden Kontakten haben. In der erweiterten Suche von XING können Sie über die Felder *ich suche, ich biete* und *Interessen* die Personen identifizieren, die passende Kontakte in Ihren Netzwerken haben könnten. In der Trefferliste müssen Sie nur noch die Personen filtern, die über große Netzwerke verfügen.

In den Social-Media-Netzwerken verfügen die Moderatoren von Gruppen häufig über große Netzwerke. Suchen Sie also thematisch passende Gruppen mit vielen Mitgliedern und schauen sich die Profile der Gruppenmoderatoren an. Häufig haben die Moderatoren nicht nur viele Mitglieder in den moderierten Gruppen, sondern zusätzlich viele eigene Kontakte.

Suchen Sie gezielt nach thematisch passenden Events, die in Social-Media-Netzwerken promotet werden. Jeder Veranstalter eines Events ist daran interessiert, Teilnehmer für sein Event zu gewinnen. Haben Sie in Ihrem Netzwerk geeignete Kontakte für dieses Event, könnte das für den Veranstalter interessant sein. Hat der Veranstalter selbst ein großes Netzwerk, haben Sie einen potenziellen Kooperationspartner gefunden.

Selbstverständlich können Sie auch die Kraft Ihres eigenen Netzwerkes nutzen, um geeignete Kooperationspartner zu finden. Fragen Sie einfach über Statusmeldungen oder andere geeignete Kanäle in Ihrem Netzwerk nach Empfehlungen für passende Kooperationspartner. Definieren Sie die Dinge, die Sie bieten können und fragen Ihr

Netzwerk danach, wer diese Dinge sucht und wem Sie damit helfen können.

## Wie gewinnen Sie Kontakte als Kooperationspartner?

Prüfen Sie, ob die gefundenen Kontakte selbst ein großes Netzwerk haben und ob es eine Übereinstimmung der Zielgruppen gibt. Können Sie mit Ihren Kontakten etwas für diesen Kooperationspartner tun? Werden seine Kontakte auch für Sie in Frage kommen? Nicht immer sind die Kontakte Ihres potenziellen Kooperationspartners in den Social-Media-Netzwerken selbst zu finden. Im Grunde können Sie davon ausgehen, dass jeder etablierte Unternehmer über ein Netzwerk verfügt. Sind Sie als Handwerker mit dem Gewerk Heizungsbau für Einfamilienhäuser beschäftigt, sind Ihre Kontakte sicher auch für einen Malermeister, einen Tischler, einen Fensterbauer und viele andere Gewerke interessant? Haben Sie ein Friseurgeschäft, können Sie Ihre Kunden auch an einen Kosmetiksalon empfehlen und umgedreht.

Diese Art von Kooperationen gibt es schon sehr lange. Leider sind sie auch in der alten Marketing-Welt selten. Zu sehr wird in der Dimension des Wegnehmens gedacht: *Ich will für mich neue Kunden gewinnen und denke dabei zuerst an das Wohl meines Unternehmens.* In der alten Welt der Empfehlungen und der Mund-Propaganda erreichen Sie immer nur ein paar Kontakte. In der neuen Welt der Social-Media-Netzwerke machen diese Kooperationen viel mehr Sinn. Aber auch hier denken noch viele Kontakte sehr einseitig.

Wenn Sie schon zu Beginn Ihres eigenen Netzwerkaufbau nach potenziellen Kooperationspartnern Ausschau halten und diese entsprechend kennzeichnen, können Sie frühzeitig ein stabiles Fundament für diese Partnerschaft bauen. Pflegen Sie diese Kontakte besonders, indem Sie immer mal wieder etwas Kleines für Sie tun. Das können Sie auch unangekündigt tun. Im Laufe der Zeit fallen Sie diesen Kontakten angenehm anders auf. Sie können diesen Kontakt immer mal wieder in Ihrem Netzwerk empfehlen, dessen Aktionen unterstützen, Mitglied in dessen Gruppen werden oder dessen Beiträge weiterempfehlen. Wie ein Bauer im Frühjahr seine Saat ausbringt und den Sommer über hegt und pflegt, werden Sie durch dieses Investment zum passenden Zeitpunkt reiche Ernte einfahren. Das psychologische Prinzip der Reziprozität kennen Sie ja bereits. Wenn Sie so viel und regelmäßig etwas für diese Kontakte getan haben, sind diese sicher gern bereit mit Ihnen über eine Kooperation zu sprechen. In der Zwischenzeit bauen Sie die Anzahl Ihrer eigenen Kontakte kontinuierlich aus.

Falls Sie das bisher nicht gemacht haben, können Sie trotzdem bei einem potenziellen Kooperationspartner eine direkte Kontaktanfrage stellen. Hier gilt umso mehr das im Kapitel zum Kontaktaufbau Gesagte. Zeigen Sie Wertschätzung und bieten Sie zuerst Ihre Unterstützung an. Weisen Sie auf Ihre Positionierung als Experte hin und bieten Sie die Unterstützung durch Ihr Netzwerk an. Betonen Sie vor allem, dass Sie in Ihrem Netzwerk über geeignete Kontakte verfügen und bereit sind, diesen Kontakt zu unterstützen. Wenn Sie von Beginn an einen professionellen und wertschätzenden Eindruck erzeugen, kann sich dem kaum ein Kontakt entziehen. Besonders bei Kooperationspartnern mit sehr großen Netzwerken ist das ein guter Schlüssel zum Erfolg.

Vereinbaren Sie nach der Kontaktbestätigung ein erstes Telefonat, um die Kooperationsmöglichkeiten zu besprechen. Achten Sie auch im Telefonat darauf, dass Sie vor allem Ihre eigene Bereitschaft etwas zu geben betonen. Wenn Sie das genügend platziert haben, dürfen Sie auch nach der möglichen Gegenleistung des anderen Partners fragen. Achten Sie an dieser Stelle schon auf Ihr Gefühl. Schleicht sich schon ein gewisser Zweifel ein, ob die Kooperation von einem ausgeglichenen Verhältnis aus Geben und Nehmen geprägt sein wird? Dann achten Sie darauf und vereinbaren einen ersten, aber kleinen Test. In diesem Test sollten Sie, unabhängig davon was tatsächlich von der versprochenen Gegenleistung zurückkommt, Ihren Part erfüllen. Je nach Erfahrung Ihres neuen Kooperationspartners ist dieser ähnlich vorsichtig oder skeptisch. Vertrauen muss wachsen. Selbst wenn in dem ersten kleinen Test keine Gegenleistung zurückkommt, haben Sie kaum etwas verschenkt. Sie haben jedenfalls Wort gehalten. Die Gefahr, dass sich in den Social-Media-Netzwerken über Sie ein Image bildet, dass Sie Zusagen nicht einhalten, ist damit ausgeschlossen.

## Möglichkeiten der Kooperation

Die erste Möglichkeit einer Kooperation ist die gegenseitige Empfehlung. Sie empfehlen einzelne, passende Angebote Ihres Kooperationspartners oder dessen Unternehmen im Allgemeinen. Die größten Chancen haben Sie jeweils, wenn die Empfehlungen zu einem aktuellen Bedarf oder Ihren eigenen Angeboten passen und mit einem besonderen Angebot versehen sind. Der Klassiker ist die Empfehlung eines Rabattgutscheins Ihres Kooperationspartners. Vereinbaren Sie klar, wer wann und was genau an welcher Stelle weiterempfehlen wird. Ein allgemeines Versprechen sich gegenseitig bei passender Gelegenheit zu empfehlen, gerät schnell wieder in Vergessenheit. Am besten Sie vereinbaren, dass Sie ein passendes Angebot an eine Anzahl von geeigneten Kontakten empfehlen. Achten Sie von Beginn an auf eine Gleichwertigkeit. Sprechen Sie beispielsweise eine Empfehlung an 1 000 Kontakte aus, dann sollte das Ihr Kooperationspartner auch tun. Achten Sie dabei auch auf die Gleichwertigkeit der genutzten Kanäle. Sprechen Sie eine persönliche Empfehlung in Form einer Nachricht an jeden einzelnen Kontakt aus, sollte Ihr Kooperationspartner etwas ähnlich Wirksames tun.

Haben Sie erste positive Erfahrungen in Ihrer Kooperation gesammelt, wächst das gegenseitige Vertrauen. Als zweite Möglichkeit können Sie sich nun, an gemeinsame Projekte wagen. Auch hier macht es Sinn, zunächst ein überschaubares Projekt zum Sammeln weiterer Erfahrungen zu organisieren. Das können gemeinsame Veranstaltungen, Seminare oder Vorträge sein. Genauso können Sie einen gemeinsamen Messestand buchen oder eine Hausmesse organisieren. Sie können ein gemeinsames Webinar veranstalten oder zu einem Netzwerktreffen einladen.

Der Erfolg eines gemeinsamen Projektes liegt in der Bündelung der Kräfte, der gemeinsamen Nutzung von Ressourcen und der Potenzierung der Werbewirkung.

Haben Sie in Ihrem ersten gemeinsamen Projekt kleine Erfolge erzielt, dürfen Sie auch größere Projekte wagen. Dazu binden Sie weitere Kooperationspartner ein, die sich gegenseitig ergänzen. Es könnten sich beispielsweise Handwerker aus verschiedenen Gewerken zusammenschließen und einen gemeinsamen Blog, eine Gruppe oder einen Newsletter herausgeben. Ein gutes Beispiel dafür sind die beiden Malermeister Werner Deck und Volker Geyer. Beide sind durch Ihre Aktivitäten in den verschiedenen Social-Media-Netzwerken schon als *Social Media Maler* bekannt. Sie schließen sich mit anderen passenden Experten zusammen und erzielen eine größere Aufmerksamkeit. Werner Deck wurde bereits vom *Wall Street Journal* interviewt, während Volker Geyer zur EU-Ministerkonferenz eingeladen wurde.[28] Beides sind kleine mittelständische Handwerksunternehmen, die ohne diese Kooperationen und die intelligente Nutzung mehrerer Social-Media-Netzwerke niemals diese Bekanntheit erreicht hätten.

Gemeinsame Projekte können auch darin gipfeln, dass sich die größten und bekanntesten Marktteilnehmer, die eigentlich Wettbewerber sind, zu einem gemeinsamen Projekt zusammenfinden. Ein sehr gutes Beispiel dafür ist die jährliche Veranstaltung der Sales Masters & Friends. Martin Limbeck, Dirk Kreuter und Andreas Buhr sind Verkaufstrainer und bieten ähnliche Trainings in ähnlichen Zielgruppen an. Normalerweise eine Situation, die eine Kooperation unsinnig erscheinen lässt. Trotzdem haben die drei Trainer es geschafft, gemeinsam einen großen Kongress zu veranstalten. Die Sales Masters & Friends[29] finden seitdem jährlich mit mehreren Hundert Teilnehmern statt. Obwohl jeder dieser Trainer zu den bekanntesten gehört, hätte einer allein niemals die Kraft und das Potenzial, so eine große Veranstaltung zu organisieren. Alle profitieren von einem größeren Publikum. Ihre Bekanntheit wächst. Jeder der Trainer nutzt wiederum seine eigenen Netzwerke, um Gäste für diese Veranstaltung zu gewinnen. So profitiert jeder von jedem. Die wertschätzende und auf ein gemeinsames Ziel ausgerichtete Kooperation macht etwas möglich, dass der Einzelne nie schaffen würde. Die sehr klare Positionierung der einzelnen Trainer verhindert andererseits den Effekt der Kannibalisierung.

Eine weitere Möglichkeit der Kooperation ist der direkte Verkauf von Angeboten des Kooperationspartners gegen Provisionen. Achten Sie in diesem Fall darauf, dass Sie die Angebote des Kooperationspartners nicht einfach so bewerben, sondern in einen passenden

28 http://www.malerdeck.de/blog/sieben-aussergewoehnliche-
   handwerksmeisterinnen-als-sehr-erfolgreiche-pioniere-der-
   internetkommunikation-social-media
29 http://www.sales-masters.de

Rahmen packen. Das inhaltlich wertvolle Geschenk von Ulrike Parthen wäre so ein passender Rahmen. Sie empfehlen dann dieses Geschenk, in dem am Ende das Angebot zum Sonderpreis beworben wird. So bekommen Ihre Kontakte zunächst etwas Wertvolles geschenkt und sind eher bereit, das thematisch passende Angebot dazu auch zu kaufen. Je nach Produkt und Kalkulation sind 30 bis 50 Prozent Provision üblich und angemessen. Die Abwicklung der Provisionszahlungen sollte automatisiert erfolgen. Dafür gibt es Dienstleistungsunternehmen[30], die die Buchung, das Inkasso und die Provisionsauszahlung gegen eine kleine Gebühr übernehmen. In dem inhaltlich wertvollen Geschenk wird das Angebot über einen speziellen Partnerlink beworben, der für die richtige Zuordnung und Verteilung der Provisionen sorgt.

Über dieses System der Partnerlinks können Sie auch die Anmeldung zu gemeinsamen Webinaren organisieren und abrechnen. Einer Ihrer Kooperationspartner lädt mit so einem Partnerlink zu Ihrem Webinar ein. Dadurch wird auf dem PC des Kontaktes, der auf diesen Link klickt, ein Kennzeichen gespeichert (Cookie). Nimmt dieser Kontakt dann an Ihrem Webinar teil und bucht im Webinar eines Ihrer Angebote, erhält Ihr Kooperationspartner automatisch seine Provision. Sie müssen sich weder um das Inkasso noch um die Abrechnung der Provisionen kümmern. Das Dienstleistungsunternehmen schüttet alle Einnahmen abzüglich Provisionen und Gebühren ein bis zweimal pro Monat an Sie aus. Die Zeitersparnis ist enorm.

### Tipps für erfolgreiche Kooperationen

Wenn Sie die Zusammenarbeit mit einem Kooperationspartner beginnen, vereinbaren Sie klare Regeln. Verzichten Sie dabei aber auf ein 20 Seiten umfassendes Paragrafenwerk. Einfache aber wichtige Eckpunkte sollten aber klar besprochen werden.

Vereinbaren Sie eine Probezeit oder ein kleines Testprojekt.

Gehen Sie mit der inneren Haltung wirklich etwas geben zu wollen in eine Kooperation. Achten Sie aber auch darauf, dass es auf Dauer ein ausgeglichenes Verhältnis von Geben und Nehmen gibt. Hören Sie auf Ihr Bauchgefühl.

**30** http://www.mycommerce.com, www.digistore.de

Suchen Sie Kooperationspartner, deren Angebote zu Ihrem Netzwerk und umgekehrt passen. Wenn Sie Angebote empfehlen, die nicht zu Ihren Kontakten passen, machen Sie sich unglaubwürdig und belästigen Ihr Netzwerk.

Wenn Sie passende Kooperationspartner gefunden haben und die Zusammenarbeit gut funktioniert, dann kann das Ihre Umsätze erheblich steigern. Sie werden merken, dass Sie deutlich weniger Aufwand für die Neukundengewinnung haben. Im Laufe der Zeit können sich einige wenige oder auch nur ein Kooperationspartner entwickeln, der für Ihren Hauptumsatz sorgt. Das ist einerseits sehr bequem, andererseits birgt es ein Schlüsselpersonenrisiko. Was ist, wenn dieser Kooperationspartner plötzlich nicht mehr für Sie tätig sein kann oder will? Verteilen Sie dieses Risiko auf mindestens zwei, besser drei gut funktionierende Kooperationspartner.

# Schritt für Schritt zum Erfolg

Können Sie sich noch an die Geschichte mit der Schatzkarte im Vorwort erinnern? Wenn Sie alle Kapitel durchgearbeitet haben, kennen Sie jetzt den Weg zu Ihrem Goldschatz, der sprudelnden Quelle für viele neue Kunden und Aufträge. Jetzt sind Sie dran. Um diese Quelle zu erreichen, müssen Sie nun Schritt für Schritt den Weg dorthin gehen. Auf diesem Weg begleite ich Sie mit den folgenden Wegweisern. Sie verhindern, dass Sie an einer Kreuzung falsch abbiegen und auf den falschen Weg geraten.

## 1. Wegweiser: Mut zum Umdenken

Bevor Sie den ersten Schritt gehen, prüfen Sie, ob Sie bereit sind umzudenken. Die gewohnten Methoden des Marketings funktionieren in den Social-Media-Netzwerken kaum. Sind Sie bereit, zuerst zu geben? Haben Sie den Mut, neue Wege einzuschlagen? Wenn das alles nicht gegeben ist, werden Sie im Dschungel der Möglichkeiten verloren gehen.

## 2. Wegweiser: Regelmäßig dazu lernen

Sind Sie bereit, Fehler zu machen und daraus zu lernen? Die Kundengewinnung in Social-Media-Netzwerken ist für Sie vermutlich völliges Neuland. Sie müssen viele Dinge lernen. Dafür benötigen Sie etwas Zeit. Können Sie diese Zeit dafür einsetzen? Wenn nicht, wird es Ihnen wie dem Holzfäller in der folgenden Geschichte ergehen.

Zwei Wanderer treffen einen Holzfäller im Wald. Sie sehen, wie er Schweiß gebadet und am Ende seiner Kräfte, wie wild mit seiner Axt auf einen Baum einhaut. Der eine Wanderer sagt zum Holzfäller: Hey deine Axt ist ja total stumpf, du musst ins Dorf zum Schmied gehen und deine Axt schärfen lassen. Der Holzfäller schaut nur kurz auf und antwortet kurzatmig: Keine Zeit, ich muss Bäume fällen. Die Wanderer ziehen kopfschüttelnd des Weges. Kurz bevor ihn seine Kräfte verlassen, macht sich der Holzfäller doch auf ins Dorf. Da wo früher der Schmied zu finden war, ist jetzt ein Baumarkt. Ein junger Verkäufer aus der Holzabteilung schaut den Holzfäller verständnislos an und sagt: Das geht doch heute viel leichter, nimm diese Motorsäge. Da kannst du viel mehr Bäume pro Tag fällen. Der Holzfäller schaut dieses neumodische Teil ungläubig an, kauft es aber doch und verschwindet im Wald. Zwei Tage später steht er völlig frustriert wieder im Baumarkt und beschwert sich bei dem Verkäufer. Du hast mir totalen Schrott verkauft, diese Säge funktioniert nicht. Der Verkäufer nimmt die Säge, startet den Motor mit der Reißleine und die Säge startet sofort mit einem lauten *bimmbrimmbrimm*. Der Holzfäller hält sich die Ohren zu und schreit den Verkäufer an: Was ist denn das für ein Geräusch, das hat die Säge bei mir noch nie gemacht?

Die beste und schärfste Säge nützt Ihnen nichts, wenn Sie nicht lernen, sie richtig zu benutzen.

### 3. Wegweiser: Wählen Sie das passende Netzwerk

*Viele Wege führen nach Rom.* Wählen Sie den für Sie passenden aus. Beginnen Sie mit der Arbeit in einem Social-Media-Netzwerk. Auch wenn die anderen Netzwerke verlockend erscheinen, konzentrieren Sie sich gerade zu Beginn auf das erfolgversprechendste Netzwerk. Wo finden Sie am leichtesten die benötigten Kontakte? Welche Möglichkeiten der Darstellung benötigen Sie und in welchem Netzwerk finden Sie das am besten wieder? Lassen Sie sich nicht vom dem allgemeinen Hype um das Marketing in Social-Media-Netzwerken anstecken. Nicht jedes Unternehmen muss gleichzeitig in Facebook, Twitter und Google+ vertreten sein. Lieber in einem Social-Media-Netzwerk richtig arbeiten, als in allen nur halbherzig. Ein Twitter Account mit 80 Followern, auf dem die letzte Meldung vor vier Monaten veröffentlich wurde, macht den guten Eindruck sogar wieder kaputt.

## 4. Wegweiser: Schaffen Sie eine glasklare Positionierung

Bevor Sie beginnen, Ihr Profil zu gestalten, erarbeiten Sie Ihre Positionierung. Der erste Schritt dazu ist die Beantwortung der 16 Fragen für eine gelungene Positionierung. Allein in diesem Prozess werden Sie sehr wertvolle Erkenntnisse für Ihr Unternehmen und die Kundengewinnung im Allgemeinen erzielen. Verweilen Sie in diesem Prozess lieber etwas länger. Eine gute Positionierung ist nicht nur das Beste, was Sie für Ihre Kundengewinnung tun können, sondern auch unverzichtbare Grundlage für den guten ersten Eindruck. Wenn Sie hier keine guten Ergebnisse erzielen, holen Sie sich Hilfe. Gute Anregungen finden Sie auch in den Buchempfehlungen im Anhang.

## 5. Wegweiser: Der gute erste Eindruck

Gestalten Sie auf Basis der neuen Erkenntnisse aus der gefundenen Positionierung Ihr Profil. Bedenken Sie, dass neue Kontakte Sie überwiegend nach der Qualität und den Inhalten des Profils bewerten. In Social-Media-Netzwerken haben Sie keine zweite Chance für den guten ersten Eindruck. Fallen Sie angenehm anders als alle anderen arbeitend aus dem Rahmen. Haben Sie Mut anders zu sein. Lassen Sie sich bei den Dingen helfen, die nicht Ihrer Kernkompetenz entsprechen. Lieblose Grafiken zerstören die Wirkung eines guten Textes. Achten Sie vor allem auf ein sehr gutes Profilfoto Ihrer Person.

## 6. Wegweiser: Lernen Sie die KBF-Sprache

Die nutzenorientierte Sprache zu lernen, hilft Ihnen an ganz vielen anderen Stellen. Vermutlich müssen Sie sich auch hier ein bisschen umgewöhnen. Dazu gehört auch ein gut gemachter Elevator Pitch. Damit fallen Sie schon bei der Vorstellung in Gruppen angenehm auf. Prüfen Sie vor Veröffentlichung alle Texte auch darauf, ob eine klare Nutzenaussage enthalten ist. Denken Sie immer daran, dass Ihr

Kunden sich nicht für Sie interessiert. Kunden interessieren sich nur für sich selbst und ihren eigenen Nutzen.

## 7. Wegweiser: Entwickeln Sie ein nützliches inhaltlich wertvolles Geschenk

Nur wenn Ihr inhaltlich wertvolles Geschenk wirklich gut ist, haben Sie die Chance einen dauerhaft bleibenden, guten Eindruck zu vermitteln. Sie wissen, dass die Wirkung der weiteren Maßnahmen davon abhängt, ob der Kontakt Sie als Experten wahrnimmt. Das fördert das Vertrauen. Bleiben Sie bei Ihrem inhaltlich wertvollen Geschenk nicht an der Oberfläche. Packen Sie so viel wertvollen Inhalt hinein, bis Sie das Gefühl haben, es ist zu viel. Dann gehen Sie noch einen Schritt weiter und Ihr Geschenk ist wertvoll genug.

## 8. Wegweiser: Kontaktaufbau

Starten Sie mit dem Kontaktaufbau erst, wenn Sie hier angekommen sind. Setzen Sie sich klare Etappenziele und reservieren sich für ein ganzes Jahr jede Woche Zeit dafür. Am besten Sie planen eine Stunde Zeit pro Tag für den Netzwerkaufbau ein. Tragen Sie sich diese Aufgaben jetzt für ein ganzes Jahr im Voraus in Ihr Zeitplanungssystem ein. Legen Sie klare Aufgaben fest, die Sie der Reihenfolge nach abarbeiten: Kontakte selektieren, Kontaktanfragen, Anfragen bestätigen, Kontakte pflegen. Erst danach dürfen Sie sich in die verlockenden Fluten der vielen spannenden Informationen in den Social-Media-Netzwerken stürzen. Ohne klaren Aufgabenplan verbringen Sie Stunden vor dem Bildschirm ohne Ergebnisse. Dokumentieren Sie Ihre Fortschritte und Erfolge. Am besten Sie hängen in Ihrem Büro ein großes Blatt mit einem Diagramm auf. Zeichnen Sie mit einer Fiberkurve den Verlauf Ihres Netzwerkaufbaus ein und aktualisieren die den Zuwachs jede Woche. So haben Sie einen optischen Eindruck von Ihrem Fortschritt. Besinnen Sie sich immer mal wieder darauf, dass dieses große Netzwerk zu der Quelle Ihrer Neukunden wird. Es lohnt sich, dran zu bleiben. Beobachten und dokumentieren Sie auch die Quoten der einzelnen Schritte. Können Sie vielleicht mit einem anderen Text eine höhere Kontaktbestätigungs-quote erzielen? Experimentieren Sie.

## 9. Wegweiser: Pflegen Sie die Kontakte

Bleiben Sie geduldig und hören nicht auf, Ihre Kontakte zu pflegen. Wenn Sie die richtige Zielgruppe in Ihr Netzwerk eingeladen haben, wird die richtige Zeit kommen. Selbst wenn einzelne Kontakte niemals bei Ihnen Kunde werden, beginnen diese Sie weiter zu empfehlen. Der Prozess der Kundengewinnung in Social-Media-Netzwerken ist vergleichbar mit einem langen Güterzug. Es dauert etwas, bis er ins Rollen kommt. Sie müssen eine gewisse Zeit lang Vollgas geben, ehe die Höchstgeschwindigkeit erreicht ist. Sorgen Sie dafür, dass Ihnen bis zu diesem Punkt nicht der Kraftstoff ausgeht. Liefern Sie Ihren Kontakten geduldig und regelmäßig wertvolle Tipps und Inhalte. Das macht Sie bekannt.

## 10. Wegweiser: Entwickeln Sie ein System

Verlassen Sie sich nicht nur darauf, dass irgendwann genügend Aufträge von allein aus Ihrem Netzwerk kommen. Schaffen Sie sich ein System, um Ihren Kontakten aktiv über die letzte Schwelle zu helfen. Wenn Sie beispielsweise einmal pro Monat ein gutes Webinar veranstalten, können Sie Ihre Kontakte dazu einladen. So verdienen Sie sozusagen auf Knopfdruck Geld.

Kennzeichnen Sie schon beim Netzwerkaufbau die Kontakte, die als Kooperationspartner in Frage kommen. Pflegen Sie diese besonders. Beginnen Sie frühzeitig in größeren Dimensionen von Kooperationen zu denken.

# Schlusswort

Ich lade Sie herzlich ein, Mitglied in meinem Netzwerk zu werden. Ich nutze XING sehr intensiv. Einen Link zu meinem Profil finden Sie im Abschnitt *Über den Autor*. Stellen Sie eine Kontaktanfrage und beziehen sich auf dieses Buch. Sie erhalten dann einen besonders schönen Platz in meinem Netzwerk. So kommen und bleiben wir in Kontakt. Vielleicht finden Sie auf meinem Profil die eine oder andere Anregung, die Sie adaptieren wollen.

Sie haben jetzt einen genauen Plan und kennen die zehn Wegweiser zu Ihrem Schatz. *Wissen ist Macht,* sagt der Volksmund. Die Tatsache, dass Sie jetzt über dieses Wissen verfügen, bringt allein noch nichts. Den Weg zu Ihrem Schatz dürfen Sie jetzt gehen.

Ich verabschiede mich nun von Ihnen mit einer sehr alten Geschichte. Sie handelt von Ping und Pong, zwei Lausbuben aus dem alten China. Sie lebten zu Zeiten der großen und mächtigen chinesischen Kaiser. Der Kaiser war dafür bekannt, dass er auf alle Fragen die richtige Antwort wusste. Die beiden Lausbuben Ping und Pong ersannen nun folgende List, um den allwissenden chinesischen Kaiser zu überlisten. Wir fangen einen Vogel, halten diesen hinter unserem Rücken verborgen und gehen dann zum Kaiser. Wir fragen ihn, ob er uns sagen kann, ob der Vogel, den wir hinter unserem Rücken verborgen halten, noch lebt oder schon tot ist. Wenn der Kaiser sagt, dass er lebt, brechen wir ihm heimlich und leise hinter unserem Rücken das Genick und zeigen den toten Vogel vor. Wenn der Kaiser aber sagt, dass der Vogel schon tot ist, lassen wir ihn einfach fliegen.

Mit dieser List gingen Ping und Pong zum Kaiserpalast. Der Wache erzählten sie, dass sie eine Frage hätten, die der allwissende Kaiser nicht richtig beantworten kann. So wurden sie tatsächlich zum Kaiser in den großen Thronsaal vorgelassen. Lieber Kaiser, sagte Ping, du bist dafür bekannt, dass du auf jede Frage die richtige Antwort hast. Wir halten hinter unserem Rücken einen Vogel verborgen. Kannst du uns sagen, ob dieser Vogel lebt oder schon tot ist. Der Kaiser schaute die beiden Lausbuben bedächtig an und antwortete: Ob dieser Vogel, den ihr hinter eurem Rücken verborgen haltet, noch lebt oder schon tot ist, das liegt allein in eurer Hand.

Ob das Wissen aus diesem Buch durch Sie zum Leben erweckt wird, liegt nun auch allein in Ihrer Hand.

Machen Sie es gut, aber machen Sie es bald!

# Buchempfehlungen

Roman Anlanger, Wolfgang A. Engel: *Trojanisches Marketing®: Mit unkonventioneller Werbung zum Markterfolg,* Haufe Verlag, 2008

Roman Anlanger, Wolfgang A. Engel: *Trojanisches Marketing® II: Mit unkonventionellen Methoden und kleinen Budgets zum Erfolg,* Haufe Verlag 2013

Kerstin Friedrich, Fredmund Malik, Lothar J. Seiwert: *Das große 1x1 der Erfolgsstrategie: EKS® – Erfolg durch Spezialisierung,* Gabal Verlag, 2009

Kerstin Friedrich: *Erfolgreich durch Spezialisierung: Kompetenzen entwickeln; Kerngeschäfte ausbauen; Konkurrenz überholen,* Redline Verlag, 2007

Christian Görtz: *Mehr Umsatz durch Marketing-Kooperationen,* Gabal Verlag, 2010

Peter Sawtschenko: *Positionierung – das erfolgreichste Marketing auf unserem Planeten,* Gabal Verlag, 2005

# Über den Autor

Andre Schneider ist Kundengewinnungscoach und Trainer für gehirngerechte Verkaufs- und Kommunikationstrainings. Er ist seit 23 Jahren mit Vertrieb und Verkauf beschäftigt. Seit 17 Jahren berät er Selbstständige und Unternehmen zu allen Fragen der Kundengewinnung. Er ist mehrfacher Unternehmensgründer. Im Jahr 2008 ist sein Unternehmen von Prof. Lothar Späth mit dem Mittelstandspreis TOP100 als eines der innovativsten Unternehmen im Mittelstand ausgezeichnet worden. Als Mitglied der Akademie für neurowissenschaftliches Bildungsmanagement verfügt er heute über die Erkenntnisse der modernen Hirnforschung und lässt diese in seine Verkaufs- und Kommunikationsseminare einfließen.

**Kontakt zum Autor:**

Andre Schneider
CCS24 Ltd.
Landhuter Allee 8-10
80637 München
Tel: 089 / 21 909 88 77
E-Mail: Andre.Schneider@ccs24.de

Websites: www.kundengewinnungscoach.de
XING: www.xing.to/kundengewinnungscoach
Twitter: https://twitter.com/umsatzexperten
Facebook: https://www.facebook.com/Kundengewinnungscoach

# Danksagung

Dieses Buch wäre ohne die Menschen, die mich unterstützen, nicht entstanden. Da ist allen voran Jutta Hörnlein vom Wiley Verlag zu nennen. Sie hat mich ermutigt, dieses Buch zu schreiben. Die sehr persönliche und zuvorkommende Betreuung von Ihr ist beispielhaft.

Meine Frau Birgit hat mich nicht nur ermutigt, dieses Buch zu schreiben, sondern mir auch den Rücken freigehalten.

Ohne meine Kunden, die mir vertrauen, hätte ich die vielen falschen Abzweigungen auf meinem eigenen Weg durch den Dschungel der Social-Media-Netzwerke nicht so gut überstanden. Herzlichen Dank für Feedbacks, Kritik und Bestätigung.

Aus diesen Kontakten sind sehr viele wertvolle Kooperationen entstanden. Norbert Kloiber aus Österreich möchte ich besonders danken. Er ist ein unwahrscheinlich kreativer Kopf mit einer hohen Wertekultur. Das ist im Haifischbecken des Internetmarketings leider selten. Seine fleißige Netzwerkarbeit hat mir sehr geholfen.

Kein erfolgreicher Berater kommt wissend auf die Welt. Auf meinem Weg haben mich viele Menschen inspiriert. Eleftherios Pursanidis ist für mich nicht nur ein Mentor, sondern ein Musterbeispiel für die Arbeit mit Menschen im Verkauf.

Ich danke Euch und Ihnen allen. Ohne die Inspiration und Ermutigung hätten Sie dieses Buch heute nicht in den Händen.

# Stichwortverzeichnis